普通高等教育"十一五"国家级规划教材

浙江工业大学重点教材建设项目资助

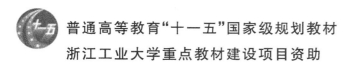

Diversified Textbook on Experiments
of Chemical Engineering Principles

化工原理实验立体教材

主　编　姚克俭

副主编　姬登祥

主　审　俞晓梅

ZHEJIANG UNIVERSITY PRESS
浙江大学出版社

普通高等教育"十一五"国家级规划教材

浙江工业大学重点教材建设项目资助

《化工原理实验立体教材》

编　委　会

主　　编　　姚克俭

副主编　　姬登祥

主　　审　　俞晓梅

编　　委　　姚克俭　　姬登祥　　许　轶　　李　瓯

俞云良　　王定海　　贠军贤　　沈江南

前　　言

化工原理实验是一门工程实践性很强的课程,也是化工原理教学中一个重要的有机组成部分。化工原理实验对于学生加深和巩固在化工原理课程中学到的基本原理,提高学生的工程技术实验能力,让学生切身体验化工原理实验的工程实践性,培养学生分析和解决工程实践问题的能力,提高学生从事科学研究、开发应用和创新能力等方面均起着举足轻重的作用。近年来,随着实验技术的不断开发和实验装置的不断更新,包括数据自动采集和数据处理在内的计算机技术在化工原理实验中的应用日趋广泛,实验教学的要求不断提高,有必要编写有针对性的、融合新实验技术及内容的化工原理实验教材以满足教学的需求。

本书以全国高等院校化工原理课程教学指导委员会提出的实验教学基本要求为依据,在浙江工业大学校级重点建设教材资助项目和浙江大学出版社的积极支持下,借鉴浙江工业大学化工原理实验室几代教师多年的教学实践,并参考了国内外的教材编写而成。在由该实验室教师编写的经多次修订的《化工原理实验》讲义的基础上,对原来的实验内容进行了修改,保留了原有的流体流动、过滤、传热、吸收、精馏和干燥等典型的化工原理实验,并以研究型实验的形式增加了部分化工新技术实验内容,如膜分离技术、生物大分子层析过程中的传质与流动实验等,以拓宽学生的实验技术知识面。同时,增加了化工原理实验研究方法、实验数据的测量及误差分析、实验数据的整理及软件使用、化工原理常见物理量的测量等内容。本书还将化工原理实验与计算机仿真技术相结合,针对化工原理的部分实验开发了计算机多媒体仿真软件,以达到辅助实验和课程立体教学的目的,并以光盘的形式配套出版,供教学使用。

本书在内容选取上注重理论联系实际,注重化工原理实验的工程实践性,强调解决工程问题的研究方法以及工程实践观点的培养,尤其在实验数据处理中,紧密结合计算机技术和数据处理及图形处理软件,用详尽的化工原理实验数据处理实例介绍了 Excel、Origin 和 MATLAB 等软件的使用方法,使本书更具实用性和参考性。

本书可作为高等院校化工及相关专业的实验教材,也可以作为环境、材料、生物工程、制药、食品等部门从事研究、设计与生产的工程技术人员的参考用书。

本书由姚克俭主编,姬登祥副主编,俞晓梅教授为顾问,参加本书编写的还有李瓯、王定海、俞云良、沈江南、贠军贤和许轶等。浙江工业大学化工原理实验室的陈善堂、俞晓梅、郑祖铭和朱锦忠等老一辈教师多次修订《化工原理实验》讲义,为本书的编写出版打下了良好的基础。在本书的编写过程中,承蒙俞晓梅教授主审,提出了许多宝贵的意见,并得到了浙江工业大学省级精品课程化工原理教研室的计建炳教授、于凤文教授等,浙江工业大学化学工程与材料学院和浙江大学出版社阮海潮编辑的大力支持和帮助,在此一并表示衷心的感谢!

　　由于编者的学识水平有限,教材编写经验不足,本书有许多不足之处在所难免,恳请读者批评指正,并将改进意见反馈给我们,以便改正。

编　者

2009 年 10 月

目　　录

第 1 章 绪 论

1.1 概 述

学校的主要任务是培养高素质的复合型人才。作为高等工科院校来说,其主要任务则是培养一批有志于献身社会主义现代化建设事业的、德才兼备的工程技术人员。这要求学生在大学的学习阶段,除了进行系统的理论学习外,还必须受到必要的工作技术方面的训练和独立工作能力的锻炼。

对于化学工程及其相关专业的学生来说,化工原理是一门极其重要的专业基础课,它不仅在理论上向学生传授较为系统的化工生产过程中所涉及的理论知识,而且也介绍了化工生产过程中许多单元操作和设备的结构、特点、性能及作用。通过本门课程的学习,要求学生做到活学活用,不仅能接受书本上的理论知识,而且要具有一定的工程实践方面的知识及独立工作的能力。

化工原理实验是化工原理课程的重要组成部分,与化工原理课程的各个教学环节密切结合在一起,共同担负着化工原理的教学任务。它以化工单元操作为中心,在实验过程中大量采用具有工程或中试规模的装置和设备,脱离了试管、烧杯等玻璃仪器;它所涉及的实验项目,大部分是今后从事工业生产和科学研究经常遇到或需要解决的实际问题;它所得出的结论,可为实际工业生产提供一定的参考价值。

1.2 化工原理实验的目的

化工原理实验课是化工专业教学中一门实践性极强的基础技术课程。在系统地学习基本理论知识的同时,通过本门课程的学习,培养学生逐步掌握基本实验技能,提高分析和解决工程实际问题的能力,以及熟悉化工生产实际中一些基本过程和设备的操作和控制的方法等。其主要目的有以下几个方面:

(1)培养学生树立工程实践观点,使学生密切联系所学理论知识和工程实际问题,养成善于分析问题、思考问题的习惯,从而培养学生解决工程实际问题的工作能力。

(2)通过一系列的实践操作,掌握各种物理量的测量方法,养成参数记录的良好习惯,掌握分析和处理实验数据的方法,提高实验技巧,为今后的科研工作打下初步的基础。

(3)熟悉、了解典型的化工过程及其设备的基本原理、结构和性能,掌握其基本流程、操作及其控制的方法,增强对化工原理基础理论知识的理解,提高学生的动手操作能力。

(4)通过对一些实验(尤其是示范实验)现象的观察,引导学生运用辩证唯物论来分析、讨论工程上的一些现实问题及其产生的原因。

(5)培养学生处理数据及分析问题的能力,尤其是运用计算机软件处理实验数据的能力,能够用数学模型或者图表等形式科学地表达实验结果,并对实验结果进行分析、思考。

（6）逐步培养学生认真严肃的科学态度和实事求是的工作作风，为今后参加各项实际工程工作或科研工作，初步养成实事求是、锲而不舍的精神。

1.3　化工原理实验的教学内容

化工原理实验主要包括实验理论教学和实践教学两大部分内容。

1.3.1　理论教学

理论教学主要介绍化工原理实验的特点、实验的研究方法、实验数据的误差分析、实验数据的处理方法、实验数据的测量方法等基本知识。

1.3.2　实践教学

实践教学主要分为三个层次，即演示实验、基础实验和提高研究型实验。

1.4　化工原理实验注意事项

1.4.1　实验前的注意事项

为了达到本门课程的基本要求，做好每个实验，学生在实验前必须认真做好实验前的准备工作：

（1）认真阅读实验教材，复习理论教材以及相关的参考书，明确所做实验的目的和要求、基本原理、设备装置的结构与流程及其操作方法，尝试对实验提出问题。

（2）根据所做实验的目的和任务，查阅相关的资料，掌握实验的理论依据和具体操作步骤，明确实验中应该测量的数据、参数，了解相关仪表的类型及使用方法，了解参数的调整以及实验测试点的分布，并对这些数据的变化规律加以初步推测。

（3）写好预习报告，预习报告中要写明实验目的、实验原理、操作步骤，重要的是要亲自绘制流程图。根据实验目的、要求，在实验前设计好数据记录表格，在表格中应该记下各项物理量的名称、代表符号和单位等。

（4）进入实验室前，明确本实验室的相关条例。

（5）每次来实验室做实验时，除了携带实验教材外，还必须带上预习报告、计算器及一定数量的纸张，以便在实验过程中能及时分割、记录和计算部分必需的数据。

（6）事先编好实验小组成员，基本上保持 3~4 位同学一组，推选好小组负责人并报指导老师。小组内每个成员要事先分工，明确每人职责，每位同学要各负其责，并在实验适当的时机进行轮换，以保证每位同学都能获得全面的训练，共同完成本次实验。

1.4.2　实验过程中的注意事项

（1）进入实验室后，参照实验教材和写好的预习报告，对照实验现场的实验装置，仔细了解实验的流程、主要设备的构造、仪表的规格与安装位置，明确本次实验要测的实验数据。

（2）在实验开始前，对各种测量仪表要检查一遍，看其是否完好，零点是否准确；对电机、风机、泵的运转设备必须进行检查；对各种调节阀门，尤其是一些回路阀或旁通阀，应仔细检查其开启情况,该打开的要打开,该关闭的要关闭。实验设备的启动操作,应按照教材提供的步骤逐项进行。

（3）掌握仪表的正确使用方法。

（4）实验时,应当全神贯注。为了熟悉其操作,在征得指导老师的同意后,可预先调试几次。实验数据的读取和记录要细心,记录在事先列好的表格中。为了避免测量数据的错记或遗漏,在改变操作条件前,对所测的数据必须检查一遍。

（5）实验时要仔细观察并记录实验中的一些现象,并对所发现的情况进行及时分析讨论。操作时,要确保操作过程在稳定的条件下进行,若出现不符合规律的情况,应更加注意观察研究,分析产生问题的原因,这样对实验的理解会更深刻。处理问题时要注重了解全过程,以助于提高分析问题和解决问题的能力。

（6）要时刻注意设备及仪表的运行情况,如发生异常情况,应立即按照停车步骤停止实验,并将情况报告给指导老师;如果实验过程中由于操作不当引起的仪器、设备损坏等,一定要如实向教师汇报并作现场记录,实验室将根据有关规定进行处理。

（7）实验数据经指导教师审查合格后,结束实验。停车时,要将所有的气源、水源和电源关闭,并关闭总电源,将各个阀门恢复至实验前所处的位置。

（8）化工原理实验是一门工程实际概念极强的工程实验课,要求学生在进行实验时必须保持认真严肃的态度,要有实事求是的工作作风,为此要求本实验课的实验报告,都要**独立完成并按时上交,严禁互相抄袭。**

1.5　实验数据的分割、读取、记录和整理

认真、准确、如实地读取、记录和整理实验数据,不但是取得可靠实验数据的一个重要环节,而且也关系到实验的成败与否,同时也是检验学生动手能力高低的一个标志。

1.5.1　实验数据的分割

一般说来,尽管实验时要测的数据有许多,但常常选择其中一个数据作为自变量来控制,而把其他受其影响或控制的随之而变的数据作为因变量。如在离心泵特性曲线测定实验中,把流量作为自变量,把其他同流量变化有关的扬程、轴功率、效率等作为因变量,实验的结果又往往要把这些所测的数据标绘在相应的坐标轴上。为了使所测的数据在坐标轴上分布均匀并能较准确地表达所作的曲线,就涉及实验数据的均匀分割问题。化工原理实验中最常用的坐标有两种:直角坐标和双对数坐标,坐标不同,所采用的数据分割方法也不尽相同。实验数据的分割值 X 与实验预定的测定次数 n 以及其最大值 X_{max} 和最小值 X_{min} 之间的关系如下所示:

（1）直角（笛卡儿）坐标

$$X_1 = X_{min} \tag{1-1}$$

$$X_n = X_{max} \tag{1-2}$$

$$\Delta X = \frac{X_{max} - X_{min}}{n-1} \tag{1-3}$$

$$X_i = X_{i-1} + \Delta X (i = 2, 3, \cdots, n) \tag{1-4}$$

（2）双对数坐标

$$X_1 = X_{\min} \tag{1-5}$$

$$X_n = X_{\max} \tag{1-6}$$

$$\lg \Delta X = \frac{\lg X_{\max} - \lg X_{\min}}{n-1} \tag{1-7}$$

$$\Delta X = \left(\frac{X_{\max}}{X_{\min}}\right)^{\frac{1}{n-1}} \tag{1-8}$$

$$X_{i+1} = X_i \cdot \Delta X (i = 1, 2, \cdots, n-1) \tag{1-9}$$

1.5.2　实验数据的读取和记录

实验数据是实验报告的基本依据,应力求精确和完整。在读取和记录数据时,必须注意:

(1)实验过程中,要等待设备各部分运转正常、操作稳定后才开始读取数据,稳定时间要根据具体的实验状况来定,一般情况下,同一组数据经过两次或者两次以上测定,读数非常接近可以判定为操作稳定。当操作条件改变后,也要稳定一段时间后读取数据,以排除因为仪表滞后现象而导致读数不准的情况,否则会出现实验结果没有规律甚至是反常的情况。

(2)凡是影响实验结果或者是与实验相关的数据均应该测取,包括大气压、室温、水温、设备的相关尺寸、物料性质等,不要遗漏。需要值得注意的是:并非所有的数据都是能够直接测取的,如水的黏度、密度等,可通过测得实验条件下的温度后查阅相关的文献资料后得到。

(3)实验中所记录的数据应该是直接读取的实验原始数据,不是经过运算后的数据。

(4)每个数据记录后,应该立即进行数据复核,以免发生读错或者记错数据。

(5)在时间允许的前提下,数据尽可能取得多些,必要时可重复读取,这样能使最终计算结果的误差相应减少。

(6)尽可能利用仪表的精度,把可读数读到此仪表最小分度的下一位数值,这末一位数是估计出来的,称为估计值。在碰到有些参数在读数过程中波动较大的情况时,首先要想办法减小数据的波动。在波动不能完全消除的情况下,可以读取波动的最高点与最低点两个数据,然后取平均值;在波动不是很大的情况下,可以选取一次波动的高低点之间的中间值作为估计值。

(7)实验过程中,切忌只顾着埋头操作、读取数据和记录数据,忽略了对过程中现象的观察。实验现象往往与过程的内在机理、规律密切联系,比如塔板上两相的接触状态与效率的关系。

自觉培养勤于观察、善于观察的习惯,是科研工作者和工程技术人员必备的基本素质。

(8)每次读数都应该与其他相关数据以及前一点数据进行对照,看看它们之间的相互关系是否合理,如果不合理,应当分析其原因并加以注明。实验过程中如果出现异常现象,或者数据存在明显的误差时,应该在记录中如实注明。小组成员应与指导老师一起认真讨论、研究异常现象发生的原因,及时发现问题、解决问题,或者对现象做出合理的分析与解释。

(9)必须如实记录数据,不可更改,更不允许凭想象捏造或添加,也不要随意舍弃数据。对存在可疑的数据,除了有明显原因(读错、误记等情况)使数据不正常可以舍弃之外,一般应在数据处理时检查。

(10)在记录完毕后要仔细检查一遍,看是否有漏记或者记录错误之处,特别要注意仪表上的计量单位不要遗漏。若发现问题请及时与老师联系,尽可能采取适当办法加以解决。实验的原始记录数据,在结束实验后交指导教师审阅认为准确无误并签字后,方可正式结束实验。实验原始数据记录作为实验报告的一个组成附在报告中一起上交。

1.5.3　数据的整理

实验数据的整理,既检验学生对所学理论知识掌握的熟练程度,又培养学生掌握处理数据的基本技巧。

(1) 在整理实验原始数据时,一定要尊重原始数据原则,不能随意修改。对某些单从数值上看来似乎不正确的值,不能任意抛弃,要根据误差基本原理进行判别,确认是坏值,才可以剔除。

(2) 为使数据清楚明了地反映规律,要将计算结果列成表格,这样便于比较并由此可以得出结论。除此之外,在实验报告中应附计算举例一列,说明各参数间的关系,而全部实验值的计算则不必列出。对所附的计算举例题,要求将引用的公式,式中各参数的具体值以最后计算的结果清楚地表达出来,要注意各参数的量纲。

(3) 化工原理实验的实验数据都要求尽量以 Excel、Origin 或 MATLAB 等软件来处理,因此要求每位同学掌握其中的一种软件。关于上述软件在化工原理实验数据处理中的应用将在第 4 章实验数据处理中详细介绍。除应用计算机来处理实验数据外,对一些日常的且计算量不是很大的实验数据,也可使用计算器来计算。但不论采用哪种工具来处理,最后得出的实验结果的有效数字位数必须根据所用的测量仪表读数的位数,依照实验数据的记数法原则来决定,绝不能把计算工具上的全部读数一字不漏地记上。

(4) 在实验数据的运算过程中,尽可能利用常数归纳法,以避免重复计算,减少计算错误。

(5) 实验结果及结论可用列表法、图示(解)法或者回归分析法来说明解释,但均需要注明实验条件。列表法、图示(解)法和回归分析法详见第 4 章实验数据处理部分。

1.6　实验报告的编写要求

实验结束后,按照一定的格式和要求表达实验过程和结果的文字材料称为实验报告,是学生实验成果的全面总结和系统概括,是实验工作不可缺少的一个重要环节。

编写实验报告的过程,是整理实验数据,分析和解释实验现象,从中找出客观规律和理论内在联系的过程。一份比较完整的实验报告,要求条理清楚、内容充实、形式简单又明白,使人阅读后一目了然,还要求实验原始数据完整、计算正确、图表齐全、条理清楚,有明确的结论,此外还应包括结果分析与讨论等内容。

具体说来,实验报告的编写应达到以下要求:

1.6.1　实验报告的名称

在报告的最前面写出实验报告的名称(标题),同时在报告的名称下方写出报告人的姓名、班级、同组人姓名、实验地点、实验日期及设备编号等。

1.6.2　实验的目的和内容

简明扼要地说明为什么要进行本实验,通过本实验要解决些什么问题,实验主要涉及哪些内容等。

1.6.3　实验原理或者实验的理论依据

简要说明实验所根据的基本原理,包括实验涉及的主要概念,实验依据的重要定律、公式以及据此推算的重要结果。

1.6.4 实验装置示意图

简单地绘制实验装置示意图和测试点的位置及主要设备、仪表的名称,标出设备、仪器仪表及调节阀等的标号,在流程图的下方写出图名及与标号相对应的设备仪器等的名称及规格型号。

1.6.5 实验条件

实验操作时的各种环境条件,如压力、温度、干湿度、介质名称等。

1.6.6 实验操作步骤

根据实际操作程序,按照操作的先后分成几个步骤,简单明了,凝练操作重点。在实验中,对于有危险的、容易损坏的设备和仪器及对实验结果有较大影响的操作,应在注意事项中重点列出。

1.6.7 实验原始数据记录

实验过程中记录从测量仪表读取的数值,实验数据的有效数字位数根据仪表的精度来确定,读数方法要正确,记录数据要准确。

1.6.8 实验数据处理

实验数据处理是实验报告的重要组成部分,要求将实验原始数据经过整理、计算以表格或者图形的形式表达出来。数据处理时要根据有效数字的运算规则进行。表格要精心设计,能表达出数据的变化规律及各参数间的相关性,明显列出实验结果。图形能更直观地表达变量之间的相互关系。

特别要求,在数据处理过程中,要以一组原始数据为例,写出从原始数据到最终结果的计算过程,详细说明结果记录表中的结果是如何得到的,每个实验小组的同学不能选取同一组实验原始数据。

1.6.9 实验结果的分析与讨论

实验结果的分析与讨论也是实验报告的重要组成部分,是实验者理论水平的具体体现,也是对实验方法和结果进行的综合分析和研究。主要包括:
(1)要列出通过实验得出的结果。
(2)从理论上对实验所得的结果进行分析和解释,说明其必然性。
(3)对实验中的异常现象进行分析和讨论,提出自己的见解。
(4)对实验结果做出估计,分析误差的大小和产生的原因,提出提高测量精度和减小误差的方法。
(5)由实验结果提出进一步研究的方向或者对实验方法、实验装置提出改进建议等。

1.6.10 实验结论

实验结论是根据实验结果做出的判断,应根据基本理论,从实际出发,得出有理有据的结论。

以上这几点要求,不仅是完成实验报告时的基本要点,也可作为走上实际工作岗位后完成科研项目及某些测试报告之参考。在此,应特别强调:实验的小结,不但是实验报告不可缺少的重要内容,而且也是每位实验者劳动成果的真实反映,因而是评价实验报告质量优劣的主要依据之一。为此,对于实验结果的小结,每位学生必须**独立完成,禁止相互抄袭**。在这里,重申一点:在今后工程实践中,任何一个测试报告或课题报告,其最后的一个简洁明了、实事求是、能体现课题中心内容、透彻说明课题或测试结果及其特点的小结,是必不可少的。

此外,在本门实验课中,根据本实验室的实际情况,针对每个实验过程中一些基本问题和生产实际中有关知识,同时又结合教材中所学过的理论知识,在每个实验指导后面提出了若干思考题。对于这些思考题,要求每位学生在实验报告的最后部分,以问答题的形式,独立地给以合理的、完整的回答。

1.7 化工原理实验安全知识

化工原理实验是一门实践性很强的专业基础课程,每个实验都相当于一个小型单元生产流程,电器、仪表和机械设备等组合为一体。为了成功地完成每个实验,除了每个实验的特殊要求外,还要对实验室的用电、防火、用汞、气体钢瓶等知识有一定的了解,以保证实验者的人身安全和实验室的正常运行。

1.7.1 防火

(1)实验室内放置一定数量的消防器材,熟悉消防器材的位置和使用方法。

灭火器的类型及使用方法:

1)四氯化碳灭火器应用于扑灭电器内或电器附近着火,但不能在狭小的、通风不良的室内使用(因为四氯化碳在高温时将生成剧毒的光气)。使用时只需开启开关,四氯化碳即会从喷嘴喷出。

2)二氧化碳灭火器的适用性较为广泛。使用时应注意,一手提灭火器,一手应握在喇叭筒的把手上,而不能握在喇叭筒上(否则易被冻伤)。

3)泡沫灭火器在火势大时使用,非大火通常不用,因为事后处理较麻烦。使用时将筒身颠倒即可喷出大量二氧化碳泡沫。

无论使用何种灭火器,皆应从火的四周开始向中心扑灭。

(2)使用易燃液体如汽油、苯、丙酮等时,要远离火源,如由这些物质使用不当引起着火时,用泡沫灭火器来灭火,泡沫可以覆盖在液体上面隔绝空气。

(3)电器设备或者带电系统着火,应用四氯化碳灭火器灭火,但不能用二氧化碳泡沫灭火器,原因是,泡沫可以导电,容易造成灭火人员触电事故。使用时,持灭火器者要位于上风侧,以防发生四氯化碳中毒。室内灭火后,应该打开门窗通风。

(4)当发生火灾时,要保持沉着冷静,首先切断室内电源,熄灭所有加热设备,转移附近的可燃物,关闭通风装置,减少空气流通,防止火势蔓延,同时尽快拨打"119"求救。

(5)当发生火灾时,根据起因和火势选择合适的方法来急救灭火,小火时用湿布、石棉布或者沙子覆盖着火物品;当火势较大时,根据着火的具体情况采用灭火器进行灭火;当个人的力量无法有效灭火或者阻止火势蔓延时,要立即向相关部门求救。

（6）在发生火灾时,如果不小心,身上的衣服着火,切记不要奔跑,此时应将着火的衣服脱下;或者用厚的外衣包裹住以隔绝空气使火熄灭;或者用石棉布覆盖住着火处;或者就地卧倒打滚将火压灭;或者打开附近的自来水淋灭。比较严重的,应该躺在地上,避免火焰向头部燃烧,用防火毯紧紧包裹住身体直至火熄灭。烧伤严重者,须立即送往医院治疗。

1.7.2　用电

化工原理实验中涉及较多的电器设备,某些设备的电负荷较高,因此,注意安全用电极为重要。

1.7.2.1　使用及操作规程

（1）进入实验室之前,要清楚实验室内的总电闸和分电闸的位置,以便出现用电事故时及时切断电源。

（2）实验室内的电器设备的功率不要超过电源的总负荷。在接通实验设备电源之前,必须认真检查电器设备和电路是否符合规定要求,掌握整个实验装置的启动和停止操作顺序,要检查电器设备是否漏电。

（3）在接触或者操控电器设备时,人体与设备的导电部分不能直接接触,更不允许用湿手去接触或者操作。所有的电器设备在带电时不能用湿布进行擦拭,更不能让水落在电器设备上。不允许用电笔去试高压电。

（4）维修电器设备时,必须停电。如接保险丝时,一定要先拉下电闸后再进行操作。

（5）在启动电动机时,在合闸前先用手转动一下电机的轴,合上电闸后,立即查看电机是否已经转动;如果不转动,应该立即拉下电闸,否则容易烧毁电机。如果电源开关是三相刀闸,合拢电闸时必须快速而且要合到底,否则容易造成三相电路中有一相实际上没有接通的情况,同样容易烧毁电动机。

（6）电器设备上的导线接头必须紧密牢固,裸露在外的部分必须用绝缘胶布包好,或者用塑料绝缘管套好。保险丝、保险管或者熔断丝都应该按照规定的电流标准使用,不能任意加大,更不能用铜丝或者铝丝来代替。

（7）在操作负荷较大的电器设备时,尽量不要用两手同时接触。

（8）在实验过程中,如果发生停电,必须关闭电源,并把电压或者电流调节器调至零位状态。否则,在接通电源开关时,用电设备会在较大功率下运行,有可能造成电器设备的损坏。

（9）在实验结束后,应关闭实验设备的电源,拉下实验室的总电闸。

1.7.2.2　触电事故紧急处理

（1）触电后,应快速拉下电闸,切断电源,使触电者脱离电源,或者戴上橡皮手套穿上胶底鞋,或者踏着干燥木板绝缘后将触电者从电源上拉开。

（2）将触电者迅速移至适当的地方,解开受伤者的外衣,必要时进行人工呼吸及心脏按摩,并立即找医生及相关部门处理。

1.7.3　汞的使用

在化工原理实验中,为了测定实验中的压差,经常用到汞,它是一种积累性的有毒物质。

（1）汞不能直接暴露于空气中,在使用汞的压差计中,必须在汞的上面用水或者其他液体覆盖。

（2）实验操作前,应该检查用汞仪器安置或者仪器连接处是否牢固,及时更换已经老化的橡皮管,橡皮管或者塑料管的连接处要用金属丝捆牢,以免在实验过程中脱落,使汞流出。如果在实验过程中,不小心汞被冲出来,必须及时认真地将汞收集起来。

（3）当有汞掉在地上、桌面上或者水槽等地方时,应尽可能地用吸汞管将汞滴收集起来,再用金属片在汞滴溅落处多次刮扫,最后用硫磺粉覆盖在汞滴溅落的地方,并适当地摩擦,使汞滴变成 HgS,也可以用 $KMnO_4$ 溶液使其氧化。擦过汞的布或者纸应该放在有水的陶瓷缸内,统一处理,因为细小汞粒的蒸发面积大,容易蒸发汽化。切记,不能使用扫帚扫或者用水冲刷。

（4）装有汞的仪器应该避免受热,保存汞的地方应该远离热源,严禁将装有汞的容器放入烘箱。

（5）使用汞的实验室要有良好的通风设备,并保持经常通风排气。

1.7.4　气体钢瓶

1.7.4.1　气体钢瓶的使用规范

（1）在气体钢瓶上配置配套的减压阀。要经常检查减压阀是否关紧:逆时针旋转调压手柄,直至螺杆松动为止。

（2）打开气体钢瓶的总阀门,高压表显示瓶内气体的总压力。

（3）沿着顺时针方向缓慢转动调压手柄,直至压力表显示出实验所需的压力。

（4）停止使用时,先关闭总阀门,等待减压阀内的余气散尽后,再关闭减压阀。

1.7.4.2　注意事项

（1）钢瓶应该远离热源,避免长期在日光下暴晒,这是因为钢瓶在受到日光或者明火等热辐射作用时,瓶内气体会膨胀,导致压力超过钢瓶的耐压强度,钢瓶可能会发生爆炸。

（2）尽可能避免氧气钢瓶和可燃性气体钢瓶在同一房间内使用,这是因为两种钢瓶同时漏气容易引起着火和爆炸。可燃性气体钢瓶与明火距离应该在 10m 以上。

（3）使用钢瓶时,需要牢固地固定在架子上、墙上或者实验台旁边。在搬运时,要扣好钢瓶帽和橡胶安全圈,禁止钢瓶摔倒或者受到碰撞,以免发生爆炸。

（4）严禁把油或者其他易燃性有机物黏附在钢瓶上,尤其是钢瓶的出口和气压表处;开关钢瓶时,严禁用带有油污的手或者扳手操作。

（5）使用钢瓶时,要用专门的气压表,而且不同的气压表不能混用。像氢气、乙烯等可燃性气体钢瓶的气门螺纹是左旋的,像氮气和氧气等不燃性或者助燃性气体的钢瓶的气门螺纹是右旋的。

（6）在使用钢瓶时,必须连接减压阀,还要在使用前用肥皂水检查线路是否漏气,不漏气时才能使用。

（7）在开启钢瓶阀门和调节压力时,操作者不要站在气体出口的前方,头部不要在瓶口之上,应该在钢瓶的侧面,以防止钢瓶的总阀门或者气压表被冲出。

（8）当钢瓶内的压强剩余为 0.5MPa 时,应该停止使用,否则当钢瓶内的压力与外界压力相同时,容易进入空气。

1.8　化工原理实验守则

（1）实验前应认真准备,清楚实验目的、任务和实验方法,做好实验前的准备工作,以确保实验的顺利完成。

（2）提前 10 分钟进入实验室,熟悉实验设备和流程。不得在实验室内吃食物,不得迟到、早退,否则按旷课论处。

（3）不得穿拖鞋进入实验室,有辫子的女同学应把辫子扎好,以防被设备扎住,造成事故。

（4）进入实验室要严肃认真,不得追逐嬉戏,不得抽烟和随地吐痰,不要随意离开实验场所,将手机置于关机或者震动状态。

（5）对本次实验用的仪器设备,要在明确操作、弄清流程后在指导教师的指导下启动、运行。非属本次实验用的仪器设备,一律不得随便使用,以免损坏或发生意外。

（6）注意节约水电、蒸汽及化学药品等物资,爱护仪器设备。

（7）因责任事故而损耗物资、损坏仪器等按照有关制度,根据情节轻重及本人对错误的认识程度,分别给予教育、经济赔偿或纪律处分。

（8）实验结束后,应将使用的仪器设备整理复原,检查水源、电源、气源是否已确实关闭,并将实验场所打扫干净、关闭窗门。

（9）在实验结束后的两周内,独立处理实验数据,完成实验报告,课代表将实验报告收齐后,上交化工原理教研室。

第 2 章　化工原理实验研究方法

对化学工程问题实验研究的困难在于所涉及的物料千变万化,如物质、组成、相态、温度、压力均可能有所不同,设备形状、尺寸相差悬殊,变量数量众多等。因此,必须采用有效的工程实验方法,才能达到事半功倍的效果。化学工程基础理论在长期的发展过程中,逐步形成了一些行之有效的实验研究方法。在这些研究方法的指导下,实验研究具有两个功效:一是能"由此及彼";二是可以"由小见大",即借助于模拟物料(如空气、水、沙子等),在实验室的小规模设备中,采用有限的实验次数,加以理性的推论而得出工业过程的规律。这种对于实验物料能做到"由此及彼",对于设备能"由小见大"的实验方法,正是化工原理实验方法的根本所在。

2.1　冷模实验法

冷模实验法,是冷态模拟实验方法的简称。在没有化学反应的条件下,利用水、空气、沙子、瓷环等廉价的模拟物料进行实验,探明化工塔器、热交换器、反应器的传递过程规律。如应用数学的模拟方法进行反应过程的开发时,其出发点是将反应内进行的过程分解为化学反应和传递过程,并且认为在反应器放大过程中,化学反应规律不会因设备尺度大小而变化。设备尺度主要影响流体流动、传热和传质等传递过程的规律。因此,用小型装置测得化学反应规律后,在大型装置中只需考虑传递过程的规律,而不需进行化学反应,这样可使实验大为简化,试验时间和费用大大节省。又如在塔板的开发中,可以通过冷模实验认识板式塔传递过程的规律,了解大型设备中流体流动不均匀对传质效率的影响,以及分布器应如何设计才能将流体分布不均匀程度限制在允许的范围内。

2.2　直接实验法

直接实验法就是对被研究对象进行直接实验,以获取其相关参数间关系的规律。通过此研究方法得出的仅是部分参数间的规律性关系,不能反映研究对象的全部本质,这是其局限性之一;其次,该实验结果只能用到特定的实验条件和实验设备中,或推广到实验条件完全相同的场合;第三,实验的工作量大,耗时费力,有时需要较高的投资。但直接实验法针对性强,实验结果可靠,对于其他实验研究方法无法解决的工程问题,仍不失为一种直接有效的方法。

2.3　因次分析法

因次分析法的基础是物理量方程的因次一致性定理。凡是根据基本的物理规律导出的物理量方程,其中各项的因次必然相同。

例如,做匀加速运动的物体的路程公式为

$$L = ut + \frac{1}{2}at^2 \qquad\qquad (2-1)$$

式中：L——路程，m；

$\qquad u$——初速度，m/s；

$\qquad a$——加速度，m/s^2；

$\qquad t$——时间，s。

式中每一项的因次都是长度。现以$[M]$、$[L]$、$[T]$分别表示质量、长度、时间的因次，将上式中的各项因次列出：

$$[1] = L$$
$$[ut] = [1t^{-1}][t] = L$$
$$[at^2] = [1t^{-2}][t]^2 = L$$

因次一致的方程只要将式中各项都除以其中任一项，便可以化成无因次数群的关系式。例如式（2-1）中各项都除以L，便得无因次方程

$$ut/L + \frac{1}{2}at^2/L - L/L = 0 \qquad\qquad (2-2)$$

由此可见，对于复杂的工程问题，在不能导出像式（2-1）那样的理论方程式时，可设法将有关的物理量组成无因次数群，然后通过实验方法定出数群之间的数值关系，得出经验关系式。经验公式在工程技术中经常用到，它与理论公式具有同等的重要性。定出无因次数群这一步骤，可用因次分析法来实现。

2.3.1 因次分析基础

2.3.1.1 因次、基本因次、导出因次、无因次准数（无因次数群）

（1）因次：（又称量纲，英文名称 Dimension）是物理量的表示符号，如以 L、M、T 分别表示长度、质量、时间，则$[L]$、$[M]$、$[T]$ 分别表示长度、质量、时间的因次。

（2）基本因次：基本物理量的因次称为基本因次，力学中习惯规定$[L]$、$[M]$、$[T]$ 为三个基本因次。

（3）导出因次：顾名思义，导出物理量的因次称为导出因次，导出因次可根据物理定义或定律由基本因次组合表示，例如：

速度 u，$u = L/t$，其导出因次为 $[u] = [L]/[T] = [LT^{-1}]$；

加速度 a，$a = L/t^2$，其导出因次为 $[a] = [L]/[T^2] = [LT^{-2}]$；

力 F，$F = ma$，其导出因次为 $[F] = [M][L]/[T^2] = [MLT^{-2}]$；

压强 p 或应力 σ，$\sigma = F/A$，其导出因次为 $[p] = [MLT^{-2}]/[L^2] = [ML^{-1}T^{-2}]$；

黏度 μ，$\mu = ydu/dR$，其导出因次为 $[\mu] = [ML^{-1}T^{-2}]/[LT^{-1}]/[L] = [ML^{-1}T^{-1}]$；

密度 ρ，$\rho = m/L^3$，其导出因次为 $[\rho] = [ML^{-3}]$。

（4）无因次准数：又称无因次数群，若干个物理量可以组合得到一个复合物理量，组合结果是该复合物理量的基本因次的指数均为零，则称该复合物理量为无因次准数，或称无因次数群。如流体力学中的雷诺数：

$$Re = du\rho/\mu \qquad\qquad (2-3)$$

$$[Re] = [d][u][\rho]/[\mu] = [L][LT^{-1}][ML^{-3}]/[ML^{-1}T^{-1}] = [M^0L^0T^0]$$

2.3.1.2　π 定理（Buckingham 定理）

如果在某一物理过程中共有 n 个变量 $x_1, x_2, \cdots, x_n$，即

$$f_1(x_1, x_2, \cdots, x_n) = 0$$

若规定了 m 个基本变量，根据因次一致性原则可将这些物理量组合为 $n-m$ 个无因次准数 $\pi_1, \pi_2, \cdots, \pi_{n-m}$，则这些物理量之间的函数关系可用如下的 $n-m$ 个无因次准数之间的函数关系来表示：

$$f_2(\pi_1, \pi_2, \cdots, \pi_{n-m}) = 0$$

此即为 Buckingham 的 π 定理，π 定理可以从数学上得到证明。在应用 π 定理时，基本变量的选择要遵循以下原则：

（1）基本变量的数目要与基本因次的数目相等。

（2）每一个基本因次必须至少在此 m 个基本变量之一中出现。

（3）此 m 个基本变量的任何组合均不能构成无因次准数。

2.3.2　因次分析法步骤

利用因次分析理论建立变量的无因次准数函数关系式的一般步骤如下：

（1）变量分析。通过对过程的分析，从三个方面找出对物理过程有影响的所有变量，即物性变量、设备特征变量、操作变量，加上一个因变量，设共有 n 个变量 $x_1, x_2, \cdots, x_n$，可写出如下一般函数关系式：

$$F_1(X_1, X_2, \cdots, X_n) = 0$$

（2）指出 m 个基本因次，对于流体力学问题，习惯上指定 $[M]$、$[L]$、$[T]$ 为基本因次，即 $m=3$。

（3）根据基本因次写出所有各基本物理量和导出物理量的因次。

（4）在 n 个变量中选定 m 个基本物理量。

（5）根据 π 定理，列出 $n-m$ 个无因次准数：

$$\pi_i = X_i X_A^a X_B^b X_C^c \quad (i=1, 2, \cdots, n-m, i \neq A \neq B \neq C)$$

其中 X_A, X_B, X_C 为选定的 $m (m=3)$ 个基本变量，X_i 为除去 X_A, X_B, X_C 后所余下的 $n-m$ 个变量中之任何一个，a, b, c 为待定指数。

（6）将各变量的因次代入无因次准数表达式，依照因次一致性原则，可以列出无因次准数的关于各基本因次的指数线性方程组，求解这 $n-m$ 个线性方程组，可得各无因次准数中的待定系数 a、b、c，从而得到各无因次数群的具体表达式。

（7）将原来 n 个变量间的关系式 $f_1(x_1, x_2, \cdots, x_n) = 0$ 改成 $(n-m)$ 个无因次准数之间的函数关系表达式：

$$f_2(\pi_1, \pi_2, \cdots, \pi_{n-m}) = 0$$

以函数 f_2 中无因次准数作为新的变量组织实验，通过对实验数据的拟合求得函数 f_2 的具体形式。

由此可以看到，利用因次分析法可将 n 个变量之间的关系转变为 $(n-m)$ 个新的复合变量（即无因次准数）之间的关系。这在通过实验处理工程实际问题时，不但可以使实验变量的数目变少，使实验工作量大幅度降低，而且还可以通过改变变量之间的关系，使原来难以进行或

根本无法进行的实验得以容易实现。因此,把通过因次分析来组织实施实验的研究方法称为因次论指导下的实验研究方法。

2.3.3　因次分析方法示例：流体流动阻力实验

根据有关流体力学的基础理论知识,按物性变量、设备特征尺寸变量和操作变量三大类找出影响阻力 p_f 的所有变量：管径 d、管长 l、平均速度 u、流体密度 ρ 和流体黏度 μ,据此可以列出如下普遍的函数关系式：

$$\Delta p_f = (d, l, u, \rho, \mu) \tag{2-4}$$

（1）指定基本因次为 $[L]$、$[M]$、$[T]$,故 $m=3$。

（2）根据基本因次写出各变量的因次：

$$[\Delta p_f] = [ML^{-1}T^{-2}]$$
$$[d] = [l] = [L]$$
$$[u] = [LT^{-1}]$$
$$[\rho] = [ML^{-3}]$$
$$[\mu] = [ML^{-1}T^{-1}]$$
$$[l] = [L]$$

（3）在 n 个变量中选定 m 个基本变量,总变量数 $n=6$,基本变量数 $m=3$,可选择 ρ,d,u 为基本变量。

（4）根据 π 定理,列出 $n-m=6-3=3$ 个无因次准数,即

$$\pi_1 = \Delta p_f \rho^{a_1} d^{b_1} u^{c_1} \tag{2-5}$$
$$\pi_2 = l \rho^{a_2} d^{b_2} u^{c_2} \tag{2-6}$$
$$\pi_3 = \mu \rho^{a_3} d^{b_3} u^{c_3} \tag{2-7}$$

（5）将各变量因次代入无因次准数表达式,并按照因次一致性原则,列出各无因次准数关于基本因次指数的线性方程,并求解。

对于 π_1,有：

$$[\pi_1] = [M^0 L^0 T^0] = [ML^{-1}T^{-2}][ML^{-3}]^{a_1}[L]^{b_1}[LT^{-1}]^{c_1} \tag{2-8}$$

可得：

$$M: 0 = 1 + a_1$$
$$L: 0 = -1 - 3a_1 + b_1 + c_1$$
$$T: 0 = -2 - c_1$$

解上述线性方程组得：

$$a_1 = -1$$
$$b_1 = 0$$
$$c_1 = -2$$

将 a_1、b_1、c_1 代入 π_1 的表达式（2-5）得：

$$\pi_1 = p_f \rho^{-1} u^{-2} = p_f / (\rho u^2)$$

对 π_2,有：

$$\pi_2=[M^0 L^0 T^0]=[L][ML^{-3}]^{a_2}[L]^{b_2}[LT^{-1}]^{c_2} \tag{2-9}$$

可得：

$M：0=a_2$

$L：0=1-3a_2+b_2-c_2$

$T：0=-c_2$

解上述线性方程组得：

$a_2=0$

$b_2=-1$

$c_2=0$

将 a_2、b_2、c_2 代入 π_2 的表达式(2-6)得：

$\pi_2=ld^{-1}=l/d$

对 π_3，有：

$$[\pi_3]=[M^0 L^0 T^0]=[ML^{-1}T^{-1}][ML^{-3}]^{a_3}[L]^{b_3}[LT^{-1}]^{c_3} \tag{2-10}$$

可得：

$M：0=1+a_3$

$L：0=-1-3a_3+b_3+c_3$

$T：0=-1-c_3$

解上述线性方程组得：

$a_3=-1$

$b_3=-1$

$c_3=-1$

所以有

$\pi_3=\mu\rho^{-1}d^{-1}u^{-1}=\mu/(du\rho)$

或者

$\pi_3=du\rho/\mu=Re$

（6）根据上述结果，可将原来变量间的函数关系

$f(p_f,d,l,u,\rho,\mu)=0$

简化为

$$F(\pi_1,\pi_2,\pi_3)=F(p_f/(\rho u^2),l/d,du\rho/\mu) \tag{2-11}$$

又可表示为

$$p_f/(\rho u^2)=F(l/d,du\rho/\mu) \tag{2-12}$$

按照式(2-12)组织模拟实验，只需改变流体的流动速率 u，使 Re 改变，就可测得流体流动的阻力 p_f。

应该指出的是，虽然因次论指导下的实验方法有诸多优点，但由于因次分析方法在处理工程问题时不涉及过程的机理，对影响过程的变量也无主次之分，因此实验的研究结果只能给出

实验数据的关联式,而无法对各种变量尤其是重要变量对过程的影响规律进行分析判断。当过程比较复杂时,无法对过程的控制步骤或一些控制因素给出定量甚至是定性的描述。从根本上说,这种方法还是一种"黑箱"方法,其实验结果的应用仅适应于实验范围,若将实验范围外延,其误差是难以预测的。此外,在分析过程影响变量时,有可能漏掉重要的变量而使结果不能反映工程实际情况,也有可能把关系不大的变量考虑进来而使得问题复杂化。解决这一困难的途径除了要有扎实的理论基础知识外,掌握一定的工程经验也是十分重要的。

2.4   数学模型法

数学模型法又称为公式法或函数法,即用一个或一组函数方程式来描述过程变量之间的关系。数学模型法建立在对过程的内在规律进行深入研究并充分认识的基础上,将复杂的问题高度概括,提出足够简化而又不至于失真的物理模型,然后获得描述过程的数学方程,然后求解方程,得出结论。

2.4.1   数学模型法处理问题的步骤

数学模型法处理工程问题的步骤:
(1)通过实验研究认识过程,初建简化的物理模型;
(2)建立数学模型;
(3)通过实验检验该模型与实际过程的近似度,并确定模型参数。

2.4.2   数学模型法示例

本节以建立流体通过颗粒床层时的数学模型为例,介绍关于工程实际问题的模型建立方法。
2.4.2.1   初建简化的物理模型

流体通过颗粒床层的流动,就其流动过程而言,复杂性在于流体通道所呈现出的纵横交错的不规则性。如果仍像流体通过平直空管那样引用严格的流体力学方法处理,就会发现,由于流体流经颗粒层的流动极慢(即爬流)时,流动阻力主要来源于表面摩擦;而高速流动时,阻力主要来源于形体阻力。抓住这一特性对过程进行简化是我们的基本思路。

过滤操作中滤液的流动很慢,是一个爬流的实例。可以认为,操作中滤液流动造成的阻力主要来自表面摩擦,所以流动阻力与颗粒表面积成正比。流体通过颗粒床层的不规则流动可化简为流体通过许多平行排列的均匀细管的流动(图 2-1),并假定:

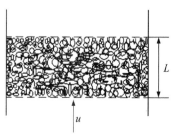
A. 真实流动过程示意图

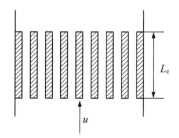
B. 流动过程的物理简化模型

图 2-1   流体在颗粒床层中流动过程的物理模型

(1)细管的内表面积等于床层颗粒的全部表面积;

（2）细管的全部流动空间等于颗粒床层的空隙容积。

由此可求得该虚拟细管的当量直径 d_e：

$$d_e = \frac{4 \times 通道的截面积}{润湿周边} = \frac{4 \times 通道的截面积 \times L_e}{润湿周边 \times L_e}$$

$$= \frac{4 \times 床层的流动空间}{细管的全部空间} = \frac{4\xi}{\alpha(1-\xi)} \tag{2-13}$$

式中：α——床层的比表面，即单位体积床层中颗粒的表面积，m^2/m^3；

ξ——床层的空隙率，$\xi = \dfrac{床层体积 - 颗粒所占体积}{床层体积}$；

L_e——细管的长度，m。

2.4.2.2　数学描述物理模型，建立数学模型

显然，通过上述简化的物理模型，可将流体通过颗粒床层的压降简化为通过均匀直管的压降，可以写出：

$$h_f = \Delta p/\rho = \lambda(L_e/d_e)(u_1^2/2) \tag{2-14}$$

式中：λ——摩擦系数；

ρ——密度，kg/m^3；

Δp——压降，Pa；

h_f——流体流动时的阻力损失，J/kg；

u_1——流体在细管内的流速，m/s；

d_e——细管的当量直径，m。

可以推导出 u_1 与空床层速度（即表观流速）u 的关系如下：

$$u_1 = u/\xi \tag{2-15}$$

将式（2-13）及式（2-15）代入式（2-14）得：

$$\frac{\Delta p}{L} = \left(\frac{\lambda L_e}{8L}\right)\frac{\alpha(1-\xi)}{\xi^3}\rho u^2 \tag{2-16}$$

令 $\lambda' = \dfrac{\lambda L_e}{8L}$

则　　　　$$\frac{\Delta p}{L} = \lambda'\frac{\alpha(1-\xi)}{\xi^3}\rho u^2 \tag{2-17}$$

式（2-17）即为流体通过固定床压降的数学模型，待定系数 λ' 称为模型参数，其物理意义为固定床的流动摩擦系数。值得注意的是，细管长度 L_e 与床层高度 L 并不相等，两者成正比关系，即 $L_e/L =$ 常数。

待定系数 λ' 与雷诺数 Re 的关系，需要通过实验来确定。如果从所有实验结果归纳出的 λ' 与 Re 的关系均相同，可以认为上述理论分析及构思得到了验证。否则，应返回去进行修正，重新推导。

不难看出：

（1）实际上 λ' 与 Re 的关系测定过程就是该数学模型的实验检验过程。

（2）简化物理模型的建立源于对过程的认识。一般来说，对过程本质和规律的认识越深刻，则建立的物理模型越合理，其数学描述也越准确，实验检验也越顺利。

第3章 实验数据的测量及误差分析

科学研究是以实验工作为基础的,需测量大量的实验数据,并对其进行分析计算,再整理成图表、公式或经验模型。为保证结论的可靠性与精确性,就要正确地去处理和分析这些数据,同时应了解实验过程中产生误差的原因和规律,并用科学的实验方法尽可能地减小误差。

3.1 实验数据的测量

3.1.1 有效数据的读取

3.1.1.1 实验数据的分类

在化工实验过程中,经常会遇到以下两类数字:

(1)无量纲数据:这一类数据均没有量纲,例如圆周率 π、自然对数 e,以及一些经验公式的常数值、指数值。对于这一类数据的有效数字,其位数的选取可多可少,通常根据实际需要而定。

(2)有量纲的数据:用来表示测量的结果。在实验过程中,所测量的数据大多属于这一类,如温度 T、压强 p、流量 Q 等。这一类数据的特点就是除了特定的单位外,其最后一位数字通常是由测量仪器的精确度决定的估计数字,就这类数据测量的难易程度和采用的测量方法而言,一般可利用直接测量和间接测量两种方法进行测量。

3.1.1.2 直接测量时有效数字的读取

直接测量是实现物理量测量的基础,在实验过程中应用十分广泛,例如,用温度计测量温度、用压力计测量压力(压差)和用秒表测量时间等。直接测量的有效数字的位数取决于测量仪器的精确度。测量时,一般有效数据的位数可保留到测量仪器最小刻度的后一位,这最后一位即为估计数字。例如,使用精确度为 0.1cm 的刻度尺测量长度时,其数据可记为 22.67cm,其有效数字为 4 位,最后一位为估计数字,其大小可随实验者的读取习惯不同而略有差异。

若测量仪器的最小刻度不以 1×10^n 为单位,则估计数字为测量仪器的最小刻度位即可。

3.1.1.3 间接测量时有效数字的选取

实验过程中,有些物理量难以直接测量时,可选用间接测量法。例如,测量水箱里流体的质量,可通过测量水箱内水的体积计算得到;测量管内流体的流速,可通过测量流体的体积流量及圆管的直径计算得到。通过间接测量得到的有效数字的位数与相关的直接测量的有效数字有关,其取舍方法服从有效数字的计算规则。

3.1.2 有效数字的计算规则

3.1.2.1 "0"在有效数字中的作用

测量的精度是通过有效数字的位数表示的,有效数字的位数应是除定位用"0"以外的其余数位,但用来指示小数点位数或定位的"0"则不是有效数字。

对于"0",必须注意,50 克不一定是 50.00 克,它们的有效数位不同,前者为 2 位,后者为 4 位,而 0.050 克虽然为 4 位数字,但有效数字仅为 2 位。

在科学研究与工程计算中,为了清楚地表示出数据的精度与准确度,可采用科学记数法表示。其方法为:先将有效数字写出,并在第一个有效数字后面加上小数点,并用 10 的整数幂表示数据的数量级。例如,981000 的有效数字为 4 位,可以写成 9.810×10^6,若其只有 3 位有效数字,则可以写成 9.81×10^6。

3.1.2.2　有效数字的舍入规则

在数字计算过程中,确定有效数字的位数,舍去其余数位的方法通常是将末尾有效数字后边的第一位数字采用四舍五入的计算规则。若在一些精度较高的场合,则采用如下方法:

(1) 末尾有效数字的第一位数字若小于 5,则舍去;

(2) 末尾有效数字的第一位数字若大于 5,则将末尾的有效数字加上一位;

(3) 末尾有效数字的第一位数字若等于 5,则由末尾有效数字的奇偶而定,当其为偶数或 0 时,不变;当其为奇数时,则加上 1(变为偶数或 0)。

如对下面几个数保留 3 位有效数字,则

　　　25.44 变成 25.4

　　　25.45 变成 25.4

　　　25.47 变成 25.5

　　　25.55 变成 25.6

3.1.2.3　有效数字的运算规则

在数据计算过程中,一般所得数据的位数很多,已超过有效数字的位数,这样就需要将多余的位数舍去,其运算规则如下:

(1) 在加减运算中,各数所保留的小数点后的位数,与各数中小数点后的位数最少的相一致。例如,将 13.65,0.0082,1.632 三个数相加,应写为

$$13.65 + 0.01 + 1.63 = 15.29$$

(2) 在乘除运算中,各数所保留的位数,以原来各数有效数字最少的那个数为准,所得结果的有效数字位数,应与原来各数中有效数字位数最少的那个数相同,例如,将 0.0121,25.64,1.05782 三个数相乘,应写为

$$0.0121 \times 25.6 \times 1.06 = 0.328$$

(3) 在对数计算中,所取对数位数与真数有效数字位数相同,例如

　　　$\lg 55.0 = 1.74$

　　　$\ln 55.0 = 4.01$

3.2　实验数据的测量值与误差

在实验测量过程中,由于测量仪器的精密程度、测量方法的可靠性,以及测量环境、人员等多方面的因素,使测量值与真值间不可避免地存在着一些差异,这种差异称为误差,误差普遍存在于测量过程中。本节主要介绍误差存在的原因及减小实验误差的方法。

3.2.1 真值

真值也叫理论值或定义值,是指某物理量客观存在的实际值。由于误差存在的普遍性,通常真值是无法测量的。在实验误差分析过程中,我们常通过如下方法来选取真值。

3.2.1.1 理论真值

这一类真值是可以通过理论证实而知的值。例如,平面三角形的内角和为 $180°$;某一量与其自身之差为 0,与其自身之比为 1,以及一些理论设计值和理论公式表达值等。

3.2.1.2 相对真值

在某些过程中,通常使用高精度级标准仪器的测量值代替普通测量仪器的测量值的真值,称为相对真值。例如,用高精度铂电阻温度计的温度值相对于普通温度计指示的温度值而言是真值;用标准气柜测量得到的流量值相对于转子流量计及孔板流量计指示的流量而言是真值。

3.2.1.3 近似真值

若在实验过程中,测量的次数无限多,根据误差分布规律可知,正负误差出现的几率相等,故将各个测量值相加,并加以平均,在无系统误差的情况下,可能获得近似于真值的数值。所以近似真值是指观测次数无限多时,求得的平均值。

然而,由于观测的次数有限,因此用有限的观测次数求出的平均值,只能近似于真值,并称此最佳值为平均值。

3.2.2 误差的表示方法

3.2.2.1 绝对误差

某物理量经测量后,测量值(x)与该物理量真值(x_r)之间的差异,称为绝对误差,记为 δ,简称误差。

$$绝对误差 = 测量值 - 真值$$

即 $\delta = x - x_r$ (3-1)

在工程计算中,真值常用算术平均值($\bar{x}$)或相对真值代替,则式(3-1)可写为

$$绝对误差 = 测量值 - 精确测量值 = 测量值 - 算术平均值$$

即 $\delta = x - \bar{x}$ (3-2)

式中：x——测量值;

     x_r——真值;

     δ——绝对误差;

     $\bar{x}$——算术平均值。

3.2.2.2 相对误差

将绝对误差与真值的比值称为相对误差,即

$$相对误差 = \frac{绝对误差}{真值}$$

相对误差可以清楚地反映出测量的准确程度,如式(3-3)所示。

$$相对误差 = \frac{绝对误差}{测量值 - 绝对误差} = \frac{\delta}{x - \delta} = \frac{1}{\frac{x}{\delta} - 1} \qquad (3-3)$$

当绝对误差很小时,测量值/绝对误差≫1,则有

$$相对误差 = \frac{绝对误差}{测量值} = \frac{\delta}{x} \qquad\qquad (3-4)$$

绝对误差是一个有量纲的值,相对误差是无量纲的真分数。通常,除了某些理论分析外,用测量值计算相对误差较为适宜。

3.2.2.3　引用误差

为了计算和划分仪器准确度等级,规定一律取该量程中的最大刻度值(满刻度值)作为分母,来表示相对误差,称为引用误差。

$$引用误差 = \frac{示值误差}{满刻度值} \qquad\qquad (3-5)$$

式中,示值误差为仪表某指示值与其真值(或相对真值)之差。

仪表精度等级(S)是最大的引用误差,计算公式为

$$S = \frac{最大示值误差}{最大刻度值} \qquad\qquad (3-6)$$

测量仪表的精度等级是国家统一规定的,按引用误差的大小分成几个等级,将引用误差的百分数去掉,剩下的数值就称为测量仪表的精度等级。例如,某台压力计最大引用误差为 1.5%,则其精度等级为 1.5 级,可用 1.5 表示,通常简称为 1.5 级仪表。电工仪表的精度等级分别为 0.1,0.2,0.5,1.0,1.5,2.5 和 5.0 七个等级。

3.2.3　误差的分类

根据误差产生的原因及其性质,可将误差分为系统误差、随机误差和过失误差三类。

3.2.3.1　系统误差

系统误差是指在一定条件下,对同一物理量进行多次测量时,误差的数字保持恒定,或按照某种已知函数规律变化。在误差理论中,系统误差表明一个测量结果偏离真值或实际值的程度。系统误差的大小可用正确度来表征,系统误差越小,正确度越高;系统误差越大,正确度越低。

产生系统误差的原因通常有以下几点:

(1)测量仪器:仪器的精度不能满足要求或仪器存在零点偏差等。

(2)测量方法:以近似的测量方法测量或利用简化的计算公式进行计算。

(3)环境及人为因素:指温度、湿度和压力等外界因素以及测量人员的习惯,对测量过程引起的误差。

系统误差是误差的重要组成部分,在测量时,应尽力消除其影响,对于难以消除的系统误差,应设法确定或估计其大小,以提高测量的正确度。

3.2.3.2　随机误差

随机误差是一种随机变量,因而在一定条件下服从统计规律。它的产生取决于测量中一系列随机性因素的影响。为了使测量结果仅反映随机误差的影响,测量过程中应尽可能保持各影响量以及测量仪表、方法和人员不变,即保持等精度测量的条件。随机误差表现了测量结果的分散性。在误差理论中,常用精密度一词表征随机误差的大小,随机误差越小,精密度越高。

3.2.3.3　过失误差

过失误差(粗差)是由于测量过程中明显歪曲测量结果的误差。如测错(测量时对错标记

等)、读错(如将 6 读成 8)、记错等都会带来过失误差。产生过失误差的原因主要是粗心、过度疲劳或操作不正确。含有过失误差的测量值被称为坏值,正确的实验结果不应该含有过失误差,即所有的坏值都要剔除,坏值的剔除方法将在本章第四节详细介绍。

3.2.4   准确度、精密度和正确度

(1) 准确度(又称精确度):反映系统误差和随机误差综合大小的程度。

(2) 精密度:精密度反映随机误差大小的程度。

(3) 正确度:正确度反映系统误差大小的程度。

对于实验来说,精密度高的实验正确度不一定高,同样,正确度高的实验精密度也不一定高,但准确度高则精密度和正确度都高。准确度、精密度和正确度之间的关系如图 3-1 所示,图 3-1(1)为系统误差与随机误差都小,即准确度高。图 3-1(2)为系统误差大,而随机误差小,即正确度低而精密度高。图 3-1(3)为系统误差小[与图 3-1(2)相比],而随机误差大,正确度高而精密度低。

(1) 准确度高   (2) 精密度高   (3) 正确度高

图 3-1   准确度、精密度和正确度关系示意

3.3   随机误差的正态分布

3.3.1   随机误差的正态分布

3.3.1.1   正态分布

通过大量的测量实践,人们发现随机误差的分布服从正态分布,又称高斯(Gauss)误差分布,其分布曲线如图 3-2 所示。图中横坐标为随机误差,纵坐标为概率密度分布函数 $f(\delta)$。

落在 δ 和 $(\delta+\mathrm{d}\delta)$ 之间的随机误差的概率可用式(3-7)表示。

$$P(\delta) = f(\delta)\mathrm{d}\delta \qquad (3-7)$$

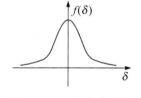

图 3-2   正态分布曲线

正态分布具有如下特征:

(1) 单峰性:绝对值小的误差出现的概率比绝对值大的误差出现的概率大。

(2) 对称性:绝对值相等的误差,正负出现的概率大致相等。

(3) 有界性:在一定测量条件下,误差的绝对值实际上不超过一定的界限。

在同一条件下对同一量测量,各误差 δ_i 的算术平均值,随测量的次数增加而趋于零,即

$$\lim_{n\to\infty}\frac{1}{n}\sum_{i=1}^{\infty}\delta_i = 0 \qquad (3-8)$$

3.3.1.2　算术平均值与方差

设在等精度条件下,对被测量值进行 n 次测量,得测量值为 $x_1,x_2,\cdots,x_{n-1},x_n$,其随机误差为 $\delta_1,\delta_2,\cdots,\delta_{n-1},\delta_n$,则测得结果的算术平均值为

$$\overline{x} = \frac{1}{n} \sum_{i=1}^{n} x_i \tag{3-9}$$

测得结果的方差可表示为

$$\sigma^2 = \frac{1}{n} \sum_{i=1}^{n} (x_i - \overline{x})^2 = \frac{1}{n} \sum_{i=1}^{n} \delta_i^2 \tag{3-10}$$

方差 σ^2 的算术平方根,称为标准误差,即

$$\sigma = \sqrt{\sigma^2} = \sqrt{\frac{1}{n} \sum_{i=1}^{n} \delta_i^2} \tag{3-11}$$

3.3.1.3　有限次数的标准误差

在测量值中已消除系统误差的情况下,测量次数无限增多,所得的平均值为真值;当测量次数有限时,所得的平均值为最佳值,它不等于真值,因此测量值与真值之差(误差)和测量值与平均值之差(残差)不等。在实际工作中,测量次数是有限的,所以需要找出用残差表示的误差公式。

用残差表示的标准误差 $\hat{\sigma}$ 为

$$\hat{\sigma} = \sqrt{\frac{\sum_{i=1}^{n} V_i^2}{n-1}} \tag{3-12}$$

式中：V_i——测量值 x_i 和平均值 $\overline{x}$ 的差,即 $V_i = x_i - \overline{x}$;

　　　　n——测量值的数目。

这里将有限次数的标准误差用 $\hat{\sigma}$ 表示,以区别 $n \rightarrow \infty$ 时的标准误差 σ,不过在实际应用时,一般不加区别,均写为 σ。

3.3.2　概率密度分布函数

高斯(Gauss)于 1795 年提出了随机误差的正态分布概率密度函数：

$$f(\delta) = \frac{1}{\sigma \sqrt{2\pi}} \mathrm{e}^{-\frac{\delta^2}{2\sigma^2}} \tag{3-13}$$

或

$$f(\delta) = \frac{h}{\sqrt{\pi}} \mathrm{e}^{-h^2 \delta^2} \tag{3-14}$$

式中：δ——随机误差;

　　　　σ——标准误差;

　　　　h——精密度指数。

3.3.3　随机误差的表达方法

3.3.3.1　精密度指数

精密度指数(h)反映了随机误差的大小程度,定义为

$$h = \frac{1}{\sqrt{2}\sigma} \tag{3-15}$$

精密度指数与分布曲线的关系如图 3-3 所示,当 h 越大时,曲线越尖锐,说明了随机误差的离散性越小,即小误差出现的机会多,而大误差出现的机会少,这就意味着测量的精密度越高。反之,当 h 越小时,曲线越平坦,说明了随机误差的离散性越大,即小误差出现的机会变少,而大误差出现的机会增多,这意味着测量的精密度越低。

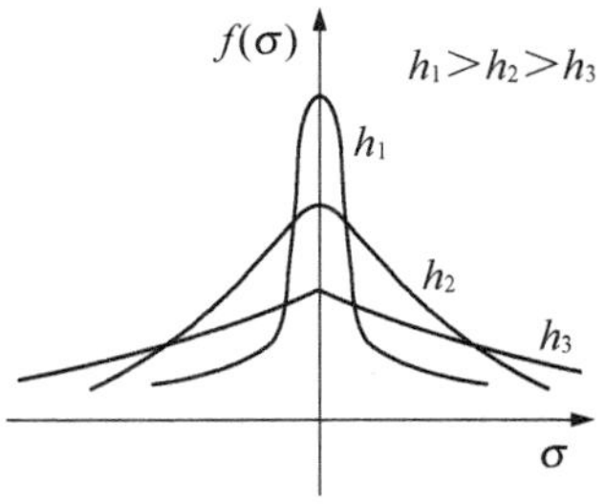

图 3-3　精密度指数与分布曲线的关系

3.3.3.2　标准误差

由精密度指数的定义可知,精密度指数 h 与标准误差 σ 有关,在实际过程中,由于 σ 可直接从测量数据中算出,故常用它来代替 h 表示测量的精度,这样,式(3-15)更有使用价值。由该式可知,σ 反映了分布曲线的高低宽窄,σ 值越小,数据的精密度越高,离散性越小,故它也是精密度的标志,是一种应用最多的表示随机误差的参数。

3.3.3.3　极限误差

平均误差及随机误差也可表示同一测量的精密度,其效果是相同的。但在测量次数有限的情况下,三种表示有所不同,其中标准误差对数据中存在的较大误差与较小误差反应比较敏感,它是表示测量误差的较好方法,我国和世界上很多国家都在科学报告中使用标准误差,而在技术报告中多使用另一种误差——极限误差(Δ)。

极限误差(Δ)为各误差实际不应超过的界限,对于服从正态分布的测量误差一般取 C 倍标准误差作为极限误差,即

$$\Delta = C\sigma \tag{3-16}$$

式中:Δ——极限误差,在无系统误差的情况下,又称为随机不确定度(置信度);

C——置信系数,定义为不确定度(置信度)与其标准误差的比值。

3.4　可疑值的判断与删除

观察测量得到的实验数据,往往会出现某一观测值与其余观测值相差很远的情况。如何对这类数据进行取舍成为一个关键问题。如果保留这一观测值,那么对平均值及偶然误差都将引起很大的影响。但是随意舍弃这些数据,以获得实验结果的一致性,会有丢失有用信息的危险,显然是不恰当的。如果这些数据是由于测量中的过失误差产生的,通常称其为可疑值(或坏值),必须将其删除,以免影响测量结果的准确度,如读错刻度尺,称量中砝码加减错误等。若这些数据是由随机误差产生的,并不属于坏值,则不能将其删除,绝不能仅仅为了追求实验数据的准确度,而丧失实验结果的科学性;若没有充分理由,只有依据误差理论决定数值的取舍才是正确的。常用的判别准则有以下几个。

3.4.1　拉依达准则

拉依达准则又称为 3σ 准则,是基于正态分布,以最大误差范围取为 3σ,进行可疑值的判断。凡超过这个限度的误差,就认定其不属于随机误差的范围,是粗差,可以剔除。

设有一组等精度测量值 $x_i(i=1,2,\cdots,n)$，其子样平均值为 $\overline{x}$，残差为 V_i，用残差表示的标准误差为 σ_{n-1}，若某测量值 $x_l(1\leqslant l\leqslant n)$ 的残差 V_l 满足式（3 - 17）

$$|V_l| > 3\sigma_{n-1} \qquad\qquad (3-17)$$

则认为 V_l 为过失误差，x_l 为含有过失误差的坏值，应予以删除。

对于服从正态分布的误差，其误差界于 $[-3\sigma,+3\sigma]$ 间的概率为

$$\int_{-3\sigma}^{+3\sigma} f(\delta)\,\mathrm{d}\delta = 0.9973 \qquad\qquad (3-18)$$

由于误差超过 $[-3\sigma,+3\sigma]$ 的概率为 $1-0.9973=0.27\%$，这是一个很小的概率（超过 $\pm3\sigma$ 的误差一定不属于偶然误差，为系统误差或过失误差），根据实际判断的原理，小概率事件在一次试验中可看成不可能事件，所以有效值误差超过 $[-3\sigma,+3\sigma]$ 实际上是不可能的。

这种方法最大的优点是计算简单，而且无需查表，应用十分方便，但若实验点数较少，就很难将坏点剔除。如当 $n=10$ 时，

$$\sigma_{n-1} = \sqrt{\frac{\sum_{i=1}^{10} V_i^2}{10-1}} = \frac{1}{3}\sqrt{\sum_{i=1}^{10} V_i^2} \qquad\qquad (3-19)$$

$$3\sigma_{n-1} = \sqrt{\sum_{i=1}^{10} V_i^2} \geqslant |V_i| \qquad\qquad (3-20)$$

由此可知，当 $n\leqslant10$ 时，任一测量值引起的偏差 V_i 都能满足 $|V_l|<3\sigma_{n-1}$，而不可能出现大于 $3\sigma_{n-1}$ 的情况，便无法将其中的坏值剔除。

3.4.2　肖维勒准则

此准则认为在 n 次测量中，坏值出现的次数为 $\frac{1}{2}$ 次，即出现的频率为 $\frac{1}{2n}$，对于正态分布，按概率积分可得

$$\Phi(k) = 1 - \frac{1}{2n} = \frac{2n-1}{2n} \qquad\qquad (3-21)$$

由不同的 n 值，可计算出不同的 $\Phi(k)$，由表 3 - 1 便可以求出 k 值。

表 3 - 1　肖维勒判据

n	k_n	n	k_n	n	k_n
3	1.38	13	2.07	23	2.30
4	1.53	14	2.10	24	2.31
5	1.65	15	2.13	25	2.33
6	1.73	16	2.15	30	2.39
7	1.80	17	2.17	40	2.49
8	1.86	18	2.20	50	2.58
9	1.92	19	2.22	75	2.71
10	1.96	20	2.24	100	2.81
11	2.00	21	2.26	200	3.02
12	2.03	22	2.28	500	3.20

对于一组等精度的测量值 $x_i(i=1,2,\cdots,n)$,其子样平均值为 $\bar{x}$,残差为 V_i,用残差表示的标准误差为 σ_{n-1},若某测量值 $x_l(1\leqslant l\leqslant n)$ 的残差 V_l 满足式(3-22)

$$|V_l|>k_n\sigma_{n-1} \tag{3-22}$$

则认为 V_l 为过失误差,x_l 为含有过失误差的坏值,应予以删除。

这种方法是一种经验方法,其统计学理论依据并不完整,特别是当 $n\to\infty$ 时,$\Phi(n)\to\infty$,这样所有的坏值都不能被剔除。

3.4.3 格拉布斯准则

格拉布斯准则与肖维勒准则有相似之处,不过格拉布斯准则中的置信系数是由通过显著性水平 α 与测量次数 n 共同确定的。显著性水平 α 是指测量值的残差 V_i 超出置信区间的可能性,在绝大多数场合,一般将显著性水平 α 取为 0.01,0.025 或 0.05。

对于一组等精度的测量值 $x_i(i=1,2,\cdots,n)$,其子样平均值为 $\bar{x}$,残差为 V_i,用残差表示的标准误差为 σ_{n-1},且将 x_i 由小到大排列

$$x_1\leqslant x_2\leqslant\cdots\leqslant x_n$$

格拉布斯给出了 $g_1=\dfrac{\bar{x}-x_1}{\sigma_{n-1}}$ 和 $g_n=\dfrac{x_n-\bar{x}}{\sigma_{n-1}}$ 的分布,当选定了显著性水平 α,根据实验次数 n,可由表 3-2 查得相应的临界值 $g_0(n,\alpha)$,有如下关系:

$$P\left[\frac{\bar{x}-x_1}{\sigma_{n-1}}\geqslant g_0(n,\alpha)\right]=\alpha \tag{3-23}$$

或

$$P\left[\frac{x_n-\bar{x}}{\sigma_{n-1}}\geqslant g_0(n,\alpha)\right]=\alpha \tag{3-24}$$

若有

$$g_1\geqslant g_0(n,\alpha)$$

则认为该测得值有过失误差,应予以剔除。

表 3-2 概率积分值

n	显著性水平 α			n	显著性水平 α		
	0.05	0.025	0.01		0.05	0.025	0.01
	$g_0(n,\alpha)$				$g_0(n,\alpha)$		
3	1.15	1.16	1.16	11	2.23	2.36	2.48
4	1.46	1.49	1.49	12	2.28	2.41	2.55
5	1.67	1.71	1.75	13	2.33	2.46	2.61
6	1.82	1.89	1.94	14	2.37	2.51	2.66
7	1.94	2.02	2.10	15	2.41	2.55	2.70
8	2.03	2.13	2.22	16	2.44	2.59	2.75
9	2.11	2.21	2.32	17	2.48	2.62	2.78
10	2.18	2.29	2.41	18	2.50	2.65	2.82

续　表

| n | 显著性水平 α | | | n | 显著性水平 α | | |
	0.05	0.025	0.01		0.05	0.025	0.01
	$g_0(n,\alpha)$				$g_0(n,\alpha)$		
19	2.53	5.68	2.85	25	2.66	2.82	3.01
20	2.56	2.71	2.88	30	2.74	2.91	3.10
21	2.58	2.73	2.91	35	2.81	2.98	3.18
22	2.60	2.76	2.94	40	2.87	3.04	3.24
23	2.62	2.78	2.96	50	2.96	3.13	3.34
24	2.64	2.80	2.99	100	3.17	3.38	3.59

【例 3-1】　对某量进行 15 次等精度测量,测得的结果见表 3-3 所示,试判断该测量中是否含有过失误差。

表 3-3　等精度测量结果

| 序号 | 数据 | | | | |
	x	V	V^2	V'	V'^2
1	18.21	0.004	0.000016	-0.004	0.000016
2	18.20	-0.006	0.000036	-0.014	0.000196
3	18.24	0.034	0.001156	0.026	0.000676
4	18.22	0.014	0.000196	0.006	0.000036
5	18.18	-0.026	0.000676	-0.034	0.001156
6	18.21	0.004	0.000016	-0.004	0.000016
7	18.23	0.024	0.000576	0.016	0.000256
8	18.19	-0.016	0.000256	-0.024	0.000576
9	18.22	0.014	0.000196	0.006	0.000036
10	18.10	-0.106	0.011236	—	—
11	18.20	-0.006	0.000036	-0.014	0.000196
12	18.23	0.024	0.000576	0.016	0.000256
13	18.24	0.034	0.001156	0.026	0.000676
14	18.22	0.014	0.000196	0.006	0.000036
15	18.20	-0.006	0.000036	-0.014	0.000196
	18.206		0.016360		0.004324

方法一　应用拉依达准则判断

由表 3-3 可知

$$\overline{x} = 18.206$$

$$\sigma = \sqrt{\frac{\sum_{i=1}^{n} V_i^2}{n-1}} = \sqrt{\frac{0.016360}{15-1}} = 0.034$$

$$3\sigma = 3 \times 0.034 = 0.102$$

根据拉依达准则,第 10 个测量点的残余误差为

$$|V_{10}| = 0.106 > 0.102$$

即此测量值含有过失误差,故将此测量值剔除,再根据剩下的 14 个测量值重新计算,得

$$\overline{x}' = 18.214$$

$$\sigma' = \sqrt{\frac{\sum_{i=1}^{n} V_i'^2}{n-1}} = \sqrt{\frac{0.004324}{14-1}} = 0.018$$

$$3\sigma = 3 \times 0.018 = 0.054$$

由表 3−3 可知,剩下的 14 个测量值的残余误差均满足要求,不含有过失误差。

方法二　应用肖维勒准则判断

由上面的计算可知

$$\overline{x} = 18.206 \qquad \sigma = 0.034$$

查表 3−1,当 $n=15$,$k_{15}=2.13$ 时,

$$k_{15}\sigma = 2.13 \times 0.034 = 0.072$$

根据肖维勒准则,第 10 个测量点的残余误差为

$$|V_{10}| = 0.106 > 0.072$$

即此测量值含有过失误差,故将此值剔除,再根据剩下的 14 个测量值重新计算,得

$$\overline{x}' = 18.214 \qquad \sigma' = 0.034$$

查表 3−1,当 $n=14$,$k_{14}=2.10$ 时,

$$k_{14}\sigma' = 2.10 \times 0.018 = 0.038$$

由表 3−3 可知,剩下的 14 个测量值的残余误差均满足要求,不含有过失误差。

方法三　应用格拉布斯准则判断

由上面的计算可知

$$\overline{x} = 18.206 \qquad \sigma = 0.034$$

将测量值由小到大排列得

$$x_1 = 18.10, \ x_2 = 18.18, \cdots, x_n = 18.24$$

对于两端点值可求得

$$g_1 = \frac{\overline{x} - x_1}{\sigma_{n-1}} = \frac{18.206 - 18.10}{0.034} = 3.12$$

$$g_n = \frac{x_n - \overline{x}}{\sigma_{n-1}} = \frac{18.24 - 18.206}{0.034} = 1.00$$

查表 3−2,取 $\alpha = 0.05$,当 $n=15$ 时,

$$g_0(15,0.05) = 2.41$$

因此

$$g_1 = 3.12 > 2.41$$

根据格拉布斯准则,第 10 个测量点含有过失误差,故将此值剔除,再根据剩下的 14 个测量值重新计算,得

$$\overline{x}' = 18.214 \qquad \sigma' = 0.018$$

对于两端点值可求得

$$g'_2 = \frac{\overline{x}' - x_2}{\sigma'} = \frac{18.214 - 18.18}{0.018} = 1.90$$

$$g'_n = \frac{x_n - \overline{x}'}{\sigma'} = \frac{18.24 - 18.214}{0.018} = 1.44$$

查表 3-2,取 $\alpha = 0.05$,当 $n = 14$ 时,

$$g_0(14,0.05) = 2.37$$

因此,剩下的 14 个测量值的残余误差均满足要求,不含有过失误差。

由此题可知,拉依达准则的应用最为简单,但在小子样数的实验中,容易产生较大的偏差。肖维勒准则明显改善了拉依达准则,当 n 变小时,k_n 也减小,一直保持可剔除坏点的概率。虽然,从理论上看,此法对大子样数实验很难有效地剔除坏点,但由表 3-1 可知 $k_{200} = 3.02$,对于工程实验,这个数值一般情况下是可以满足要求的,所以此方法应用比较广泛。

但是,肖维勒准则还有一个缺点,就是置信概率参差不齐,即 n 不相同,置信水平不同。在某些情况下,人们希望在固定的置信水平下讨论问题,此时,应用格拉布斯准则更为适宜。

3.5　误差的计算

3.5.1　常用的平均值

3.5.1.1　算术平均值

算术平均值是一种常用的平均值,若测量值为正态分布,用最小二乘法可证明,在一组等精度测量中,算术平均值为最可信赖值。

设测量值为 $x_1, x_2, \cdots, x_n$, n 表示测量次数,则算术平均值 $\overline{x}$ 计算公式为

$$\overline{x} = \frac{x_1 + x_2 + \cdots + x_n}{n} = \frac{1}{n} \sum_{i=1}^{n} x_i \qquad (3-25)$$

3.5.1.2　均方根平均值

均方根平均值 $\overline{x}_m$ 计算公式为

$$\overline{x}_m = \sqrt{\frac{x_1^2 + x_2^2 + \cdots + x_n^2}{n}} = \sqrt{\frac{1}{n} \sum_{i=1}^{n} x_i^2} \qquad (3-26)$$

3.5.1.3　几何平均值

几何平均值 $\overline{x}_g$ 计算公式为

$$\overline{x}_g = \sqrt[n]{x_1 x_2 \cdots x_n} = \sqrt[n]{\prod_{i=1}^{n} x_i} \qquad (3-27)$$

以对数形式表示为

$$\lg \overline{x}_g = \frac{1}{n} \sum_{i=1}^{n} \lg x_i \qquad (3-28)$$

3.5.1.4　对数平均值

对数平均值常用于化工领域中热量与能量传递时平均推动力的计算,其定义为

$$x_m = \frac{x_1 - x_2}{\ln \dfrac{x_1}{x_2}} \qquad (3-29)$$

若 x_1 与 x_2 相差不大,$\dfrac{x_1}{x_2} < 2$,则可用算术平均值代替对数平均值,引起的误差在 4% 以内。

3.5.2　最小二乘法原理与算术平均值的意义

进行精密测量时,对未知物理量进行 n 次重复测量时,得到一组等精度的测量结果 x_1, $x_2, \cdots, x_n$,那么如何从这组测量结果中得到未知量的最佳值或最可信赖值呢? 应用最小二乘法就可以解决这个问题。

最小二乘法原理指出:在许多具有等精度的测量值中,最佳值就是指能使各个测量值的误差的平方和为最小时所示的那个值,最小二乘法可由高斯方程导出,因为不知道真值,故以这一组中最佳值代替,则对应的残差(测量值与回归数据的差值)为

$$\Delta_1 = x_1 - a$$
$$\Delta_2 = x_2 - a$$
$$\vdots$$
$$\Delta_n = x_n - a$$

依据高斯定律,具有误差为 Δ_1, $\Delta_2, \cdots, \Delta_n$ 的观测值的概率分别为

$$P_1 = \frac{1}{\sigma \sqrt{2\pi}} e^{\frac{-(x_1-a)^2}{2\sigma^2}}$$

$$P_2 = \frac{1}{\sigma \sqrt{2\pi}} e^{\frac{-(x_2-a)^2}{2\sigma^2}}$$

$$\vdots$$

$$P_n = \frac{1}{\sigma \sqrt{2\pi}} e^{\frac{-(x_n-a)^2}{2\sigma^2}}$$

因每次测量是独立的事件,所以误差 Δ_1, $\Delta_2, \cdots, \Delta_n$ 同时出现的概率为各个概率的乘积,即

$$P = P_1 P_2 \cdots P_n = \frac{1}{\sigma \sqrt{2\pi}} e^{-\frac{1}{2\sigma^2}[(x_1-a)^2 + (x_2-a)^2 + \cdots + (x_n-a)^2]}$$

由于最佳值 a 是概率 P 最大时所求出的那个值,从指数关系可知,当 P 最大时,$(x_1-a)^2 +$

$(x_2-a)^2+\cdots+(x_n-a)^2$ 应为最小,即在一组测量中各误差的平方和最小,令

$$Q = (x_1-a)^2+(x_2-a)^2+\cdots+(x_n-a)^2$$

Q 最小的条件为

$$\frac{\mathrm{d}Q}{\mathrm{d}a}=0,\frac{\mathrm{d}^2Q}{\mathrm{d}a^2}>0$$

对上式进行积分,并取为零,得

$$-2(x_1-a)-2(x_2-a)-\cdots-2(x_n-a)=0$$

即

$$a=\frac{1}{n}\sum_{i=1}^{n}x_i \tag{3-30}$$

由此得出以下两条结论:

a. 在同一条件下(等精密度),对一物理量进行 n 次独立测量的最佳值就是 n 个测量值的算术平均值。

b. 各观测值与算术平均值的偏差的平方和最小。

3.5.3　直接测量的可疑值舍弃

在一组实验数据中,常会发现一个或几个数据与其他数据相差甚远,如果贸然删去以获取实验数据的一致性,显然是不科学的。正确的做法是重新审视实验操作和读取数据是否有失误。如果没有充分的理由,只有根据误差理论来决定数据的取舍。常用的依据在 3.4"可疑值的判断与删除"一节中已做详细介绍,这里不再重复。

3.5.4　间接测量值的误差传递

间接测量值是由几个直接测量值按一定的函数关系计算而得的,如雷诺数 $Re=du\rho/\mu$ 就是间接测量值。由于直接测量值有误差,因而使间接测量值也必然有误差。怎样由直接测量值的误差计算间接测量值的误差呢? 这就是误差的传递问题。下面介绍误差传递的基本方程。

设有一间接测量值 y,是直接测量值 $x_1,x_2,\cdots,x_n$ 的函数:

$$y=f(x_1,x_2,\cdots,x_n) \tag{3-31}$$

对上式进行全微分可得

$$\mathrm{d}y=\frac{\partial f}{\partial x_1}\mathrm{d}x_1+\frac{\partial f}{\partial x_2}\mathrm{d}x_2+\cdots+\frac{\partial f}{\partial x_n}\mathrm{d}x_n \tag{3-32}$$

如以 Δy, Δx_1, Δx_2, $\cdots$, Δx_n 分别代替上式中的 $\mathrm{d}y$, $\mathrm{d}x_1$, $\mathrm{d}x_2$, $\cdots$, $\mathrm{d}x_n$,则得

$$\Delta y=\frac{\partial f}{\partial x_1}\Delta x_1+\frac{\partial f}{\partial x_2}\Delta x_2+\cdots+\frac{\partial f}{\partial x_n}\Delta x_n \tag{3-33}$$

式(3-33)是绝对误差的传递公式,它表明间接测量值或函数的误差为各直接测量值的各项分误差之和,而分误差决定于直接测量误差 Δx_i 和误差传递系数 $\frac{\partial f}{\partial x_i}$,即

$$\Delta y = \sum_{i=1}^{n} \left| \frac{\partial f}{\partial x_i} \cdot \Delta x_i \right| \qquad\qquad (3-34)$$

相对误差的计算式为

$$\frac{\Delta y}{y} = \sum_{i=1}^{n} \left| \frac{\partial f}{\partial x_i} \frac{\Delta x_i}{y} \right| \qquad\qquad (3-35)$$

上式中各分误差取绝对值,从最保险出发,不考虑误差实际上有抵消的可能,此时函数误差为最大值。

函数的标准误差:

$$\sigma = \sqrt{\sum_{i=1}^{n} \left(\frac{\partial f}{\partial x_i} \right)^2 \sigma_i^2} \qquad\qquad (3-36)$$

式中:σ_i——直接测量值的标准误差。

3.5.5　数据误差计算过程

误差分析的目的在于计算所测数据(包括直接测量值与间接测量值)的真值或最佳值范围,并判定其精确性或误差。整理一系列实验数据时,应按以下步骤进行:

（1）求一组测量值的算术平均值 x_m。

（2）求出各测定值的绝对误差与标准误差。

（3）确定各测定值的最大可能误差,并验证各测定值的误差不大于最大可能误差。

（4）在满足第（3）条件后,再确定其算术平均值的标准差。

第 4 章　实验数据的整理及软件应用

4.1　实验数据的整理

化工原理实验的目的不仅仅是为了取得一系列的原始实验数据,而是通过这些数据得到各变量之间的定量关系,进一步分析实验现象,提出新的研究方案或得出规律,用于指导生产与设计。要得到各变量之间的关系,就有必要对实验数据进行整理,对实验中获得的一系列原始数据进行分析,计算整理成各变量之间的定量关系,并用最合适的方法表示出来。这是整个化工原理实验过程中一个非常重要的环节。在化工原理实验中,处理实验数据的方法通常有三种:

（1）列表法:列表法是将实验数据按照自变量与因变量的关系以一定的顺序列在表格中,表示各变量之间的关系,反映变量之间的变化规律。这是数据处理的第一步,也是数据绘图或者整理成数学公式的基础。

（2）图示（解）法:图示（解）法是将实验数据的函数关系用图线的形式来表示,从而揭示自变量和因变量之间的关系。图示（解）法可以直观、清晰地显示出相关变量之间的变化规律,便于分析和比较数据的极值点、转折点、变化率以及其他特性,并能方便地标出变量的中间值,得到曲线相应的数学表达式,分析、比较和确定数学表达式的常数,用外推法求解一般测量方法难以测量的数据。对于比较精确的图形可以在不知数学表达式的情况下进行微积分运算。因此,图示（解）法应用十分广泛。

（3）回归分析法:回归分析法是处理数据变量之间相互关系的一种数理统计方法。该法可以从大量散点数据中寻找到反映数据之间的统计规律,得到最大限度符合实验数据的拟合方程式,并判断拟合方程式的有效性,有利于计算机进行计算。

4.1.1　列表法

4.1.1.1　实验数据表

数据表操作简单明了,有利于阐明某些实验结果的规律。如果设计合理,可以同时表达几种变量,而且不易混淆。实验数据表一般分为原始数据记录表和实验数据处理结果表。

原始数据记录表用于实验过程中随时记录测量的数据,所以在进行实验之前,要根据实验目的和待测参数进行设计和绘制,在进行实验时就可以清晰、完整地将实验数据记录下来。在原始数据记录表中,应逐项列出实验所需要测量的所有参数名称及其单位,并注意采用与测量仪表相一致的有效位数,在对较大数量级的表达上,应尽量采用科学记数法。本节以测定流体流动阻力的实验原始数据记录表为例（测定光滑直管的摩擦阻力系数与阀门的阻力系数）,如表 4—1 所示。在实验过程中,当完成一组实验数据的测试时,须及时将测量的相关数据记录在表格内,实验完成后将得到一份完整的原始数据记录表。

实验结束后,要对所记录的实验数据进行分析和计算处理。实验数据处理结果表用于记录进行运算处理的中间结果和最终结果,其可以避免在数据的计算处理过程中发生数据遗漏和混淆的现象。本节以套管传热实验的数据处理结果表为例,如表 4 - 2 所示。

表 4 - 1　流体流动阻力测定实验原始数据记录表

光滑直管直径 d_1：_____ mm　光滑直管长度 l_1：_____ mm　水温：_____ ℃

阀门两端直管直径 d_2：_____ mm　　阀门及两端直管长度 l_2：_____ mm

项目 序号	流量计示数 $Q/\mathrm{m^3 \cdot h^{-1}}$	光滑管的差压 Δp		阀门及其两端 直管段的总差压 $\sum \Delta p/\mathrm{kPa}$
		倒 U 型管压差计 示数/mmH₂O 柱	差压数显仪 示数/kPa	
1				
2				
3				
⋮				

合作者姓名：

表 4 - 2　套管传热实验数据处理结果表

序号	蒸汽 温度 $T/℃$	进口 温差 $\Delta t_1/℃$	出口 温差 $\Delta t_2/℃$	对数 温差 $\Delta t_\mathrm{m}/\mathrm{K}$	体积 流量 $V_实/$ $\mathrm{m^3 \cdot h^{-1}}$	质量 流量 $m_\mathrm{s}/$ $\mathrm{kg \cdot h^{-1}}$	换热量 Q/W	传热系 数 $K/$ $\mathrm{W \cdot m^{-2} \cdot}$ $\mathrm{K^{-1}}$	Re	Nu	Pr	Nu/Pr$^{0.4}$
1												
2												
3												
⋮												

4.1.1.2　实验数据表的注意事项

在拟定和绘制实验数据表时应注意如下几点：

(1) 表格中内容要齐全。物理量的名称、符号和单位要列在数据表的表头中。物理量的符号与单位之间用斜线"/"隔开。在一个物理量的单位中,斜线"/"不可重复使用,可以根据情况使用"()"或者负指数的形式。计量单位不宜混在数字之中,以免难以区分。

(2) 注意实验数据的有效数字位数。记录的数据应与测量仪表的准确度相吻合,不要过多或者过少。

(3) 注意数据的记录方法。当物理量的数值较大或者较小时,应考虑使用科学记数法。采用"物理量的代表符号×10$^{\pm n}$/单位"的形式,将"10$^{\pm n}$"记入表头,该形式的数据记录原则为：

$$物理量的实际值 \times 10^{\pm n} = 表中数据$$

(4) 为了便于整理和使用,每个数据表都应在表的上方标明表的序号和表的名称(表题)。表的序号要根据出现的顺序进行编号。在出现表格之前,要在正文之中有所指引,不能出现得太突然,要有必要的过渡。同一张表尽量不要跨页显示,如遇特殊情况要跨页时,需在所跨页面的表格上方注明"续表……"。

(5) 如在实验前没有拟定好数据记录表,在实验过程中直接记录实验数据作表,则要注意数据的自变量尽可能取得等间距,并且为整数为宜。

（6）数据表格要正规,数据书写要清楚整齐,不能潦草应付,否则会难以辨认。修改错误时要用单线将错误划掉,将正确的写在下面。各种实验条件可以写在表题和表格之间,也可以写在表格的下方。实验合作者的名单可以写在表的下方。

4.1.2　图示(解)法

图示(解)法是表示实验中各变量之间关系最常用的方法,它是将实验中得到的离散的数据点标绘在适宜的坐标上,然后将数据点连成光滑的曲线或者直线。直观清晰,方便比较,容易看出数据中的极值点、周期性以及其他特性,准确的图形还可以在不知道数学表达式的情况下进行微积分运算,是图示(解)法的显著优点。

在化工原理实验中,经常遇到两个变量 x,y 的情况,将自变量 x 作为图形的横轴,将因变量 y 作为纵轴,得到所需要的图形。所以,在绘制图形之前要完成的工作就是按照列表法的要求列出因变量 y 与自变量 x 相对应的 y_i 与 x_i 数据表格。

作图时值得注意的是:选择合适的坐标,使得图形直线化,以便求得经验方程式;坐标的分度要适当,能清楚表达变量间的函数关系。

作曲线图时必须依据一定的法则,得到与实验点位置偏差最小而光滑的曲线图形。

4.1.2.1　选择适宜的坐标系

（1）常用的坐标系:化工中经常使用的坐标系有笛卡儿坐标系(又称普通直角坐标系)、半对数坐标系和对数坐标系。市场上有相应的坐标纸出售,也可以选择相关的数据处理软件来处理数据。应根据数据的特点来选择合适的坐标系。

对数坐标系的原点为(1,1),而不是(0,0);1,10,100,1000 等数对应的常用对数数值分别为 0,1,2,3,所以在对数坐标轴上,每一数量级的距离都是相等的;对数坐标轴上某点与原点的实际距离为该点对应数据的对数值,但是在该点标出的值是真数,在求取直线的斜率时,应该选用对数:

$$\tan\alpha = \frac{\lg y_2 - \lg y_1}{\lg x_2 - \lg x_1} \tag{4-1}$$

半对数坐标系:图形的两个坐标轴 x 轴和 y 轴中,一个轴是分度均匀的普通坐标轴,另一个轴是分度不均匀的对数坐标轴,如图 4-1 所示。

双对数坐标系:图形的两个坐标轴 x 轴和 y 轴均为分度不均匀的对数坐标轴,如图 4-2 所示。

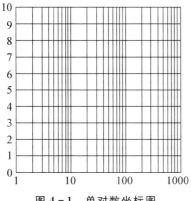

图 4-1　单对数坐标图

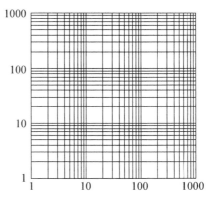

图 4-2　双对数坐标图

（2）坐标系的选择：在数据处理过程中，如何选择适宜的坐标系，通常以实验测量数据在坐标系上绘制出的图形能否为直线来作为标准。

选择半对数坐标系的情况有：

1）变量之一在研究范围内发生了几个数量级的变化时；

2）在自变量从 0 开始逐渐增大的初始阶段，当自变量的些许变化就能引起因变量相当大的变化时；

3）需要将某种函数关系变为直线函数关系时，如指数函数关系：$y = a^{bx}$，因 $\lg y$ 与 x 呈现直线关系。

选择对数坐标系的情况有：

1）自变量和因变量在研究范围内均发生了几个数量级的变化时；

2）需要将曲线开始部分划分成展开的形式时；

3）需要将某种非线性关系转化为线性关系时，如幂函数关系：$y = ax^b$，因为 $\lg y = \lg a + b \lg x$ 在双对数坐标系上表现为一条直线。

4.1.2.2 坐标分度

坐标分度是按每条坐标轴所能代表的物理量的大小来定的，也就是坐标轴的比例尺。坐标分度的选择，应该使得每一个数据点在坐标系上的位置能方便找到，以便在图上读出数据点的坐标值。

坐标分度的确定方法如下：

（1）在已知 x 和 y 的测量误差分别为 D_x 和 D_y 时，分度的选择方法通常为：使得 $2D_x$ 和 $2D_y$ 构成的矩形近似为正方形，并使得 $2D_x = 2D_y = 2\text{mm}$，求得坐标比例常数 M。

x 轴的比例常数为

$$M_x = \frac{2}{2D_x} = \frac{1}{D_x} \tag{4-2}$$

y 轴的比例常数为

$$M_y = \frac{2}{2D_y} = \frac{1}{D_y} \tag{4-3}$$

（2）在测量数据的误差未知的情况下，坐标轴的分度要与实验数据的有效数字位数相同，并且要方便阅读。

在通常情况下，确定坐标轴的分度时，既要保证不会因为比例常数过大而降低实验数据的准确度，又要避免因比例常数过小而造成图中数据点分布异常的假象。所以，建议选取坐标轴的比例常数 $M = (1、2、5) \times 10^{\pm n}$（$n$ 为整数），不使用 3、6、7、8 等的比例常数，因为在数据绘图时比较麻烦，容易导致错误。另外，如果根据数据 x 和 y 的绝对误差 D_x 和 D_y 求出的坐标比例常数 M 不恰好等于 M 的推荐值，可选用稍小的推荐值，将图适当地画大一些，以保证数据的准确度不因作图而降低。

4.1.2.3 绘图注意事项

（1）确保图中曲线光滑。利用曲线板等工具将各个离散的数据点连接成光滑曲线，并使曲线尽可能通过较多的实验点，或者使曲线以外的点尽可能地位于曲线附近，并使曲线两侧的点数大致相等。另外，用计算机软件处理数据更为准确和便捷。

（2）定量绘制的坐标图，其坐标轴上必须注明该坐标所代表的变量名称、符号及所用的单位。如离心泵特性曲线的横坐标就必须标上流量 $Q/(\text{m}^3/\text{h})$。

（3）图必须有图号和图题（图名），以便于整理和引用。必要时还应有图注。

（4）不同线上的数据点可用○、△ 等不同符号表示，且必须在图上明显地标出。

4.1.3　经验公式

在化工原理实验中，除了用表格和图形描述变量之间的关系外，还常把实验数据整理成方程式，以描述自变量和因变量之间的关系，即建立过程的数学模型。

4.1.3.1　经验公式的选择

化工是以实验研究为主的科学领域，很难由纯数学物理方法推导出确切的数学模型，而是采用半理论分析方法、纯经验公式和由实验曲线的形状确定相应的经验公式。

（1）半理论分析方法：在化学工程中，利用因次分析法推导出准数关系式，是一种最常用的方法。用因次分析法将众多的参数整理成一些无因次的数群，即准数，不需要首先导出过程的微分方程。但是，如果已经有了微分方程暂时还难以得出解析解，或者又不想用数值解时，也可以从中导出准数关系式，然后再由实验来最后确定其系数值。例如，动量传递、热量传递和质量传递过程的准数关系式分别为

$$\text{Eu} = A \left(\frac{L}{d} \right)^a \text{Re}^b \qquad\qquad (4-5)$$

$$\text{Nu} = B \text{Re}^c \text{Pr}^d \qquad\qquad (4-6)$$

$$\text{Sh} = C \text{Re}^e \text{Sc}^f \qquad\qquad (4-7)$$

式中的 A、a、b、B、c、d、C、e、f 等常数均可以通过实验数据计算得出。

（2）纯经验方法：在处理实验数据时，长期从事专业工作的人员可以凭借积累的经验来确定应采用什么样的数学模型。例如，

常用 $y = ae^{bx}$ 或者 $y = ae^{bx+a^2}$ 表示化学反应；

常用多项式 $y = a + a_1 x + a_2 x^2 + \cdots + a_n x^n$ 表示溶解热或热容与温度之间的关系；

在生物学实验中培养细菌时，假设原来的细菌数量为 a，繁殖率为 b，则用 $y = ae^{bt}$ 表示每一时刻的细菌总量 y 和时间 t 的关系。

（3）由实验曲线求取经验公式：在整理实验数据的过程中，在选择模型时既没有理论指导，又没有经验可借鉴的情况下，可以先将实验数据绘制在普通的直角坐标系上，得到一条直线或曲线。根据得到的曲线类型，可以分为下面两种情况：

1）直线的情况。根据解析几何的原理，在直线上选择相距较远的两点 (x_1, y_1) 和 (x_2, y_2)，代入直线方程：$y = mx + n$，其中 m、n 的值可由直线的斜率和截距求得。该直线的斜率 $(\Delta y / \Delta x)$ 为方程中的系数 m，直线在 y 轴上的截距 (n) 就是方程中的 n 值。

2）曲线的情况。y 和 x 不是线性关系，可将实验曲线与典型的函数曲线相对照，选择与实验曲线相似的典型函数曲线，然后用直线化方法对所选函数与实验数据的符合程度加以检验。

直线化方法就是将函数 $y = f(x)$ 转化成线性函数 $Y = A + BX$，其中 $X = \varphi(x, y)$，$Y = \psi(x, y)$（φ，ψ 均为已知函数）。由已知函数 x_i 和 y_i，按照 $Y_i = \psi(x_i, y_i)$，$X_i = \varphi(x_i, y_i)$ 求得 Y_i 和 X_i，然后将 (X_i, Y_i) 在坐标系上标绘，如果得到一条直线，即可选择系数 A 和 B，并求得 $y = f(x)$ 的函数关系式。如果 $Y_i = f'(X_i)$ 偏离直线，则要重新选定 $Y_i = \psi'(x_i, y_i)$，$X_i = \varphi'(x_i, y_i)$，直至 $Y - X$ 为直线关系为止。

4.1.3.2　常见函数的典型图形及线性化方法

非线性函数线性化是将非线性函数转化成线性函数。通常是根据实验测定数据作出离散点图,再选用合适的曲线拟合数据点,以确定函数的类型,然后用变量变换的方法定出函数中的未知参数,通过上述步骤就可以将非线性函数转换成线性函数关系。

如果将实验数据采用直线回归或者曲线回归进行拟合,则可以表达因变量与自变量之间的函数关系,便于对实验结果进行规律性分析。

由实验测定数据拟合的经验回归曲线主要有线性函数、对数函数、指数函数、幂函数、$y=\dfrac{1}{a+bx}$、双曲线 $y=\dfrac{x}{a+bx}$、S 型曲线以及多项式拟合等等。

例如:指数函数 $y=a\mathrm{e}^{bx}$

两边取对数,得

$$\lg y = \lg a + bx\lg \mathrm{e} \tag{4-8}$$

令 $Y=\lg y, X=x, K=b\lg \mathrm{e}$,

则得到的直线化方程为

$$Y=KX+\lg a \tag{4-9}$$

表 4-3 列出了几种常见函数的典型图形及其线性化方法。

表 4-3　几种常见函数的典型图形及其线性化方法

函数类型	图　　　形	线性化方法
对数型 $y=a\lg x+b$	（图）($a>0$)　($a<0$)	$Y=y, X=\lg x$, 则得直线方程: $Y=aX+b$
指数型 $y=a\mathrm{e}^{bx}$	（图）($b<0$)　($b>0$)	$Y=\lg y, X=x, K=b\lg \mathrm{e}$, 则得直线方程: $Y=KX+\lg a$
指数型 $y=a\mathrm{e}^{\frac{b}{x}}$	（图）($b>0$)　($b<0$)	$Y=\lg y, X=\dfrac{1}{x}, K=b\lg \mathrm{e}$, 则得直线方程: $Y=KX+\lg a$

续　表

函数类型	图　形	线性化方法
幂函数型 $y=ax^b$	$b>1$　$b=1$　$0<b<1$　($b>0$)　　$-1<b<0$　$b=-1$　$b<-1$　($b<0$)	$Y=\lg y, X=\lg x,$ 则得直线方程： $Y=bX+\lg a$
$y=\dfrac{1}{ax+b}$	($a>0,b>0$)　　($a<0,b>0$或$a>0,b<0$)	$Y=\dfrac{1}{y}, X=x,$ 则得直线方程： $Y=aX+b$
双曲线型 $y=\dfrac{x}{ax+b}$	($b>0$)　　($b<0$)	$Y=\dfrac{1}{y}, X=\dfrac{1}{x},$ 则得直线方程： $Y=a+bX$
S 型 $y=\dfrac{1}{ae^{-x}+b}$		$Y=\dfrac{1}{y}, X=e^{-x},$ 则得直线方程： $Y=aX+b$

注：此表摘自江体乾.化工数据处理.北京：化学工业出版社,1984

在前面提到的 8 种经验公式中,直线型和抛物线型是多项式回归的特例,其他多项式则比较复杂,但多项式回归非常重要,因为各种函数关系中,至少有一个范围可以用多项式逼近拟合。因此,在分析一些复杂的实际问题时,通常采用多项式进行描述。

在整理实验数据时,都可以从上述曲线类型中选择一种曲线进行拟合。如果要取得最佳的拟合效果,最好选用几种函数进行计算,并加以对照比较,选择其中一条与实验数据的残差平方和最小的曲线为拟合曲线。

4.1.4　图解法求解经验公式中的常数

求取各函数式中未知参数的方法,在化工原理实验中仍然采用最小二乘法。如果该函数是非线性关系,则可以通过变换使之成为线性关系后求出。

4.1.4.1　对数函数 $y=a\lg x+b$ 的线性图解

当研究的变量符合对数函数 $y=a\lg x+b$ 时,将实验数据(x_i, y_i)标绘在对数坐标上,图形为一条直线。

（1）系数 a 的确定：在标绘得到的曲线上，取相距较远的 1 点和 2 点，读取(x_1, y_1)和(x_2, y_2)，令横轴 x 为对数坐标，根据表 4-3 中的线性化方法，其直线方程为 $Y = aX + b$，按照下式计算直线的斜率 a：

$$a = \frac{y_2 - y_1}{\lg x_2 - \lg x_1} \qquad\qquad (4-10)$$

（2）系数 b 的确定：在对数坐标系中，坐标原点为$(1, 1)$。在 $y = a\lg x + b$ 中，当 $x = 1$ 时，$y = b$，因此，系数 b 的值可以由直线与过原点的 y 轴交点的纵坐标来确定。如果 x 和 y 的值与 1 相差比较大，图中找不到坐标原点的时候，可将直线上任一个已知点 1 的坐标(x_1, y_1)和已经求出的斜率 a 代入公式 $b = y_1 - a\lg x_1$ 中计算出 b。

4.1.4.2　指数函数 $y = a\mathrm{e}^{bx}$ 的线性图解

当变量 x 和 y 符合指数函数 $y = a\mathrm{e}^{bx}$ 时，将实验数据(x_i, y_i)标绘在半对数坐标上，图形为一条直线。

（1）系数 b 的确定：在直线上任取相距较远的两点，根据两点的坐标(x_1, y_1)和(x_2, y_2)求解系数 b 的值。令纵轴 y 为对数坐标，根据表 4-3 中的线性化方法，得到该指数函数的线性化方程 $Y = \lg a + KX$，所以系数 b 为

$$b = \frac{\lg y_2 - \lg y_1}{(x_2 - x_1)\lg \mathrm{e}} \qquad\qquad (4-11)$$

（2）系数 a 的确定：系数 a 的确定与对数函数的方法基本相同，可将直线上任一点处的坐标(x_i, y_i)和已经求出的系数 b 代入函数关系式 $a = \dfrac{y_i}{\mathrm{e}^{bx_i}}$ 后求解得到系数 a。

4.1.4.3　幂函数 $y = ax^b$ 的线性图解

当变量 x 和 y 符合幂函数 $y = ax^b$ 时，将实验数据(x_i, y_i)标绘在对数坐标上，图形为一条直线。

（1）系数 b 的确定：在直线上任取相距较远的两点，根据两点的坐标(x_1, y_1)和(x_2, y_2)求解系数 b 的值。令纵轴和横轴均为对数坐标，根据表 4-3 中的线性化方法，得到幂函数的线性化方程 $Y = \lg a + bX$，所以系数 b 为

$$b = \frac{\lg y_2 - \lg y_1}{\lg x_2 - \lg x_1} \qquad\qquad (4-12)$$

（2）系数 a 的确定：在对数坐标系中坐标原点为$(1, 1)$。在 $y = ax^b$ 中，当 $x = 1$ 时，$y = a$。因此，系数 a 的值可以由直线与过原点的 y 轴交点的纵坐标来确定。如果 x 和 y 的值与 1 相差比较大，在图中找不到坐标原点，则可以将直线上任一已知点的坐标(x_i, y_i)和已经求得的斜率 b 代入函数式 $a = \dfrac{y_i}{x_i^b}$ 中求得系数 a。

4.1.4.4　$y = \dfrac{1}{ax + b}$ 的线性图解

根据表 4-3 中的线性化方法，将 $y = \dfrac{1}{ax + b}$ 转化成 $Y = aX + b$。

（1）系数 a 的确定：在曲线上任取相距较远的两点，根据两点的坐标(x_1, y_1)和(x_2, y_2)，采用下面的公式求得系数 a 的值：

$$a = \frac{\dfrac{1}{y_2} - \dfrac{1}{y_1}}{x_2 - x_1} \qquad\qquad (4-13)$$

（2）系数 b 的确定：可将曲线上任一点坐标(x_i, y_i)和已经求得的系数 a 代入 $b = \dfrac{1}{y_i} - ax_i$ 中求得系数 b。

4.1.4.5　$y = \dfrac{x}{ax+b}$ 的线性图解

根据表 4-3 中的线性化方法，可以将 $y = \dfrac{x}{ax+b}$ 转化成 $Y = bX + a$。

（1）系数 b 的确定：在曲线上任取相距较远的两点，根据两点的坐标(x_1, y_1)和(x_2, y_2)，采用下面的公式求得系数 a 的值：

$$b = \frac{\dfrac{1}{y_2} - \dfrac{1}{y_1}}{\dfrac{1}{x_2} - \dfrac{1}{x_1}} \qquad\qquad (4-14)$$

（2）系数 a 的确定：可将曲线上任一点坐标(x_i, y_i)和已经求得的系数 b 代入 $a = \dfrac{1}{y_i} - \dfrac{b}{x_i}$ 中求得系数 a。

4.1.4.6　S 型曲线 $y = \dfrac{1}{ae^{-x} + b}$ 的线性图解

根据表 4-3 中的线性化方法，可以将 $y = \dfrac{1}{ae^{-x} + b}$ 转化成 $Y = aX + b$。

（1）系数 a 的确定：在曲线上任取相距较远的两点，根据两点的坐标(x_1, y_1)和(x_2, y_2)，采用下面的公式求得系数 a 的值：

$$a = \frac{\dfrac{1}{y_2} - \dfrac{1}{y_1}}{e^{-x_2} - e^{-x_1}} \qquad\qquad (4-15)$$

（2）系数 b 的确定：可将曲线上任一点坐标(x_i, y_i)和已经求得的系数 a 代入 $b = \dfrac{1}{y_i} - ae^{-x_i}$ 中求得系数 b。

4.1.4.7　抛物线型函数 $y = ax^2 + bx + c$ 的线性图解

抛物线型函数 $y = ax^2 + bx + c$ 中的系数 a、b、c 均可采用曲线直线化的方法求出。在抛物线曲线上任取一点(x_1, y_1)，则有：

$$y_1 = ax_1^2 + bx_1 + c \qquad\qquad (4-16)$$

将式(4-16)与原抛物线函数方程相减，可得：

$$y - y_1 = a(x^2 - x_1^2) + b(x - x_1) \qquad\qquad (4-17)$$

经过简化处理后，可以得到：

$$\frac{y - y_1}{x - x_1} = ax + ax_1 + b \qquad\qquad (4-18)$$

令 $Y = \dfrac{y - y_1}{x - x_1}$，$A = ax_1 + b$，则抛物线的线性化方程为：

$$Y = ax + A$$

（1）系数 a 的确定：在曲线上任取相距较远的两点，根据两点的坐标 (x_2, y_2) 和 (x_3, y_3)，采用下面的公式求得系数 a 的值：

$$a = \frac{\dfrac{y_3 - y_1}{x_3 - x_1} - \dfrac{y_2 - y_1}{x_2 - x_1}}{x_3 - x_2} \tag{4-19}$$

（2）系数 b 的确定：可将曲线上任一点坐标 (x_i, y_i) 和已经求得的系数 a 代入 $b = \dfrac{y_i - y_1}{x_i - x_1} - ax_i$ 中求得系数 b。

（3）系数 c 的确定：可将曲线上的其他一点坐标 (x_i', y_i') 和已经求得的系数 a、b 代入 $c = y_i' - ax_i'^2 + bx_i' + c$ 中求得系数 c。

4.1.5　实验数据的回归分析法

前面几节介绍了用图解法获得经验公式的方法，它有很多的优点，但应用范围有限，因为在化工原理实验中，由于存在实验误差与某些不确定因素的干扰，得到的数据往往不能用一条光滑的曲线或者直线来表达，实验点是随机地分布在一条直线或者曲线的附近。要得到这些实验数据中所包含的规律性即变量之间的定量关系式，使之尽可能地符合实验数据，应用最广泛的一种数理统计方法就是回归分析法，其中最常用的方法为最小二乘法。

4.1.5.1　变量类型

在解决工程实际问题时，会经常遇到多个变量共同处于一个过程之中，各种变量间相互联系、相互制约、相互依存的情况。这些变量之间的关系可以分为两类：

（1）函数关系：变量之间的关系可以用函数来表达，成为函数关系，属于确定性的关系。

（2）相关关系：变量之间也有一定的关系，但是这种关系并不完全确定，不能用函数关系来描述。与其中一个变量的每一个值对应的另一个变量的值不是一个或者几个确定值，而是一个集合值，此时，变量 x 和 y 之间的关系称为相关关系。这是由于在许多实际问题中，或者由于随机性因素的影响，使得变量之间的关系比较复杂，或者由于各个变量的测量值不可避免地存在测量误差，致使变量之间的关系具有不确定性。总之，变量之间的相关关系是普遍存在的。

值得注意的是，函数关系和相关关系在概念上是截然不同的，但它们之间并没有严格的分界线。相关变量之间虽然没有确定关系，但是从统计的角度来讲，它们之间又存在着某种确定的函数关系。理论上存在一定函数关系的变量，在多次测试中由于误差的存在也含有不确定性了。因此，两种关系之间存在着相互转化。

4.1.5.2　回归分析法

（1）回归方程：回归分析是处理变量之间相互关系的一种数理统计方法。用这种数学方法可以从测试的大量散点数据中寻找到能反映事物内部的一些统计规律，并可以按照数学模型的形式表达出来，也把它称为回归方程或者回归模型。

（2）线性和非线性回归：回归也称为拟合。对具有相关关系的两个变量，如果用一条直线来描述，则称之为一元线性回归；如果用一条曲线来描述，则称之为一元非线性回归。对具有相关关系的三个变量，其中一个为因变量，两个为自变量，如果用平面描述，则称之为二元线性回归；如果用曲面描述，则称之为二元非线性回归。以此类推，可以延伸到 n 维空间进行回归,则称之为多元线性回归。在处理实际问题时,通常将非线性问题转化为线性来处理。建立线性回归方程的最有效方法为最小二乘法。

(3) 回归分析的内容:回归分析法所包括的内容(或者说可以解决的问题),概括起来有四个方面:

1) 根据一组实际测量数据,按照最小二乘法原理建立起正规方程,求解正规方程得到变量之间的数学关系式,也就是回归方程式。

2) 判断所得到的回归方程的有效性。回归方程式是通过数理统计方法得到的,是一种近似结果,必须对它的有效性进行定量检验。

3) 根据一个或者几个变量的取值,预测或者控制另一个变量的取值,并确定其准确度(精度)。

4) 进行因素分析。对于一个因变量受多个自变量或者因素影响的情况,可以分清各自变量的主次和分析各个自变量或者因素之间的相互关系。

4.1.5.3　回归分析法

(1) 一元线性回归:当得到两个变量的实验数据后,如果在普通直角坐标系上,各个数据点的分布近似于一条直线,则考虑采用线性回归法求解其表达式。

假设存在 n 个实验点 $(x_1, y_1)(x_2, y_2), \cdots, (x_n, y_n)$,这些数据点离散地分布在一条直线的附近,则可以利用一条直线来代表 y 和 x 之间的关系:

$$\hat{y} = ax + b \qquad (4-20)$$

式中的 $\hat{y}$ 是由回归计算出的值,称之为回归值,a 和 b 为回归系数。

对于每一个测量值 x_i,均可以由式(4-20)求出一个回归值 $\hat{y}_i$。回归值 $\hat{y}_i$ 与实际测量值之差的绝对值 $d_i = |y_i - \hat{y}_i| = |y_i - (ax_i + b)|$ 表明 y_i 与回归直线的偏离程度。偏离程度越小,说明直线与实验数据点越吻合。

设

$$Q = \sum_{i=1}^{n} d_i^2 = \sum_{i=1}^{n} [y_i - (ax_i + b)]^2 \qquad (4-21)$$

其中 y_i 和 x_i 是已知值,所以 Q 为 a 和 b 的函数,为了使得 Q 值达到最小,根据数学上的极值原理,只要将式(4-21)分别对 a 和 b 求偏导数 $\dfrac{\partial Q}{\partial a}, \dfrac{\partial Q}{\partial b}$,并令其等于零即可以求得 a 和 b 的值,这就是最小二乘法原理,即:

$$\begin{cases} \dfrac{\partial Q}{\partial a} = -2 \sum_{i=1}^{n} (y_i - ax_i - b)x_i = 0 \\ \dfrac{\partial Q}{\partial b} = -2 \sum_{i=1}^{n} (y_i - ax_i - b) = 0 \end{cases} \qquad (4-22)$$

由上式可以得到正规方程:

$$\begin{cases} \bar{y} = a\bar{x} + b \\ \left(\sum_{i=1}^{n} x_i^2 \right) a + n\bar{x}b = \sum_{i=1}^{n} x_i y_i \end{cases} \qquad (4-23)$$

式中:

$$\bar{x} = \frac{\sum\limits_{i=1}^{n} x_i}{n} \tag{4-24}$$

$$\bar{y} = \frac{\sum\limits_{i=1}^{n} y_i}{n} \tag{4-25}$$

解正规方程(4-23),可以得到回归方程式中的 a 和 b：

$$a = \frac{\sum\limits_{i=1}^{n} x_i y_i - n\bar{x}\bar{y}}{\sum\limits_{i=1}^{n} x_i^2 - n\bar{x}^2} \tag{4-26}$$

$$b = \bar{y} - a\bar{x} \tag{4-27}$$

从上述结果可知,回归直线正好通过离散点的平均值 $(\bar{x}, \bar{y})$,为了计算方便,令：

$$l_{xx} = \sum\limits_{i=1}^{n} (x_i - \bar{x})^2 = \sum\limits_{i=1}^{n} x_i^2 - n\bar{x}^2 = \sum\limits_{i=1}^{n} x_i^2 - \frac{\left(\sum\limits_{i=1}^{n} x_i\right)^2}{n} \tag{4-28}$$

$$l_{yy} = \sum\limits_{i=1}^{n} (y_i - \bar{y})^2 = \sum\limits_{i=1}^{n} y_i^2 - n\bar{y}^2 = \sum\limits_{i=1}^{n} y_i^2 - \frac{\left(\sum\limits_{i=1}^{n} y_i\right)^2}{n} \tag{4-29}$$

$$l_{xy} = \sum\limits_{i=1}^{n} (x_i - \bar{x})(y_i - \bar{y}) = \sum\limits_{i=1}^{n} x_i y_i - n\bar{x}\bar{y} = \sum\limits_{i=1}^{n} x_i y_i - \frac{\left(\sum\limits_{i=1}^{n} x_i\right)\left(\sum\limits_{i=1}^{n} y_i\right)}{n} \tag{4-30}$$

可以得到：

$$a = \frac{l_{xy}}{l_{xx}} \tag{4-31}$$

以上各式中的 l_{xx}、l_{yy} 称为 x、y 的离差平方和,l_{xy} 称为 x,y 的离差乘积和,如果改换 x,y 各自的单位,回归系数会有所不同。

(2)回归效果的检验:在上面提到的计算回归方程的过程中,并不需要事先假定两个变量之间一定有着某种相关关系,就方法本身而言,即使在平面图上一群杂乱无章的离散数据点,也可以用最小二乘法给其配一条直线来表示 x,y 之间的关系。显然,这根本就没有实际意义。实际上,当只有两个变量呈现线性关系时,对 x 和 y 进行线性回归才有意义。因此,需要对回归效果进行检验。

在理解回归效果检验之前,首先要对几个基本概念有大致的了解。

1)离差:离差是指实验值 y_i 与平均值 $\bar{y}$ 的差 $(y_i - \bar{y})$,n 次实验值 y_i 的离差平方和 $l_{yy} = \sum\limits_{i=1}^{n} (y_i - \bar{y})^2$ 越大,表明 y_i 的分散程度越大。

$$\begin{aligned} l_{yy} &= \sum\limits_{i=1}^{n} (y_i - \bar{y})^2 = \sum\limits_{i=1}^{n} (y_i - \hat{y}_i + \hat{y}_i - \bar{y})^2 \\ &= \sum\limits_{i=1}^{n} (y_i - \hat{y}_i)^2 + \sum\limits_{i=1}^{n} (\hat{y}_i - \bar{y})^2 + 2\sum\limits_{i=1}^{n} (\hat{y}_i - \bar{y})(y_i - \hat{y}_i) \end{aligned} \tag{4-32}$$

可以证明：
$$2 \sum_{i=1}^{n} (\hat{y}_i - \bar{y})(y_i - \hat{y}_i) = 0$$

所以可以得到：

$$l_{yy} = \sum_{i=1}^{n} (y_i - \hat{y}_i)^2 + \sum_{i=1}^{n} (\hat{y}_i - \bar{y})^2 \qquad (4-33)$$

前面提到：

$$Q = \sum_{i=1}^{n} (y_i - \hat{y}_i)^2 \qquad (4-34)$$

令
$$U = \sum_{i=1}^{n} (\hat{y}_i - \bar{y})^2$$

则式(4-33)可以写成

$$l_{yy} = Q + U \qquad (4-35)$$

式(4-35)称为平方和分解公式。

2) 回归平方和 U：回归平方和 $U = \sum_{i=1}^{n} (\hat{y}_i - \bar{y})^2$ 是回归线上 $\hat{y}_1, \hat{y}_2, \cdots, \hat{y}_n$ 与平均值 $\bar{y}$ 之差的平方和，描述了 $\hat{y}_1, \hat{y}_2, \cdots, \hat{y}_n$ 偏离 $\bar{y}$ 的分散程度，其分散性来源于 $x_1, x_2, \cdots, x_n$，也就是由于 x、y 的线性关系引起的 y 变化的部分。

$$U = \sum_{i=1}^{n} (\hat{y}_i - \bar{y})^2 = \sum_{i=1}^{n} (ax_i + b - \bar{y})^2 = \sum_{i=1}^{n} [a(x_i - \bar{x})]^2$$
$$= a^2 \sum_{i=1}^{n} (x_i - \bar{x})^2 = a^2 l_{xx} = a l_{xy} \qquad (4-36)$$

3) 剩余平方和 Q

$$Q = \sum_{i=1}^{n} (y_i - \hat{y}_i)^2 = \sum_{i=1}^{n} (y_i - ax_i - b)^2 \qquad (4-37)$$

上式表示实验值 y_i 与回归直线上纵坐标 $\hat{y}_i$ 之差的平方和，它包括了 x 对 y 线性关系影响以外的其他一切因素对 y 值变化的作用，所以通常将其称为剩余平方和或者残差平方和。

因此，平方和分解公式(4-35)表示实验值 y 偏离平均值 $\bar{y}$ 的大小，可以分解为 U 和 Q 两部分。在总的离差平方和 l_{yy} 中，U 所占的比重越大，Q 所占的比重就越小，则回归效果越好，误差越小。

4) 各平方和的自由度 f：在讨论平方和分解公式时，并没有考虑实验数据点的个数对它的影响。为了消除数据点的个数对回归效果的影响，需要引入自由度的概念。所谓自由度 f，简单地说是指计算偏差平方和时，涉及独立平方和的数据个数。每一个平方和都有一个自由度与之相对应，如果是变量对平均值的偏差平方和，其自由度 f 是数据的个数 n 减去1(比如离差平方和)。这样做的原因是，数学上有 n 个偏差相加等于零的一个关系式存在，即 $\sum_{i=1}^{n} (x_i - \bar{x}) = 0$，所以自由度 $f = n - 1$。当然，如果是对某一个目标值(比如对由公式计算出来的值或者某一个标准值，等等)，则自由度就是独立变量数的个数(比如回归平方和)。如果一个平方和是由几部分的平方和组成，则总自由度 $f_{总}$ 等于各部分平方和的自由度之和。因为离差平方和在数值上可以分解为回归平方和 U 和剩余平方和 Q 两部分，所以

$$f_\text{总}=f_U+f_Q \qquad (4-38)$$

式中，$f_\text{总}$ 为总离差平方和 l_{yy} 的自由度，$f_\text{总}=n-1$，n 为总的实验点数；f_U 为回归平方和的自由度，等于自变量的个数 m；f_Q 为剩余平方和的自由度，$f_Q=f_\text{总}-f_U=(n-1)-m$。对于一元线性回归，$f_\text{总}=n-1$，$f_U=1$，$f_Q=n-2$。

5）方差：方差又称均差，是指平方和除以对应的自由度后所得到的数值。

回归方差 $$V_U=\frac{U}{f_U}=\frac{U}{m} \qquad (4-39)$$

剩余方差 $$V_Q=\frac{Q}{f_Q} \qquad (4-40)$$

剩余标准差 $$s=\sqrt{V_Q}=\sqrt{\frac{Q}{f_Q}} \qquad (4-41)$$

s 可以看作是排除了 x 对 y 的线性影响后，y 值随机波动大小的一个估量值，它可以用来衡量所有随机因素对 y 一次观测结果所引起的分散程度。因此，s 越小，回归方程对实验点的拟合程度越高，也就是说回归方程的精度越高。由式（4-41）可知，s 的大小取决于自由度 f_Q，也取决于剩余平方和 Q。Q 是随着实验点对回归线的偏离程度而变的，Q 值的大小与实验数据点规律性的好坏有关，也与被选用的回归方程式是否合适有关。

（3）实验数据的相关性

1）相关系数 r：相关系数 r 的概念出自误差的合成，是用来表达两个变量之间的线性关系密切程度的一个数量性指标。其定义式为

$$r=\frac{l_{xy}}{\sqrt{l_{xx}l_{yy}}} \qquad (4-42)$$

$$r^2=\frac{l_{xy}^2}{l_{xx}l_{yy}}=\left(\frac{l_{xy}}{l_{xx}}\right)^2\left(\frac{l_{xx}}{l_{yy}}\right)=\frac{a^2 l_{xx}}{l_{yy}}=\frac{U}{l_{yy}}=1-\frac{Q}{l_{yy}} \qquad (4-43)$$

由上式可以看出，r^2 正好代表了回归平方和 U 与离差平方和 l_{yy} 的比值。

r 的几何意义：

a. 当 $|r|=0$ 时，$l_{xy}=0$，回归直线的斜率 $b=0$，回归平方和 $U=0$，剩余平方和 $Q=l_{yy}$，$\hat{y}_i$ 不随着 x_i 的变化而变化。此时，离散点的分布有两种情况，或者是完全不规则的，x 和 y 之间完全没有关系，或者是 x 和 y 之间有某种特殊的非线性关系。

b. 当 $0<|r|<1$ 时，代表着绝大多数情况，此时 x 和 y 之间存在着一定的线性关系。如果 $l_{xy}>0$，则 $b>0$ 且 $r>0$，离散点图的分布特点是 y 随着 x 的增大而增大，称之为 x 与 y 正相关。如果 $l_{xy}<0$，则 $b<0$ 且 $r<0$，y 随着 x 的增大而减小，称之为 x 与 y 负相关。r 的绝对值越小，$\left(\frac{U}{l_{yy}}\right)$ 越小，离散点距离回归线越远，就越分散；r 的绝对值越接近于 1，离散点就越靠近回归直线。

c. 当 $|r|=1$ 时，剩余平方和 $Q=0$，回归平方和 $U=l_{yy}$，表示所有的点都落在回归直线上，此时称之为 x 与 y 完全线性相关；当 $r=1$ 时，称为完全正相关；当 $r=-1$ 时，称为完全负相关。

对于 x 和 y 的任何数值，相关系数 r 的取值范围为

$$0\leqslant r^2\leqslant 1 \qquad\qquad 0\leqslant |r|\leqslant 1 \qquad\qquad -1\leqslant r\leqslant 1$$

从上述关于 r 的讨论可知,相关系数 r 表示 x 与 y 两变量之间线性相关的密切程度,r 越接近于 0,表明 x 与 y 之间的线性相关程度很小,可能存在着非线性的其他关系。

2)相关性检验:相关系数 r 的绝对值越接近于 1,表明 x 与 y 之间的线性越相关。但是,究竟相关系数 r 的绝对值与 1 接近到什么程度时才能说明 x 与 y 之间存在线性相关关系呢?这就需要对相关系数 r 进行显著性检验。只有当 $|r|$ 达到一定程度才可用回归直线方程来近似地表示 x 与 y 之间的关系,即只有当 $|r| > r_{min}$ 时,才可以说线性相关显著。达到线性相关显著的 r_{min} 与实验数据点的个数 n 相关。r_{min} 的值如表 4 - 4 相关系数检验表所示。利用该表可以根据实验数据点的个数 n 以及显著水平 α 查出相应的 r_{min}。一般情况下,选取显著性水平 $\alpha = 1\%$ 或者 5%。

例如,取 $n = 20$,则 $n - 2 = 18$。查阅表 4 - 4,可以得到:

当 $\alpha = 0.05$ 时,$r_{min} = 0.444$;当 $\alpha = 0.01$ 时,$r_{min} = 0.561$。

如果实际的 $|r| \geqslant 0.561$,则可以说该线性相关在 $\alpha = 0.01$ 水平上显著;当 $0.444 \leqslant |r| < 0.561$ 时,则可以说该线性相关关系在 $\alpha = 0.05$ 水平上显著;当实际的 $|r| < 0.444$ 时,则可以说 r 不显著,此时认为 x,y 线性不相关,配回归直线根本就没有意义。显著性水平 α 越小,显著程度越高。

如果检验发现回归线性不显著,可以改用其他线性化的数学公式,重新进行回归和检验。如果能利用多个数学公式进行回归和比较,$|r|$ 最大者,则可以认为最优。

表 4 - 4　相关系数检验表

$n-2$	0.05	0.01	$n-2$	0.05	0.01	$n-2$	0.05	0.01
1	0.997	1.000	16	0.468	0.590	35	0.325	0.418
2	0.950	0.990	17	0.456	0.575	40	0.304	0.393
3	0.878	0.959	18	0.444	0.561	45	0.288	0.372
4	0.811	0.917	19	0.433	0.549	50	0.273	0.354
5	0.754	0.874	20	0.423	0.537	60	0.250	0.325
6	0.707	0.834	21	0.413	0.526	70	0.232	0.302
7	0.666	0.798	22	0.404	0.515	80	0.217	0.283
8	0.632	0.765	23	0.396	0.505	90	0.205	0.267
9	0.602	0.735	24	0.388	0.496	100	0.195	0.254
10	0.576	0.708	25	0.381	0.487	125	0.174	0.228
11	0.553	0.684	26	0.374	0.478	150	0.159	0.208
12	0.532	0.661	27	0.367	0.470	200	0.138	0.181
13	0.514	0.641	28	0.361	0.463	300	0.113	0.148
14	0.497	0.623	29	0.355	0.456	400	0.098	0.128
15	0.482	0.606	30	0.349	0.449	1000	0.062	0.081

(4)多元线性回归:在实验中,影响因变量的因素通常有多个,也就是说,因变量是多个自变量的函数,可以表示为

$$y = f(x_1, x_2, \cdots, x_n) \tag{4-44}$$

如果 y 与 $x_1, x_2, \cdots, x_n$ 之间的关系为线性的,则其数学模型为

$$\hat{y} = a_n x_n + a_{n-1} x_{n-1} + \cdots + a_1 x_1 + a_0 \tag{4-45}$$

多元线性回归的任务是根据实验数据 $y_{ij}, x_{ij}(i=1,2,\cdots,n; j=1,2,\cdots,m)$,求出适当的 $a_0, a_1, \cdots, a_n$,使得回归方程与实验数据相吻合。

多元线性回归的原理与一元线性回归相同,使得 $\hat{y}$ 与实验值 y_j 的偏差平方和 Q 最小。

$$Q = \sum_{j=1}^m (y_j - \hat{y}_j)^2 = \sum_{j=1}^m (y_j - a_n x_n - a_{n-1} x_{n-1} - \cdots - a_1 x_1 - a_0) \tag{4-46}$$

令 $\dfrac{\partial Q}{\partial a_i} = 0$

即 $\dfrac{\partial Q}{\partial a_0} = -2 \sum_{j=1}^m (y_j - a_n x_{nj} - a_{n-1} x_{(n-1)j} - \cdots - a_1 x_{1j} - a_0) \tag{4-47}$

$$\frac{\partial Q}{\partial a_1} = -2 \sum_{j=1}^m (y_j - a_n x_{nj} - a_{n-1} x_{(n-1)j} - \cdots - a_1 x_{1j} - a_0) x_{1j} \tag{4-48}$$

$$\frac{\partial Q}{\partial a_2} = -2 \sum_{j=1}^m (y_j - a_n x_{nj} - a_{n-1} x_{(n-1)j} - \cdots - a_1 x_{1j} - a_0) x_{2j} \tag{4-49}$$

……

$$\frac{\partial Q}{\partial a_n} = -2 \sum_{j=1}^m (y_j - a_n x_{nj} - a_{n-1} x_{(n-1)j} - \cdots - a_1 x_{1j} - a_0) x_{nj} \tag{4-50}$$

由此可以得到正规方程,将 $\sum_{j=1}^m$ 简化为 $\sum$,表示成矩阵形式如下:

$$\begin{bmatrix} m & \sum x_{1j} & \sum x_{2j} & \cdots & \sum x_{nj} \\ \sum x_{1j} & \sum x_{1j}^2 & \sum x_{1j}x_{2j} & \cdots & \sum x_{1j}x_{nj} \\ \sum x_{2j} & \sum x_{1j}x_{2j} & \sum x_{2j}^2 & \cdots & \sum x_{2j}x_{nj} \\ \vdots & \vdots & \vdots & \vdots & \vdots \\ \sum x_{nj} & \sum x_{1j}x_{nj} & \sum x_{2j}x_{nj} & \cdots & \sum x_{nj}^2 \end{bmatrix} \begin{bmatrix} a_0 \\ a_1 \\ a_2 \\ \vdots \\ a_n \end{bmatrix} = \begin{bmatrix} \sum y_j \\ \sum y_j x_{1j} \\ \sum y_j x_{2j} \\ \vdots \\ \sum y_j x_{nj} \end{bmatrix} \tag{4-51}$$

用高斯消去法或者其他方法可以解得待定参数 $a_0, a_1, a_2, \cdots, a_n$。系数矩阵中的 m 值为 y_j 值的个数。

(5)非线性回归:在实际问题中,变量之间的关系很多是非线性的,比如 $y=ax^b$、$y=ae^{bx}$、$y=ax_1^b x_2^c \cdots x_n^n$ 等,处理这些非线性函数的主要方法是将其转化为线性函数。

1)一元非线性回归: 对于有关非线性函数

$$y = f(x)$$

可以通过函数变换,令 $Y=\phi(y), X=\varphi(x)$,转化成线性关系:

$$Y = aX + b \tag{4-52}$$

具体可以参考前面提到的线性化方法表 4-3。

2)一元多项式回归:根据数学分析可以知道,任何复杂的连续函数都可以用高阶多项式

近似表达,因此,对于那些难以直线化的函数,可以用下式进行逼近:

$$y=a_n x^n+a_{n-1} x^{n-1}+\cdots+a_2 x^2+a_1 x+a_0 \qquad (4-53)$$

令 $Y=y,X_1=x,X_2=x^2,\cdots,X_n=x^n$,则上式可以转化为:

$$Y=a_n X_n+a_{n-1} X_{n-1}+\cdots+a X+a_0 \qquad (4-54)$$

这样,就可以使用多元线性回归求出系数 $a_0,a_1,a_2,\cdots,a_n$。

值得注意的是,虽然多项式的阶数越高,回归方程的精度也就是与实际数据的逼近程度越高,但是阶数越高,回归计算的舍入误差也就越大,所以当阶数 n 过高时,回归方程的精度反而降低,甚至是得不到合理的结果,所以通常多项式的阶数取 $n=3\sim4$。

3) 多元非线性回归:通常情况下,是将多元非线性函数转化为多元线性函数,其方法类同于一元非线性函数。

如圆形直管内强制湍流时的对流传热系数关联式为:

$$\mathrm{Nu}=a\mathrm{Re}^b\mathrm{Pr}^c \qquad (4-55)$$

将方程的两端取对数可以得到:

$$\lg\mathrm{Nu}=\lg a+b\lg\mathrm{Re}+c\lg\mathrm{Pr} \qquad (4-56)$$

令 $Y=\lg\mathrm{Nu},b_0=\lg a,X_1=\lg\mathrm{Re},X_2=\lg\mathrm{Pr},b_1=b,b_2=c$,
则可以转化为多元线性方程:

$$Y=b_0+b_1 X_1+b_2 X_2 \qquad (4-57)$$

4.2　Excel 在化工原理实验数据处理中的应用

4.2.1　Excel 简介

Excel 是 Microcal Software 公司推出的 Office 系列办公软件中的电子表格组件,在 Windows 环境下运行,用以制作电子表格,完成许多复杂的数据运算,进行数据的分析和预测,并且具有强大的制作图表的功能。Excel 经过 20 多年的发展,经历了 1.01、1.5、2.1、2.2、2.2a、3.0、4.0、5.0、95、97、98、2000、XP、v. X、2002、2003、2004、2007 等版本,从一款小软件成为人们日常工作中必不可少的数据管理、处理软件。其中,Excel 2003 是比较典型的版本之一,也是目前最常用的版本,其电子表格软件的功能更加完善、操作更加简化,系统具有人工智能的特性,可以在某些方面判断用户下一步的操作,使操作大大简化。

Excel 具有强大的数据管理和分析处理功能,可以把数据用图形的形式形象地表示,被广泛地应用于财务、金融、经济、审计和统计等众多领域。Excel 的出现取代了过去需要多个系统才能完成的工作,在工作中起着举足轻重的作用。Excel 的主要功能有:① 制作表格;② 数据计算;③ 数据的图形化;④ 数据库管理;⑤ 分析与决策;⑥ 数据共享;⑦ 开发工具 Visual Basic。

在化工原理实验数据处理中,经常使用的是上述的前 3 项功能,即制作表格并输入实验数据,对实验数据进行计算处理,最后将实验结果以图形的形式表示出来。本节以化工原理实验中套管传热的实验数据处理为例(套管传热实验的原始数据记录见表 4-5)介绍 Excel 的使用过程。

表 4 - 5　套管传热实验数据记录

N_0	空气质量流量 m_s/kg · h^{-1}	空气进口温度 t_1/℃	空气出口温度 t_2/℃	蒸汽温度 T/℃
1	7.2	24.7	85.5	112.1
2	7.4	25.0	84.5	112.1
3	9.9	25.4	83.5	112.1
4	11.5	25.8	82.0	112.1
5	13.5	26.1	81.0	112.1
6	15.8	26.4	79.5	112.1
7	18.5	26.8	78.0	112.1
8	21.1	27.1	76.5	112.1
9	25.3	27.3	74.5	112.1
10	29.6	28.0	73.0	112.1

数据处理中的计算条件如下：

空气流道面积：$S = \dfrac{\pi}{4} \times 0.017^2$(m^2)；

传热面积 $A = \pi \times 1.1 \times 0.015$(m^2)；

空气密度 $\rho = 1.205$kg/m^3；

空气比热 $C_p = 1.005$[kJ/(kg · K)]；

传热量 $Q = m_s \cdot C_p \cdot (t_2 - t_1) \cdot 1000/3600$(J/s)；

空气流速 $u = m_s/(\rho \cdot S \cdot 3600)$(m/s)；

传热推动力 $\Delta t_m = [(T - t_1) - (T - t_2)]/\ln[(T - t_1)/(T - t_2)]$(K)；

空气-蒸汽传热系数 $k = Q/(A \cdot \Delta t_m)$[W/(m^2 · K)]。

4.2.2　启动 Excel 程序

要利用 Excel 程序处理实验数据，首先要启动进入 Excel，启动 Excel 可以采用不同的方式：

（1）方式一：双击桌面上的"Microsoft Office Excel 2003"快捷方式图标。

（2）方式二：从"开始"菜单启动。单击桌面左下角的"开始"按钮，将鼠标移到"所有程序"菜单处，将鼠标移到"Microsoft Office"菜单栏的"Microsoft Office Excel 2003"单击。

（3）方式三：从桌面上新建 Excel 工作表。单击鼠标右键，将鼠标移到"新建"菜单栏的"Microsoft Excel 工作表"上单击。

4.2.3　建立 Excel 工作表

进入 Excel 时总是打开一个新的工作薄，工作薄上的第一张工作表"sheet1"显示在屏幕上。在工作表上操作的基本单位是单元格。每个单元格都以它们的列头字母和行头组成地址名称，如 A1，A2，…，B1，B2，…同一时刻，只有一个单元格是活动单元格，当此单元格被选中进行操作时,会出现粗框把该单元格框住。该单元格的名称或者它所在的区域的名称出现在名字框中。所有有关的编辑操作(如输入、修改)只对当前的单元格起作用。初始状态下每个单元格为 8 个字符宽度,可以根据数据处理的需要修改单元格的宽度与高度。可以在单元格中输入文字、数字、时间、日期或者公式,在输入或者编辑时,该单元格的内容同时会显示在公式栏中,如果输入的是公式,回车前两处是相同的公式,回车确认后公式栏中显示的为输入的原公式,而单元格中是公式计算的结果。以表 4-5 中的套管传热实验数据为例,说明 Excel 工作表的建立和单元格内容的输入方法。

单元格内容的输入方法有多种,以键盘输入为主。当发现输入出现错误时,使用退格键删除或者修改已经输入的内容;要删除当前单元格内的内容或者选中区域的内容时,使用"Del"键;使用"Esc"键解除错误操作。当单元格或者选中区域的内容输入完毕后,使用回车键"Enter"键转入下一个要操作的单元格或者区域。

(1) 以各种方式启动 Excel 程序,进入 Excel 界面窗口,单击 A1 单元,使其成为当前的单元格,输入"套管传热实验数据记录",回车确定,并将 A1 至 E1 单元格合并,使得"套管传热实验数据记录"在合并的单元格中居中显示。

注:单元格合并,内容居中显示的设置方法,以"套管传热实验数据记录"为例来说明:用鼠标选中 A1 至 E1 单元格,单击鼠标右键,单击出现的菜单栏中的"设置单元格格式",出现"单元格格式"界面,点选"对齐"。在"文本对齐方式"中,"水平对齐"点选"居中","垂直对齐"点选"居中"。在"文本控制"中,单击"合并单元格"前的方框,在方框内出现"√"(如图 4-3 所示)后,点击"确定",则 A1 至 E1 单元格合并为一个单元格,且"套管传热实验数据记录"在此单元格内居中显示。

图 4-3　合并单元格

(2) 单击 A2 单元,使其成为当前单元格,输入"序号",回车,然后依次在 B2、C2、D2、E2单元格中输入"空气质量流量 m_s"、"空气进口温度 t_1"、"空气出口温度 t_2"和"蒸汽温度 T"。

注:上、下标的设置方法,以"空气质量流量 m_s"为例来说明:用鼠标选中 B2 单元格中"空气质量流量 ms"的"s",单击鼠标右键,单击出现的菜单栏中的"设置单元格格式",出现"单

元格格式"界面,可以设置字体、字形和字号、有无下划线、颜色和特殊效果等,根据输入内容的特征,"s"是下标,则在"特殊效果"中,单击"下标"前的方框,在方框内出现"√"(如图4-4所示)后,点击"确定",则"s"显示为"m"的下标。

图4-4　上下标的设置

(3)单击A3单元,使其成为当前单元格,输入"No",回车,然后依次在B3、C3、D3、E3单元格中输入"kg/h"、"℃"、"℃"、"℃"。

　　注:单位符号或者特殊符号的输入方法,以"℃"为例来说明:单位符号可以从输入法的软键盘中找到并插入单元格中,也可以从Excel中直接插入。从Excel中直接插入时,用鼠标单击打开"插入"菜单栏,单击"特殊符号",打开"插入特殊符号"界面,根据需要,点选"单位符号",在所列的符号中点选"℃"(如图4-5所示)后,点击"确定",则"℃"插入至单元格中。

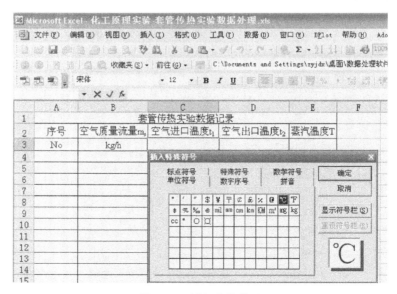

图4-5　插入单位符号

（4）单击 A4 单元，使其成为当前单元格，输入"1"，回车。然后依次在 A5 至 A13 中输入数字"2"至"10"。如果某行或者某列数据存在一定的规律，如等差数列或者等比数列，则可以用自动填充的办法输入内容。以序号列为例，存在 10 组数据。首先在 A4 和 A5 中分别输入"1"和"2"，用鼠标选中这两个单元格，然后将鼠标移至 A5 单元格的右下方至出现黑色"＋"后，按住鼠标左键，沿着列增的方向拖动，直至右下角的数字至"10"时放开，这时数字"1"至"10"分别依次显示在 A4 至 A13 的单元格中，如图4－6所示。

图 4－6　数据填充简捷方法

（5）单击 B4 单元，使其成为当前单元格，输入"7.2"，回车。然后依次输入各行的实验数据，完成套管传热实验数据记录表的数据输入。其中在 E 列中，蒸汽温度为一常数，则可以用自动填充的方式来完成从 E4 到 E13 单元格中数据的输入。

4.2.4　Excel 表格中实验数据的处理

将实验数据输入 Excel 表格中存储不是最终目的，真正目的是借助于 Excel 程序对数据进行处理和分析。在数据处理过程中，需要对数据进行计算，在 Excel 中可以利用函数（如求和 SUM，求平均值 AVERAGE 等）进行计算，也可以利用自编公式进行计算。下面以套管传热实验数据的处理为例介绍一些实验数据的处理方法和过程。

（1）计算空气流道面积 S。单击 A14 单元格，使其成为当前单元格，输入"空气流道面积 S(m^2)"，用鼠标选中 A14 和 B14 单元格，合并单元格并使内容居中显示。点击 C14 单元格，在公式编辑栏中输入"＝PI( )/4 * 0.017^2"（如图4－7所示），回车。

注：在 Excel 中，当输入"π"时，可以输入"PI( )"，也可以直接输入"π"的数值，如 3.1415。当计算某数值的幂指数时，若幂指数较小且为整数，如 2 次方或者 3 次方时，可以用连乘来计算，如"0.017^2"，可以输入"0.017 * 0.017"，如是高次幂或者非整数幂指数时，则需输入"x^y"的形式进行计算，如计算实例所示。

（2）计算空气与蒸汽的传热面积 A。单击 A15 单元格，使其成为当前单元格，输入"空气与蒸汽的传热面积 A(m^2)"，用鼠标选中 A15 和 B15 单元格，合并单元格并使内容居中显示。

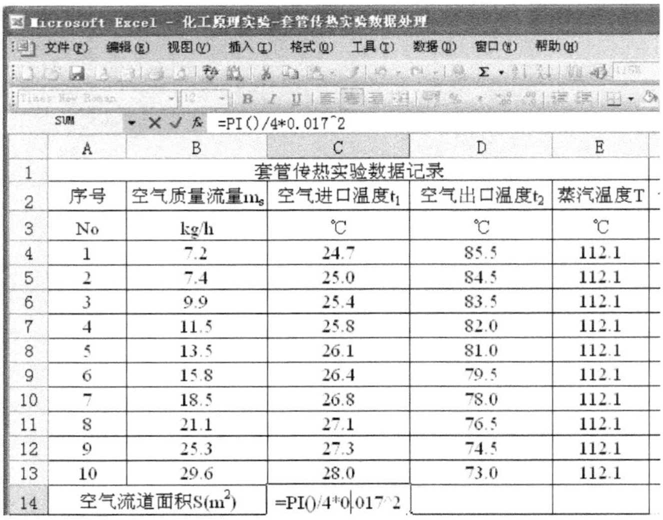

Microsoft Excel - 化工原理实验-套管传热实验数据处理

SUM =PI()/4*0.017^2

	A	B	C	D	E
1	套管传热实验数据记录				
2	序号	空气质量流量m_s	空气进口温度t_1	空气出口温度t_2	蒸汽温度T
3	No	kg/h	℃	℃	℃
4	1	7.2	24.7	85.5	112.1
5	2	7.4	25.0	84.5	112.1
6	3	9.9	25.4	83.5	112.1
7	4	11.5	25.8	82.0	112.1
8	5	13.5	26.1	81.0	112.1
9	6	15.8	26.4	79.5	112.1
10	7	18.5	26.8	78.0	112.1
11	8	21.1	27.1	76.5	112.1
12	9	25.3	27.3	74.5	112.1
13	10	29.6	28.0	73.0	112.1
14	空气流道面积S(m^2)		=PI()/4*0.017^2		

图 4-7 计算公式的输入

点击 C15 单元格，在公式编辑栏中输入“=PI＊1.10＊0.015”，回车。

(3) 输入空气密度 ρ 和空气比热 C_p 的数值。采用类似(2)的操作方法，合并 A16 和 B16 单元格，并输入“空气密度 ρ(kg/m^3)”，设置其居中显示，在 C16 单元格中输入“1.205”，居中显示。同样操作，在 A17 和 C17 中分别输入“空气比热 C_p(kJ/(kg·K))”和“1.005”，并居中显示。

(4) 拓宽现有的套管传热实验数据记录表。在 F2～I2 的单元格中分别输入“传热量 Q”、“传热温差 Δt_m”、“空气流速 u”和“传热系数 k”，在 F3～I3 的单元格中分别输入“J/s”、“K”、“m/s”和“W/(m^2·K)”，并设置使得输入的上述内容在单元格中居中显示。

(5) 计算传热量 Q。在数据处理中，Q 的计算公式为：$Q=m_s \cdot C_p \cdot (t_2-t_1) \cdot 1000/3600$，需要自编公式对 Q 进行计算。具体操作为：点击 F4 单元格，使其成为当前单元格，在公式编辑栏中输入“=B4＊1.005＊(D4−C4)＊1000/3600”(如图 4-8 所示)，回车。F4 单元格

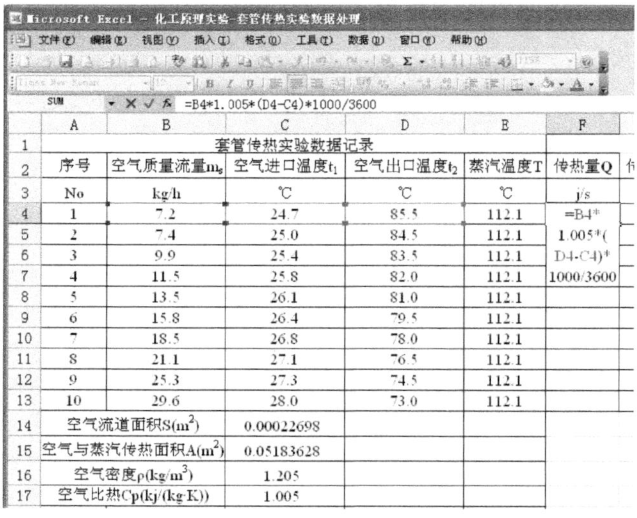

Microsoft Excel - 化工原理实验-套管传热实验数据处理

SUM =B4*1.005*(D4-C4)*1000/3600

	A	B	C	D	E	F
1	套管传热实验数据记录					
2	序号	空气质量流量m_s	空气进口温度t_1	空气出口温度t_2	蒸汽温度T	传热量Q
3	No	kg/h	℃	℃	℃	j/s
4	1	7.2	24.7	85.5	112.1	=B4*
5	2	7.4	25.0	84.5	112.1	1.005*(
6	3	9.9	25.4	83.5	112.1	D4-C4)*
7	4	11.5	25.8	82.0	112.1	1000/3600
8	5	13.5	26.1	81.0	112.1	
9	6	15.8	26.4	79.5	112.1	
10	7	18.5	26.8	78.0	112.1	
11	8	21.1	27.1	76.5	112.1	
12	9	25.3	27.3	74.5	112.1	
13	10	29.6	28.0	73.0	112.1	
14	空气流道面积S(m^2)		0.00022698			
15	空气与蒸汽传热面积A(m^2)		0.05183628			
16	空气密度ρ(kg/m^3)		1.205			
17	空气比热Cp(kj/(kg·K))		1.005			

图 4-8 自编计算公式的输入

中显示计算结果 122.208，根据数据的有效数字原则，设置计算数据的小数位为 1 位，保留小数点后 1 位，单元格中计算结果显示为 122.2。

　　单击 F4 单元格，鼠标移至该单元格的右下方，等至出现黑十字后，按住鼠标左键，拖至 F13 单元格后放开，此时，F4 至 F13 单元格中都充满了计算结果，每行的计算结果都是仿照 F4 的公式计算（填充计算）。

　　注：在计算过程中，将 C_p 视为一常数，所以在输入时将其数值输入，但是 B4、D4 和 C4 是第 4 行中相应数据所在单元格的相对位置，输入时可以直接输入，也可以用鼠标点击相应的单元格。

　　数值小数位数的设置。点中 F4 单元格，点击鼠标右键，点击"设置单元格格式"，打开"单元格格式"界面，点击"数字"栏，点击"数值"，将"小数位数"通过上三角或者下三角改为"1"（如图 4-9 所示），点击确定。

图 4-9　数据小数位数的设置

　　(6) 计算传热推动力，即温差 Δt_m。在这里重点介绍 Excel 中所提供的函数的运用。点击 G4 单元格，使其成为当前单元格，在公式编辑栏中输入"=((E4-C4)-(E4-D4))/"，公式并没有输入完毕，因为公式中涉及到函数"LN"。点击公式编辑栏中"fx"左侧的倒三角符号，打开其下拉菜单（如图 4-10 所示），在其中查找要用的函数"LN"，如果存在，则直接点击打开，如没有，则点击"其他函数"，打开"插入函数"界面，在"或选择类别(C)"中选择"数学与三

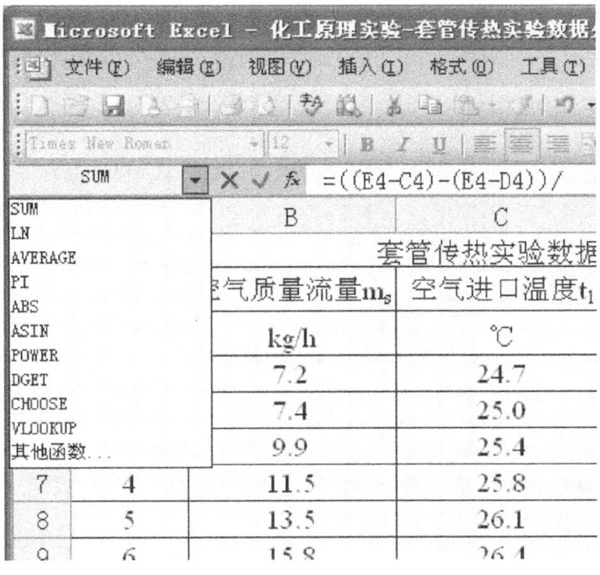

图 4-10　插入函数的下拉菜单

角函数",在"选择函数(N)"中选择"LN"(如图 4－11 所示),点击确定。打开"函数参数"的界面,在"Number"中输入"(E4－C4)/(E4－D4)"(如图 4－12 所示),点击确定,则第 4 行的传热温差计算结果"51.1103"显示在 G4 单元格内,设置其小数点位数为 1 位,数据改为"51.1",用填充计算法计算G5～G13的传热温差。

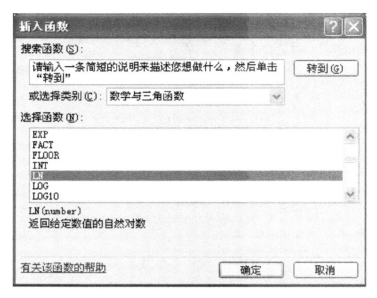

图 4－11　LN 函数的选择

(7) 计算空气流速 u。与前面介绍的计算方法类似,点击 H4 单元格,在公式编辑栏中输入"＝B4/(1.205 * 0.00022698 * 3600)",回车,则计算结果"7.3"显示在 H4 中,用填充法计算H5～H13 的空气流速。

图 4－12　LN 函数的计算

(8) 计算传热系数 k。点击 I4 单元格,在公式编辑栏中输入"＝F4/(0.05183628 * G4)",回车,则计算结果"46.1"显示在 I4 中,用填充法计算 I5～I13 的传热系数。然后将 A1、F1 至 I1 单元格设置成合并,并居中显示,将内容改为"套管传热实验数据处理结果表",如图 4－13 所示。

套管传热实验数据处理结果表								
序号	空气质量流量m_a	空气进口温度t_1	空气出口温度t_2	蒸汽温度T	传热量Q	传热温差Δt_m	空气流速u	传热系数k
No	kg/h	℃	℃	℃	J/s	K	m/s	w/(m²·K)
1	7.2	24.7	85.5	112.1	122.2	51.1	7.3	46.1
2	7.4	25.0	84.5	112.1	122.9	51.8	7.5	45.8
3	9.9	25.4	83.5	112.1	160.6	52.4	10.1	59.1
4	11.5	25.8	82.0	112.1	180.4	53.4	11.7	65.2
5	13.5	26.1	81.0	112.1	206.9	54.0	13.7	74.0
6	15.8	26.4	79.5	112.1	234.2	54.9	16.0	82.2
7	18.5	26.8	78.0	112.1	264.4	55.8	18.8	91.4
8	21.1	27.1	76.5	112.1	291.0	56.8	21.4	98.9
9	25.3	27.3	74.5	112.1	333.4	58.0	25.7	110.8
10	29.6	28.0	73.0	112.1	371.9	58.8	30.1	122.1
空气流道面积S(m²)	0.00022698							
空气与蒸汽传热面积A(m²)	0.05183628							
空气密度ρ(kg/m³)	1.205							
空气比热Cp(J/(kg·K))	1.005							

图 4-13　套管传热实验数据处理结果表

4.2.5　建立 Excel 图表

为了形象地表示实验数据的变化趋势,通常将实验数据用图表的形式表达出来。下面仍然以套管传热实验数据为例,在双对数坐标系上建立传热系数 k 与空气流速之间的关系曲线,并得到两者之间的函数关系式。

（1）在套管传热实验数据处理结果表中,用鼠标选中要作图的两列数据 H 列和 I 列,但是两列数据的表头不选。

（2）点击菜单栏中的"插入(I)",在其下拉菜单中选择"图表",或者直接点击工具栏中的"图表向导"(如图 4-14 所示),这时系统进入"图表向导-4 步骤之 1-图表类型"的界面,在"标准类型"的子菜单中点选"图表类型(C)"下的"XY 散点图",在"子图表类型(T)"中选择"散点图"(如图 4-15 所示)。

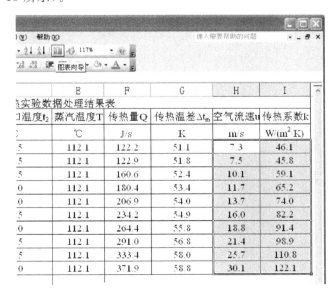

图 14-14　图表向导的选择

图 14 - 15　　图表向导-4 步骤之 1 -图表类型的选择

（3）点击"下一步"，进入"图表向导-4 步骤之 2 -图表源数据"的界面，因为在建立图表之前已经选择了要作图的数据，所以在"数据区域（D）"中显示"＝Sheet1！＄H＄4：＄I＄13"，根据作图的需要，点选"系列产生在""列"，如图 4 - 16 所示。

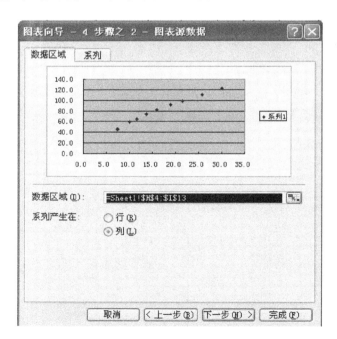

图 4 - 16　　图表向导-4 步骤之 2 -图表源数据

（4）点击"下一步"，进入"图表向导-4 步骤之 3 -图表选项"的界面。在"标题"界面中，在"图表标题（T）"中输入"k - u 图"，在"数轴（X）轴（A）"中输入"u(m/s)"，在"数轴（Y）轴（V）"

中输入"k(W/(m2·K))",如图 4 - 17 所示。

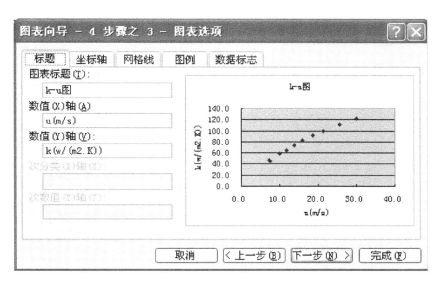

图 4 - 17 图表向导-4 步骤之 3 -图表选项之标题设置

打开"网格线"界面,为了方便直接在数据图上读取数据,将图形的网格线显示出来。勾选"主要网格线(M)"、"次要网格线(I)"、"主要网格线(O)"和"次要网格线(G)",如图 4 - 18 所示。

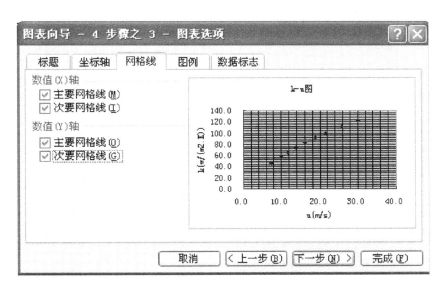

图 4 - 18 图表向导-4 步骤之 3 -图表选项之网格线设置

图表中的图例是为了区分图中的多条曲线,因为在范例中只有 k - u 一条曲线,所以不需要图例也可,将本示例中的图例设置为不显示。打开"图例"界面,不选择"显示图例(S)",如图 4 - 19 所示。

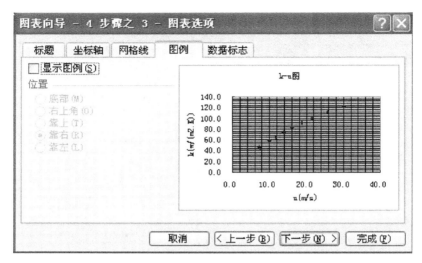

图 4-19   图表向导-4 步骤之 3-图表选项之图例设置

（5）点击"下一步"，进入"图表向导-4 步骤之 4-图表位置"的界面，点选"作为其中的对象插入"，选择"sheet2"，如图 4-20 所示，点击"完成"。

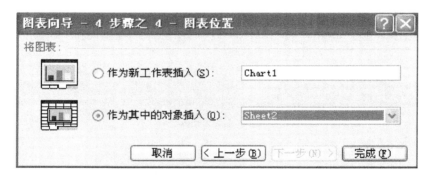

图 4-20   图表向导-4 步骤之 4-图表位置设置

通过上述 5 个操作步骤，基本上完成了 Excel 图形的建立，得到的图如图 4-21 所示。但是需要对得到的图形进行必要的修饰，使得图表更加美观，适合用户的需求，具体方法如下：

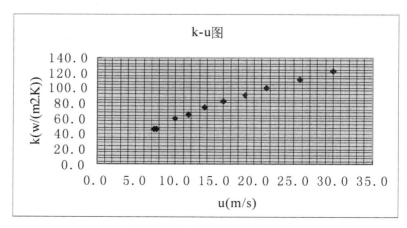

图 4-21   初步得到的图形

（1）点选 y 轴的标签，将其单位中的数字"2"设置为"上标"显示，设置方法同前，同时在工具栏中将字体选择为"Times New Roman"，字号为"12"。用同样方法，设置标题、x 轴标签的字体和字号。

（2）因为是在双对数坐标系上绘图，所以要将图形的直角坐标改为双对数坐标。双击 X 坐标轴，打开"坐标轴格式"界面，可以对坐标轴的"图案"、"刻度"、"字体"、"数字"和"对齐"进行设置。点击"刻度"，根据实验数据的处理结果以及对数坐标的刻度均为 10^n（n 为整数）的特点，空气流速介于 $7.3 \sim 30.1$ 之间，所以设置："最小值（N）"为"1"，"最大值（X）"为"100"，"主要刻度单位（A）"为"10"，"次要刻度单位（I）"为"10"，"数值（Y）轴交叉于（C）"为"1"。最重要的一点是勾选"对数刻度（L）"，如图 4 - 22 所示，并在"字体"中设置

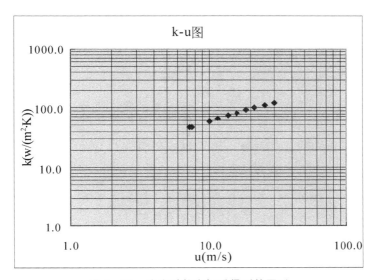

图 4 - 22　对数坐标轴的设置

合适的坐标轴的字体和字号，示例中字体选择为"Times New Roman"，字号为"11"，点击"确定"。

用同样操作方式，将 y 坐标轴也由直角坐标改为对数坐标，由于 y 轴实验数据（空气流速）的范围介于 $46.1 \sim 122.1$ 之间，所以设置："最小值（N）"为"1"，"最大值（X）"为"1000"，"主要刻度单位（A）"为"10"，"次要刻度单位（I）"为"10"，"数值（X）轴交叉于（C）"为"1"，勾选"对数刻度（L）"，点击"确定"，得到的结果如图 4 - 23 所示。

图 4 - 23　改为对数坐标后得到的图形

（3）改变图形的尺寸。计算机自动形成的图形的尺寸，不一定符合用户的要求，比如论文

出版的要求等。更改图形尺寸大小的具体操作步骤如下：将鼠标放在图表区处,单击鼠标左键,这时图表区的边框上出现对应的 8 个黑色标记点(如图 4 - 24 所示),将鼠标放在相应的标记点上时,会出现双向箭头,按照需要拖动箭头,放大或者缩小图形区,达到更改整个图表尺寸大小的目的。

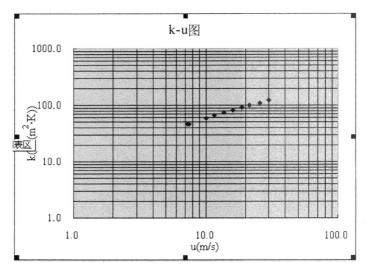

图 4 - 24　更改图表区尺寸

　　(4) 设置图表区格式。当鼠标放在图表区时,双击鼠标左键,出现"图表区格式"界面,点击"图案",在"图案"界面下,可以设置边框的有无,对边框的"样式(S)"、"颜色(C)"和"粗细(W)"进行自定义设置,可以选择边框是否是"阴影(D)"、"圆角(R)",也可以默认系统的"自动(A)"来定义边框,还可以选择图表区的"填充颜色(I)",在示例中选择无边框,"区域"点选"自动(U)",如图 4 - 25 所示。

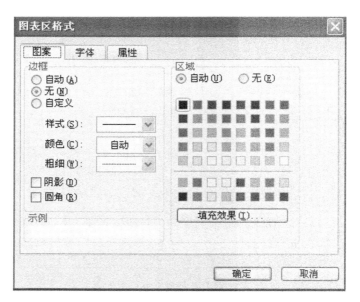

图 4 - 25　图表区格式之图案的设置

点击"字体",进入"字体"界面,可以对图表区的"字体(F)"、"字形(O)"、"字号(S)"、"下划线(U)"、"颜色(C)"、"背景色(A)"、"特殊效果"等进行设置,选取合适的内容,如图 4 - 26 所示。

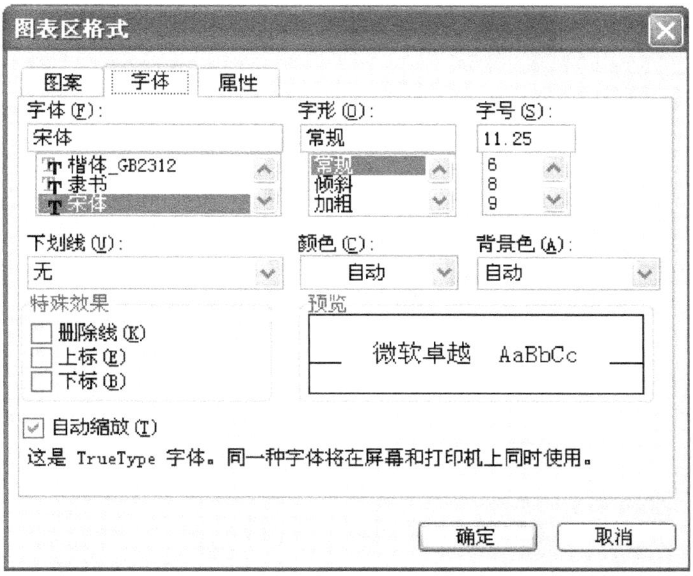

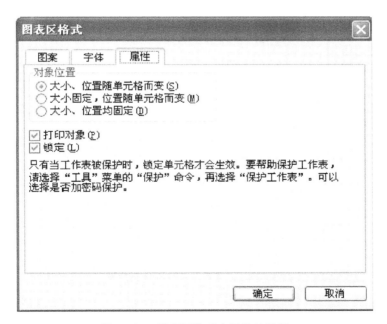

图 4 - 26　图表区格式之字体的设置

　　点击"属性",进入"属性"界面,可以对"对象位置"、"打印对象(P)"、"锁定(L)"等进行设置,选取合适的内容,如图 4 - 27 所示,点击"确定"。

图 4 - 27　图表区格式之属性的设置

　　(5) 设置绘图区格式。当鼠标放在绘图区时,双击鼠标左键,出现"绘图区格式"界面,可以设置边框的有无,对边框的"样式(S)"、"颜色(C)"和"粗细(W)"进行自定义设置,可以默认系统的"自动(A)"来定义边框,也可以选择图表区的"填充颜色(I)",在示例中选择"自定义"边框,"区域"点选"无色"(如图4-28所示),点击"确定"。

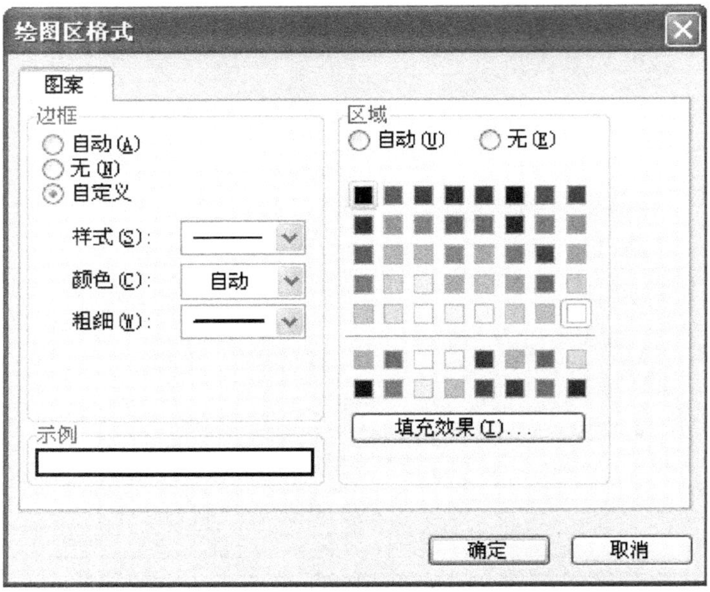

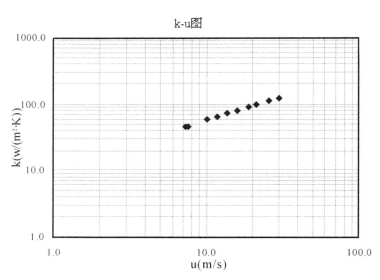

图4-28　绘图区格式的设置

经过上述步骤设置后得到的图形如图4-29所示。

图4-29　设置部分参数后得到的图形

(6)添加数据的趋势线。用鼠标选中系列数据中的某组数据点,单击鼠标右键,出现下拉菜单,点选"添加趋势线(R)"(如图4-30所示),进入"添加趋势线"界面。首先默认进入的是"类型"界面,根据实验的要求及特点,选择合适的趋势线类型。Excel 提供了"线性(L)"、"对数(O)"、"多项式(P)"、"乘幂(W)"、"指数(X)"和"移动平均(M)"等类型的趋势线,根据示例的特

点,点选"乘幂(W)",因为只有一条曲线,所以"选择数据系列(S)"默认为"系列 1",如图 4 - 31
所示。

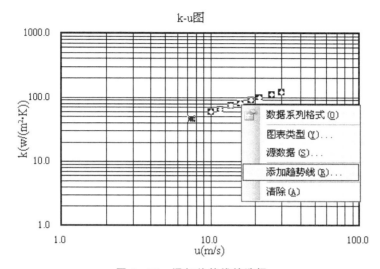

图 4 - 30　添加趋势线的选择

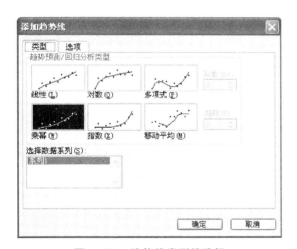

图 4 - 31　趋势线类型的选择

图 4 - 32　添加趋势之选项设置

点击"选项",进入"选项"界面。点选"自动设置(A)",并且勾选"显示公式(E)"和"显示 R
平方值(R)",如图 4 - 32 所示。

点击"确定"后,公式"y＝11.557x$^{0.7002}$　　R^2＝0.9967"显示在绘图区,如图 4 - 33 所示。公
式区在网格区,遮掩了部分网格线,所以有必要改变公式区的位置。像设置绘图区和图表区尺
寸大小一样,把鼠标点在图形区,等公式四周出现 8 个黑色的标记点的时候,点击鼠标,将公式
区拖至图表区空白位置处,必要时可以对绘图区的尺寸略加改动,以使得公式区与绘图区互不
干扰。值得注意的是,在实验数据中,是建立传热系数和空气流速两者之间的关系,并不是所
谓的 y 和 x 之间的关系,所以要对公式的表达形式加以修改,将公式改为"k＝11.557u$^{0.7002}$",
根据用户的需要,选择公式区的字体和字号。示例中将公式区拖移至图表区的右上角,字体选
择"Times New Roman",字号选择"11"。

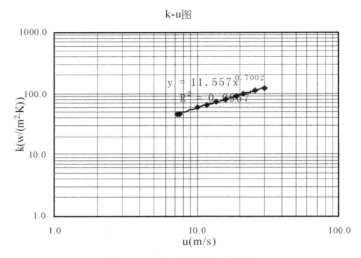

图 4 - 33   趋势线公式的显示

经过上述一系列操作后,套管传热实验数据的图形基本上已经处理好,最后成型的结果图如图 4 - 34 所示。当然,每位用户的要求和观点都不尽相同,可以根据自己的需要对图形进行修改。

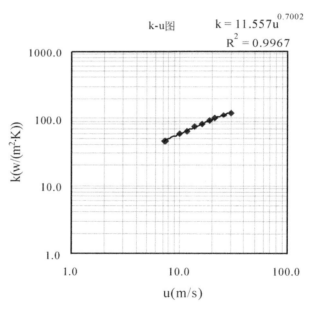

图 4 - 34   最终得到的 k - u 图

在化工原理实验数据处理中,会遇到多组数据同时作图的情况,比如将离心泵的特性曲线 H-Q 曲线、N-Q 曲线、η-Q 曲线同时绘制在一个直角坐标系上,操作也是按照上述步骤逐渐进行,但情况会相对复杂一些,届时用户可以查阅相关的专业工具书。

4.3　Origin 在化工原理实验数据处理中的应用

4.3.1　Origin 概述

Origin 是美国 Microcal 公司开发的具有强大功能的实验数据处理软件,自从推出 Origin1.0版本以来,现在推出的为 8.0 最新版本。Origin 具有简单、直观、操作简单等特点,是一类专用软件,非常适合实验数据的处理。Origin 具备数据分析和科学绘图两大类型的功能,它的数据分析功能包括数据的排序、调整、计算、统计、曲线拟合等等。Origin 具有强大的科学绘图功能,是基于模板式的,软件本身提供了几十种二维和三维绘图模板,而且允许用户自己定制模板,绘图时,选择所需要的模板即可。

本节重点介绍 Origin 的数据拟合与科学绘图等功能。在实验数据处理过程中,通过 Origin 可以把数据绘制成图形,以方便直观地判断实验数据变化趋势的细节;如果针对同一自变量存在多个因变量的情况时,可以在同一幅图上作出多条实验曲线,也可以绘制多层图形,也可以使用多个坐标轴,比较研究这些数据之间的联系;在存在多条曲线的情况下,可以选择不同的线型,也可以用不同的符号加以标记,以对这些曲线和数据进行清晰的区分;对实验数据进行各种不同的回归计算;对生成的图形以多种形式保存,以方便在其他文件中的应用。

4.3.2　Origin 界面的组成

Origin 的工作界面类似 Office 的工作界面,主要包括:

● 菜单栏,位于窗口顶部,可以实现 Origin 软件的大部分功能,如图 4-35 所示。

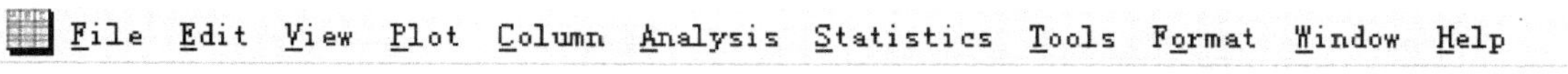

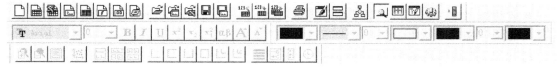

图 4-35　Origin 菜单栏

● 工具栏,位于菜单栏下部,可通过其实现一些最常用的功能,如图 4-36 所示。

图 4-36　Origin 工具栏

● 绘图区,位于工作窗口的中部位置,所有的工作表、绘图子窗口等都位于绘图区。

● 项目管理器,位于窗口的下部,类似资源管理器,可以方便地切换各个窗口等。

● 状态栏,位于最底部,用于标出当前的工作内容以及鼠标指到某些菜单按钮时的说明。

4.3.3　菜单栏的功能说明

菜单栏的结构取决于当前的活动窗口。

工作表菜单包括:File,Edit,View,Graph,Data,Analysis,Tools,Format,Window,Help。

绘图菜单包括:File,Edit,View,Plot,Column,Analysis,Statistics,Tools,Format,Windows,Help。

矩阵窗口包括：File,Edit,Plot,Matrix,Image,Tools,Format,Windows,Help。

菜单中命令简介如下：

File：文件功能操作,包括打开文件、输入输出数据图形等。

Edit：文件编辑功能操作,包括数据与图形的编辑,比如复制、粘贴、清除等,特别值得注意的是 Undo 功能。

View：视图功能操作,如控制屏幕显示。

Plot：绘图功能操作,主要提供以下几种类型的功能操作：

● 绘制二维绘图形,包括直线、描点、直线加符号、特殊线、符号、条形图、柱形图、特殊线条形图和饼图。

● 绘制三维图形。

● 绘制气泡/彩色映射图、统计图,设置图形板面布局。

● 绘制特殊的图形,比如面积图、极坐标图和向量。

● 模板,把选中的工作表数据导入到绘图模板。

Column：列功能操作,比如设置列的属性、增加或者删除列等。

Graph：图形功能操作,主要包括增加误差栏、函数图、缩放坐标轴、交换 X 和 Y 轴等。

Data：数据功能操作。

Analysis：分析操作功能。对不同的窗口,它的功能有所不同：

● 对工作表窗口：可以提取工作表数据,行列统计,排序,数字信号处理(快速傅立叶变换FFT、相关 Corelate、卷积 Convolute、解卷积分 Deconvolute),统计功能(t-检验),方差分析(ANOAN),多元回归(Multiple Regression),非线性曲线拟合。

● 对绘图窗口：数学运算,平滑滤波,图形变换,FFT,拟合线性多项式和非线性曲线等。

Plot3D：三维绘图功能操作,根据矩阵绘制各种三维条状图、表面图、等高线等。

Matrix：矩阵功能操作,对矩阵进行操作,包括矩阵属性、维数和数值设置,矩阵转置和取反,矩阵扩展和收缩,矩阵平滑和积分。

Tools：工具功能操作。

● 对工作表窗口：选项控制,工作表脚本,线性、多项式和 S 曲线拟合。

● 对绘图窗口：选项控制,层控制,提取峰值,基线和平滑,线性、多项式和 S 曲线拟合。

Format：格式功能操作。

● 对工作表窗口：菜单格式控制,工作表显示控制,栅格捕捉,调色板等。

● 对绘图窗口：菜单格式控制,图形页面、图层和线条样式控制,栅格捕捉,坐标轴样式控制和调色板等。

Window：窗口功能操作,控制窗口显示。

Help：帮助功能操作。

4.3.4　实验数据处理的基本步骤

● 启动 Origin 软件；

● 在工作表格(Worksheet)中输入实验数据,并加以计算处理；

● 在绘图窗口(Plot Windows)对数据进行绘图；

- 对实验数据进行回归分析；
- 保存和调用文件。

4.3.5　Origin 处理化工原理实验数据的基本操作

Origin 的功能非常强大,本节将不详细列举 Origin 的各种功能,主要介绍 Origin 在化工原理实验数据处理中的应用,以离心泵特性曲线测定的实验数据为例,介绍 Origin 的基本操作。离心泵特性曲线测定实验中,得到的原始实验数据记录如表 4-5 所示。使用 Origin 软件对表格中的数据加以处理,得到扬程 H、轴功率 Nz 和效率 η 的数据,绘制离心泵的特性曲线。

表 4-5　离心泵特性曲线测定原始数据记录表

No	流量 $Q/(\mathrm{m}^3/\mathrm{h})$	压力表 p_2/MPa	真空表 p_1/MPa	电功率 w/W
1	0	0.205	0.006	939
2	1.2	0.195	0.007	1019
3	2.4	0.201	0.008	1039
4	3.6	0.2	0.009	1091
5	4.8	0.198	0.0098	1121
6	6.1	0.192	0.011	1155
7	7.4	0.185	0.012	1187
8	8.7	0.175	0.013	1196
9	10	0.16	0.0145	1209
10	11.1	0.152	0.016	1251
11	12.4	0.122	0.018	1263
12	14	0.062	0.02	1231

实验条件：水温为 14℃,压力表与真空表引压口之间的垂直距离 $h=0.20\mathrm{m}$,吸入管尺寸：$\varnothing 38 \times 2.5$,压出管尺寸：$\varnothing 57 \times 3.5$。电动机的效率为 0.51,传动效率为 0.98。实验条件下水的密度为 999.1736$\mathrm{kg/m}^3$。

4.3.5.1　Origin 的启动

在"开始"菜单单击 Origin 程序的图标,启动 Origin 程序。

如果在用户的计算机桌面上有 Origin 程序的快捷键方式,可以双击 Origin 的图标,启动 Origin 程序。

4.3.5.2　实验数据的输入

启动 Origin 程序进入 Origin 的工作表 Worksheet,它支持多种不同的数据类型,如数字、文本、时间、日期等,也提供了多种向 Worksheet 中输入数据的方法。

第 1 种输入方法：键盘输入。当打开 Origin 的 Worksheet 时,系统默认出现两列单元格

"A(X)"和"B(Y)",如图 4 - 37 所示。拟将
A(X)列作为 Q 数据的输入列,用鼠标点选
A(X)列第 1 行的单元格,此时该单元格的
颜色变深,表示该单元格被选中,然后输入
"0";按"Enter"键到第 2 行,依次在 A(X)
的第 2 行至第 12 行的单元格内输入 Q 的
数据。同样,将"B(Y)"列作为压力表 p_2
的数据输入列,在此列的第 1 行和第 12 行
中输入 p_2 的原始实验数据。

　　因为在原始数据记录表中,除了序号
列之外,存在着 Q、p_2、p_1 和 w 等 4 列原始
实验数据,经过上述操作,输入了 Q 列和
p_2 列的数据,还有 p_1 和 w 等 2 列数据要
输入到 Worksheet 中,则需要在 Worksheet 中增加两列单元格,具体操作为:点击

图 4 - 37　Origin 默认的 Worksheet

菜单栏中的"Column",打开其下拉菜单,点击"Add New Columns",打开"Add New Columns"
对话框,因为要增加 2 列单元格,所以在对话框中输入"2",如图 4 - 38 所示,点击"OK",则在
工作表格的结尾处增加了 2 列单元格"C(Y)"和"D(Y)"。

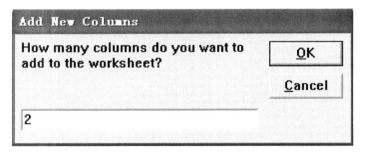

图 4 - 38　增加表格列的对话框

　　也可以点击标准工具栏中的"Add New
Column"按钮,增加 2 列单元格;也可在工作表
的空白处右击鼠标,在出现的快捷菜单中选择
"Add New Column",则在工作表的结尾处增
加"C(Y)"列,再重复一次上述操作增加
"D(Y)"列。将 p_2 和 w 列的数据分别输入在
"C(Y)"和"D(Y)"两列中,输入数据后的
Worksheet 如图 4 - 39 所示。

　　第 2 种输入方法:通过复制和粘贴操作
来传递数据。Origin 的数据可以通过剪贴板
来从别的应用程序如 Word、Excel 等中获
得。操作方式与一般的复制和粘贴操作相
同。在示例中,增加好 Worksheet 工作表的列

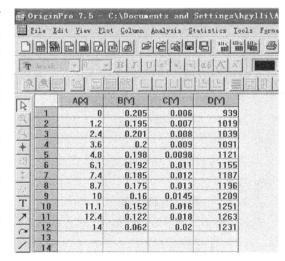

图 4 - 39　输入实验原始数据后的 Worksheet

数，在 Word 或 Excel 文件中已经输入好的数据记录中选中要复制的数据，点击“复制”或者按“Ctrl+C”，点中 Origin 的“A(X)”列的第一行的单元格，右击鼠标，点击其下拉菜单中的“Paste”或者按“Ctrl＋V”，将数据输入到“Worksheet”表格中。这样的数据输入方法相对来说要简捷一些。

4.3.5.3　数据计算

在离心泵特性曲线测定实验中，要计算得到离心泵在实验条件下的扬程 H、轴功率 Nz 和效率等数据。可以通过 Origin 对所得到的原始实验数据进行计算得到想要的数据。

在 Worksheet 中再增加 3 列单元格，其名称分别为“E(Y)”、“F(Y)”和“G(Y)”。拟将 E(Y)列单元格用以存放扬程 H 的数据。现以扬程 H 的计算为例，介绍 Origin 的详细计算过程。

(1) 鼠标点击“E(Y)”，则“E(Y)”所在一列的单元格的颜色全部变深，点击鼠标右键，出现下拉菜单，在出现的菜单中点选“Set Column Values”，如图 4－40 所示。打开“Set Column Values”的窗口。因为示例中有 12 组数据，所以将“For row Auto to Auto”中的两个“Auto”分别改为“1”和“12”。

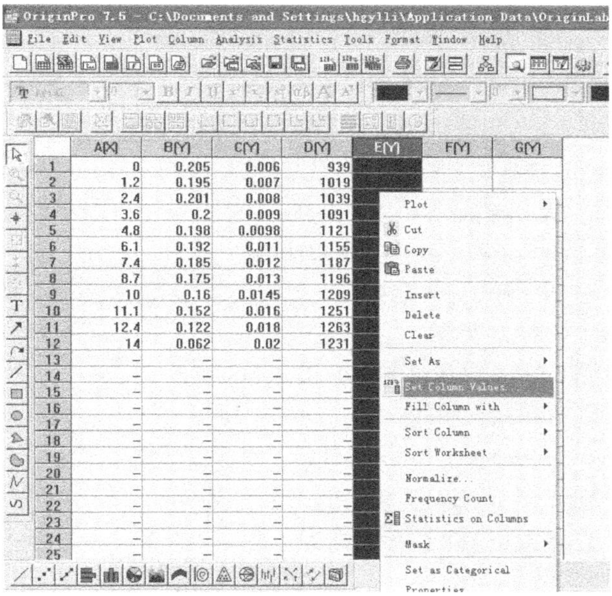

OriginPro 7.5 - C:\Documents and Settings\hgylli\Application Data\OriginLab
File Edit View Plot Column Analysis Statistics Tools Format Window Help
A(X) B(Y) C(Y) D(Y) E(Y) F(Y) G(Y)
1 0 0.205 0.006 939
2 1.2 0.195 0.007 1019
3 2.4 0.201 0.008 1039
4 3.6 0.2 0.009 1091
5 4.8 0.198 0.0098 1121
6 6.1 0.192 0.011 1155
7 7.4 0.185 0.012 1187
8 8.7 0.175 0.013 1196
9 10 0.16 0.0145 1209
10 11.1 0.152 0.016 1251
11 12.4 0.122 0.018 1263
12 14 0.062 0.02 1231
Plot
Cut
Copy
Paste
Insert
Delete
Clear
Set As
Set Column Values
Fill Column with
Sort Column
Sort Worksheet
Normalize...
Frequency Count
Statistics on Columns
Mask
Set as Categorical

图 4－40　选择“Set Column Values”

(2) 扬程的计算公式为：

$$H=(p_2+p_1)\times 102+h_0+\frac{Q}{3600\times\frac{3.142}{4}}\left(\frac{1}{d_2^2}-\frac{1}{d_1^2}\right) \tag{4-58}$$

在 Origin 中 A(X)列对应的是流量 Q，B(Y)对应的是压力表的数据 p_2，C(Y)对应的是真空表的数据 p_1，$d_1=0.05\text{m}$，$d_2=0.033\text{m}$，$h_0=0.20\text{m}$，所以根据上述公式，将式中的 p_2 改成 B(Y)，p_1 改成 C(Y)，Q 改成 A(X)，同时将，d_1、d_2 和 h_0 的数据代入上式，则上式改为：

$$H=(\text{B(Y)}+\text{C(Y)})\times 102+0.20+\frac{\text{A(X)}}{3600\times\frac{3.142}{4}}\left(\frac{1}{0.33^2}-\frac{1}{0.05^2}\right) \tag{4-59}$$

所以将 E(Y)列作为存放扬程 H 的列,将由原始数据计算得到的扬程 H 数据显示在E(Y)列,上接(1)的操作步骤,在"Set Column Values"的窗口界面下,在"Col(E)="下面的框内输入:"(Col(B)＋Col(C))＊102＋0.20＋Col(A)/3600/(3.142/4)＊(1/0.033^2－1/0.05^2)",如图4-41所示。点击"OK",则由上述公式计算得到的扬程数据显示在 E(Y)列的第 1 行至第 12 行中。

图 4-41　输入扬程 H 的计算公式

(3) 设置 E(Y)列的显示格式。双击列标E(Y)或者点中列标 E(Y)后右击,在快捷菜单中选择"Properties"命令,打开"Worksheet Column Format"的对话窗口。在该对话窗口中,在"Column Name"中显示列的名称;在"Column Label"中添加列标;将列指定为 X,Y,Z,Error,Label 等;可以设置数据显示的类型和格式、设置列宽等。

默认"Column Name"为"E";在"Plot Designation"中选择默认的"Y";"Format"中提供了 7 中列的类型,包括 Text & Numeric、Numeric、Text、Time、Date、Month 和 Day of Week,选择 Origin 默认的"Text & Numeric"类型;选择了列的类型后,可以在"Display"中选择数据显示的相应选项,如对常用的数值类型可以设置为小数"Decimal：1000"、科学记数"Scientific：1E3"或者工程记数"Engineering：1K"等,在示例中选择"Decimal：1000";在其下一行出现的"Numeric Display"中选择默认的"3",默认"Column Width"为"8",设置"Column Label"为"H/m",如图 4-42 所示,点击"OK",则 E(Y)的数据改变了显示的格式。

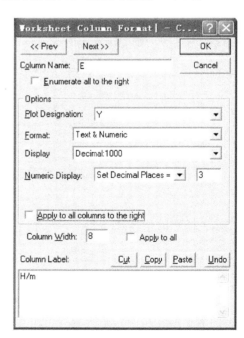

图 4-42　E(Y)列数据显示格式的设置

(4) 计算离心泵的轴功率 Nz。将 F(Y)列作为存放轴功率的列。因为轴功率 Nz 的计算公式为:

$$Nz = \sqrt{3} \times \eta_{传动} \times \eta_{电机} \times w/1000 \tag{4-60}$$

上式中，$\eta_{传动}=0.98$，$\eta_{电机}=0.51$，D(Y)列是存放功率 w 的数据列，所以可以将上式改为：

$$Nz = \sqrt{3} \times 0.98 \times 0.51 \times D(Y)/1000 \tag{4-61}$$

类似(2)中的操作步骤，在"Set Column Values"的窗口界面下，在"Col(F)="下面的框内输入："$1.732 * 0.98 * 0.51 * Col(D)/1000$"，点击"确定"，F(Y)列显示轴功率 Nz 的计算结果。在"Worksheet Column Format"对话窗口中设置 F(Y)列的显示格式，过程与(3)相类似，设置参数也基本相同，只是将"Column Label"改为"w/kW"，点击"OK"后得到的 Worksheet 如图 4-43 所示。

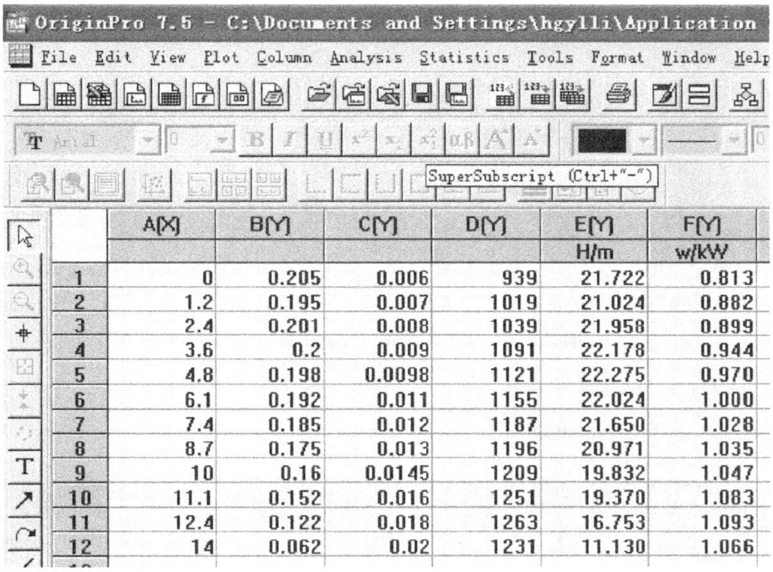

	A[X]	B[Y]	C[Y]	D[Y]	E[Y] H/m	F[Y] w/kW
1	0	0.205	0.006	939	21.722	0.813
2	1.2	0.195	0.007	1019	21.024	0.882
3	2.4	0.201	0.008	1039	21.958	0.899
4	3.6	0.2	0.009	1091	22.178	0.944
5	4.8	0.198	0.0098	1121	22.275	0.970
6	6.1	0.192	0.011	1155	22.024	1.000
7	7.4	0.185	0.012	1187	21.650	1.028
8	8.7	0.175	0.013	1196	20.971	1.035
9	10	0.16	0.0145	1209	19.832	1.047
10	11.1	0.152	0.016	1251	19.370	1.083
11	12.4	0.122	0.018	1263	16.753	1.093
12	14	0.062	0.02	1231	11.130	1.066

图 4-43　计算轴功率 Nz 后的 Worksheet

(5) 计算离心泵的效率 η。将 G(Y)列作为存放效率 η 的列。效率 η 的计算公式为：

$$\eta = \frac{Ne}{Nz} \times 100\% \tag{4-62}$$

上式中，

$$Ne = \frac{Q \times H \times \rho \times g}{3600 \times 1000} \tag{4-63}$$

将两式合并、整理得到：

$$\eta = \frac{Q \times H \times \rho \times g}{3600 \times 1000 \times Nz} \times 100\% \tag{4-64}$$

因为 A(X)列存放流量 Q 的数据，E(Y)列存放扬程 H 的数据，F(Y)列存放轴功率 Nz 的数据，密度 ρ 取 999.1736kg/m³，g 取 9.81m²/s，所以可以将上式改为：

$$\eta = \frac{A(X) \times E(Y) \times 999.1736 \times 9.81}{3600 \times 1000 \times F(Y)} \times 100\% \tag{4-65}$$

类似(2)、(3)中的操作步骤，在"Set Column Values"的窗口界面下，在"Col(F)="下面的框内输入："$Col(A) * Col(E) * 999.1736 * 9.81 * 100/3600/1000/Col(F)$"，点击"确定"，

G(Y)列显示效率 η 的计算结果。在“Worksheet Column Format”的对话窗口中设置 G(Y)列的显示格式，过程与(3)相类似，设置参数也基本相同，将“Column Label”改为“η/%”，点击“OK”后得到的 Worksheet 如图 4-44 所示。

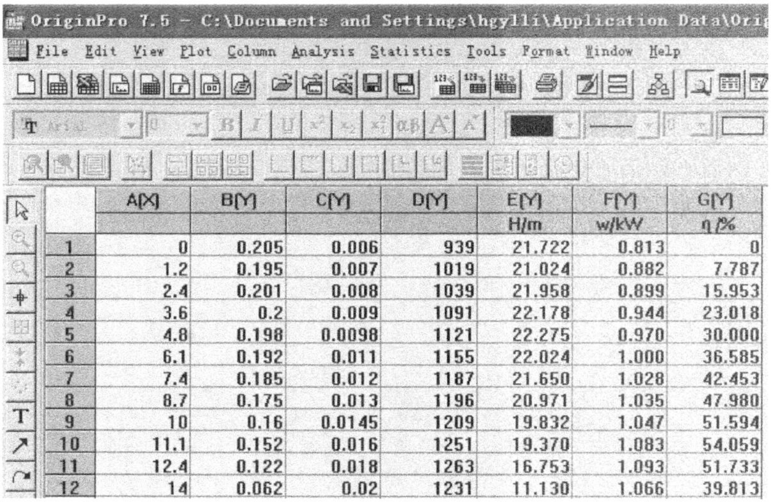

	A(X)	B(Y)	C(Y)	D(Y)	E(Y)	F(Y)	G(Y)
					H/m	w/kW	η/%
1	0	0.205	0.006	939	21.722	0.813	0
2	1.2	0.195	0.007	1019	21.024	0.882	7.787
3	2.4	0.201	0.008	1039	21.958	0.899	15.953
4	3.6	0.2	0.009	1091	22.178	0.944	23.018
5	4.8	0.198	0.0098	1121	22.275	0.970	30.000
6	6.1	0.192	0.011	1155	22.024	1.000	36.585
7	7.4	0.185	0.012	1187	21.650	1.028	42.453
8	8.7	0.175	0.013	1196	20.971	1.035	47.980
9	10	0.16	0.0145	1209	19.832	1.047	51.594
10	11.1	0.152	0.016	1251	19.370	1.083	54.059
11	12.4	0.122	0.018	1263	16.753	1.093	51.733
12	14	0.062	0.02	1231	11.130	1.066	39.813

图 4-44 计算效率 η 后的 Worksheet

(6) 分别将 A(X)、B(Y)、C(Y)和 D(Y)的“Column Label”改为“Q/(m^3/h)”、“p2/MPa”、“p1/MPa”和“w/W”，结果如图 4-45 所示。

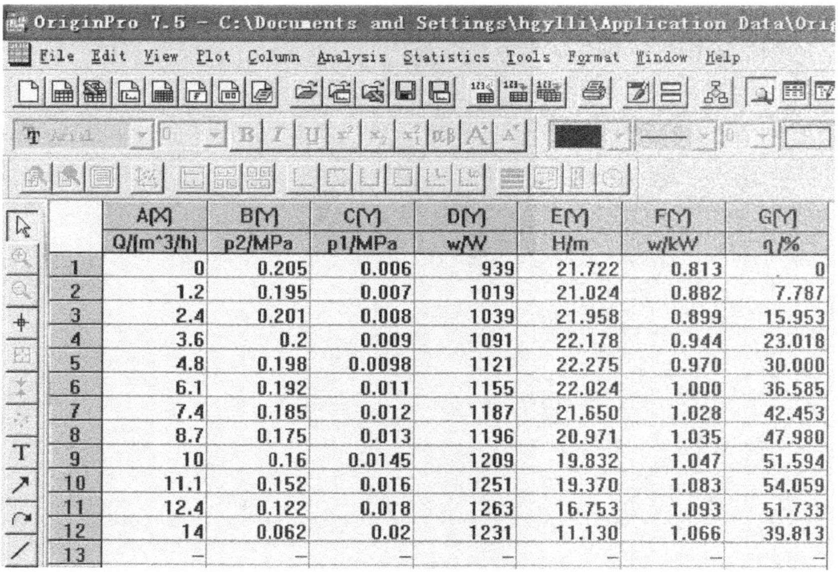

	A(X)	B(Y)	C(Y)	D(Y)	E(Y)	F(Y)	G(Y)
	Q/(m^3/h)	p2/MPa	p1/MPa	w/W	H/m	w/kW	η/%
1	0	0.205	0.006	939	21.722	0.813	0
2	1.2	0.195	0.007	1019	21.024	0.882	7.787
3	2.4	0.201	0.008	1039	21.958	0.899	15.953
4	3.6	0.2	0.009	1091	22.178	0.944	23.018
5	4.8	0.198	0.0098	1121	22.275	0.970	30.000
6	6.1	0.192	0.011	1155	22.024	1.000	36.585
7	7.4	0.185	0.012	1187	21.650	1.028	42.453
8	8.7	0.175	0.013	1196	20.971	1.035	47.980
9	10	0.16	0.0145	1209	19.832	1.047	51.594
10	11.1	0.152	0.016	1251	19.370	1.083	54.059
11	12.4	0.122	0.018	1263	16.753	1.093	51.733
12	14	0.062	0.02	1231	11.130	1.066	39.813
13	–	–	–	–	–	–	–

图 4-45 计算完毕和经过设置后的 Worksheet

4.3.5.4 数据绘图

Origin 具有强大的数据绘图功能，是基于模板的。通过 Worksheet 中的数据绘图，则数据图与 Worksheet 中的数据保持相关，当改变工作表格中的数据时，数据图也作相应变化。为了学习和熟悉 Origin 绘图的操作，仍然以离心泵特性曲线的测定为示例，简单介绍 Origin

的绘图步骤。

（1）在示例中要绘制离心泵的 3 条特性曲线，从实验数据的区间范围来看，扬程 H、轴功率 N_z 和效率 η 的数据范围各不相同，如果这 3 条曲线同时绘制在同一幅图上，并且用同一个坐标轴来显示的话，由于轴功率 N_z 的数据在 $0.8 \sim 1.2$ 之间，相对于扬程 H 和效率 η 的数据区间来讲，几乎不能显示其变化趋势的细节，所以拟采用绘制多层图形的方法来完成。

（2）选中 Data1 的 Worksheet，拟对离心泵的效率 η 和流量进行绘图。按住"Ctrl"键，用鼠标点击 Worksheet 的 A(X) 和 H(Y) 列，点击工具栏中的"Plot"，打开其下拉菜单，在其中点选"Scatter"，如图 4-46 所示，则 Origin 自动形成名称为 Graph1 的 graph 文件，得到的图形如图 4-47 所示。在 Graph 的左上角出现代表图层的数字"1"。

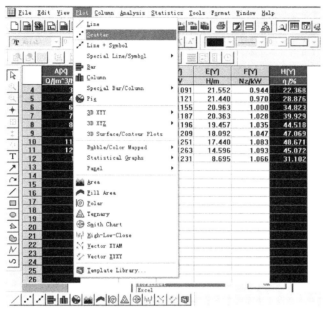

图 4 - 46　选择 Plot 的类型 Scatter

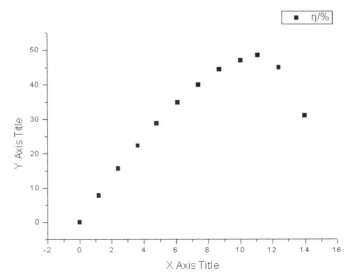

图 4 - 47　第 1 层初步绘得的图形 η-Q 曲线

（3）在初步绘得 η-Q 曲线的基础上，增加新的图层 Layer，将 H-Q 曲线绘制在本图层上。具体操作如下：点击菜单栏的"Edit"，打开其下拉菜单，将鼠标移至"New Layer(Axes)"，展开其下拉菜单，根据实验数据的范围，拟使 H-Q 曲线与 η-Q 曲线共同使用同一横坐标轴和纵坐标轴范围，所以点击"(Normal)：Bottom X+ Left Y"，如图 4-48 所示，则在 Graph 的左上角出现代表图层的数字"2"。

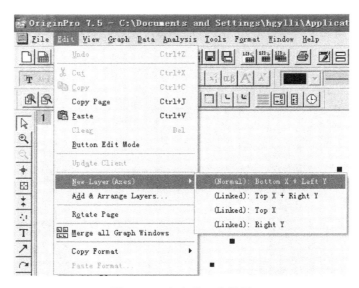

图 4-48　加入第 2 个图层

双击"2"，打开"Plot Setup：Configure Data Plots in Layer"的对话框。因为 A(X)列作为 X，B(Y)列的 H 数据作为 Y，所以在对话窗口中进行如下设置，在"Plot Type"中点选"Scatter"，在"Data1"中勾选"A"列作为 X，"E"列作为 Y，点击"Add"，则在对话框的下部"Plot List"中的"Layer2"下方，显示图层 2 中的曲线的数据内容，如图 4-49 所示。点击最下方的"OK"，则在 Graph 中显示出第 2 条曲线 H-Q。

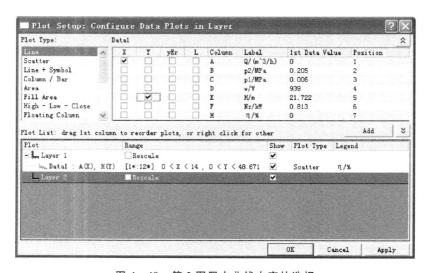

图 4-49　第 2 图层内曲线内容的选择

在得到的图形中,没有 $H-Q$ 曲线的图例,要在 Graph 中显示出来,则点击菜单栏的
"Graph",打开其下拉菜单,在其中点选"New Legend",则 Layer2 中曲线的图例显示在 Graph
中了,如图 4-50 所示。因为图中效率 η 与扬程 H 的数据范围不同,所以在左侧的 Y 轴的刻
度标识有点重叠,后面会涉及到坐标轴的设置,在这里暂时不作坐标轴的改动。

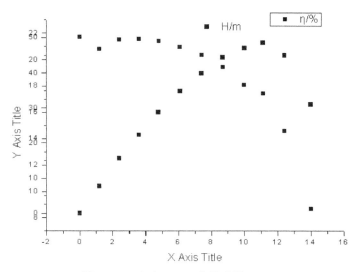

图 4-50　加入 $H-Q$ 曲线后的 Graph

与上面的操作相类似,加入 Layer3,在此图层中添加入流量 Q 和轴功率 N_z 的数据。略
有不同的是,在点开"New Layer(Axes)"后选择的是"(Linked)Right Y"。在接下来的操作
中,仍然选择流量 Q 作为 X 值,轴功率 N_z 的数据作为 Y 值,并设置显示 Layer 3 的图例,结果
如图 4-51 所示。

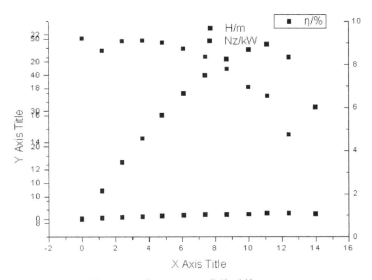

图 4-51　加入 N_z-Q 曲线后的 Graph

(4)对曲线图标的修改设置。通过上述一系列操作后,在一幅图上得到了离心泵的三条
特性曲线,但是曲线所用的图标都相同,三条曲线放在一起,则很难区分每条曲线,所以要对曲

线的图标加以修改。

　　点击图层 1，用鼠标选中 η-Q 曲线上的某数据点，双击，打开"Plot Details"的界面对话框。因为示例中选择的曲线类型为"Scatter"，所以只需设置图标"Symbol"即可。在图标的"Size"中选择"8"，"Edge Thickness"为 Origin 的默认值"Default"，Symbol 的颜色有多种选择，示例中拟选择"Individual Color"的"Red"，如图 4-52 所示，点击"OK"，则完成了对 η-Q 曲线图标的修改。

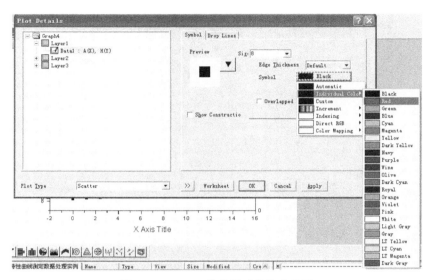

图 4-52　η-Q 曲线图形的格式设置

　　与上面的操作相类似，将 Layer2 中 H-Q 曲线的图标作相应的修改，Origin 提供了多种图标，如图 4-53 所示，在 Layer2 中的图标选择为"●"作为 H-Q 曲线的图标，颜色选择为"Blue"，其他设置与 Layer1 的设置相同。

　　重复上述操作，将 Layer3 中的 Nz-Q 曲线的图标改成"▲"，颜色选择为"Violet"，其他设置与 Layer1 和 Layer2 相同，并将三条曲线的图标的位置加以适当地调整，得到的结果如图 4-54 所示。

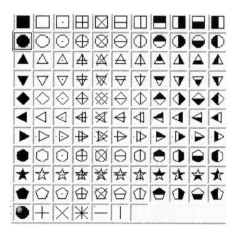

图 4-53　Origin 提供的实验点图标

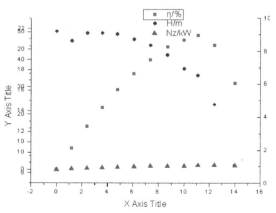

图 4-54　初步得到的图形

（5）坐标轴的设置。经过上述操作后，得到了基本的图形，但需要对图形进行必要的设置或者修饰。

设置 X 轴的显示格式。将鼠标移至"X Axis Title"处，双击。或者用鼠标选中"X Axis Title"，右击鼠标，在其下拉菜单中选择"Properties"，系统弹出"Text Control"的对话框窗口。将"Background"中选择"None"，"Rotate"为"0"，"Tab"为"8"，"Size"为"24"，勾选"Center Multi L"，选择字体为"Times NeW Roman"，在其下面的对话框中输入"Q/(m³/h)"，则Origin系统默认的格式"Q/(m\+(3)/h)"，在其下方的对话框中显示"Q/(m³/h)"，如图 4-55 所示，可以据此判断是否输入正确。点击"OK"，则原先的"X Axis Title"改为"Q/(m³/h)"。

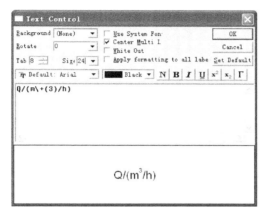

图 4-55　X Axies Title 格式的设置

对 X 轴进行设置。点击 Graph 的左上角中代表 Layer1 的图层数字"1"，将鼠标移至 X 轴上，点击鼠标右键，打开其下拉菜单，选择其中的"Properties"，如图 4-56 所示，打开"X Axis Layer1"对话框。点击"Scale"，根据流量 Q 的区间范围，设置 X 的取值范围"From"为"-1"，"To"为"15"，"Increment"为"1"，其他的选项为 Origin 的系统默认设置，如图 4-57 所示。如果要点击对话框的其他内容，如"Tick Labels"、"Minor Tick Labels"、"Title & Format"、

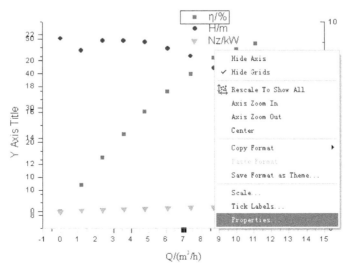

图 4-56　选择 X 轴的属性

"Grid Lines"、"Break"和"Custom Tick Labels"等功能进行设置,由于 Origin 软件的表示非常形象化,操作方便,所以不在本节中详细介绍。

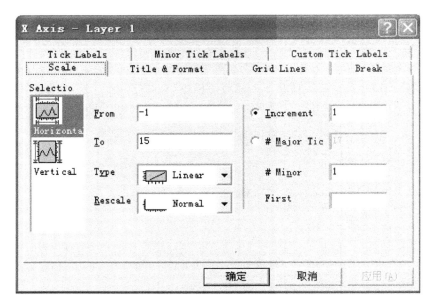

图 4-57　设置 X 轴属性的参数

　　通过同样的操作,设置 Layer2 的 X 轴的参数,尤其是坐标的刻度范围保持与 Layer1 的刻度范围相一致,这样才能保证图层之间 X 轴完全重合,如图 4-58 所示。

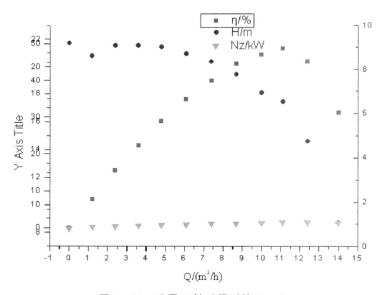

图 4-58　设置 X 轴后得到的 Graph

　　类似设置 X 轴的操作,对图形的左侧 Y 轴和右侧 Y 轴分别进行设置。在设置左侧 Y 轴时,将 Layer1 中 Y 轴的"Title"定为"η/％,H/m",值得注意的是,因为"η"是通过输入法的软键盘输入的,所以要把其字体设置为"宋体",这样就可以避免其在 Origin 中可以显示出来,但是当将图形粘贴到 Word 文档时就无法显示的现象。将 Layer1 和 Layer2 中 Y 轴的数据范围都按如下设置："From"为"0"，"TO"为"50"，"Increment"为"5"，其他为 Origin 软件系统的默认值。在对右侧 Y 轴进行设置时，参数设置如下："Title"为"Nz/kW"，"From"为"0.8"，"TO"为"1.2"，"Increment"为"0.1"。将三条曲线的图标移至适宜的位置并加以排列放置。另外，经过上述操作后得到的图形的顶端为敞开式的，影响了整个图的美观，点击菜单栏的"View"，打开其下拉菜单，选择其中的"Show"按钮，在"Show"的菜单中选择"Frame"，则在 Graph 的上方出现一条线段，将 Graph 闭合，同时将 η-Q 曲线的图例的边框设置为"None"，如图 4-59 所示。

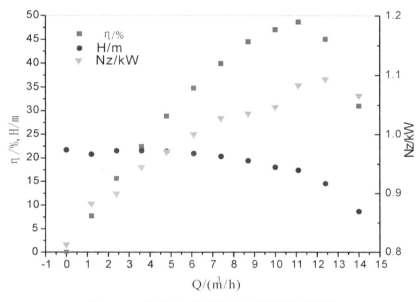

图 4-59　设置坐标轴后的离心泵的特性曲线图

4.3.6　数据的拟合

经过上述操作后，得到了离心泵的特性曲线图。下面简单介绍一下对实验数据进行回归计算，对曲线进行拟合处理，仍然以离心泵特性曲线的测定为示例。

（1）首先对 η-Q 曲线进行拟合。用鼠标点中 η-Q 曲线上的任一数据点，选中整条曲线，用鼠标点击菜单栏的"Analysis"，打开其下拉菜单，用鼠标点击"Fit Polynominal"，如图4-60所示，出现 "Polynominal Fit to Data1_H"的对话框界面，对框内的参数作如下设置："Order"为"4"，"Fit curve ♯ pts"为"4"，系统默认"Fit curve Xmin"为"0"，系统默认"Fit curve Xmax"为"14"，勾选"Show Formula on Graph?"，如图 4-61 所示，点击"OK"，则在 Graph 中显示出拟合曲线及其拟合曲线的公式，并将 η 和拟合曲线的图例显示在 Graph 中，代替原始的曲线图例。

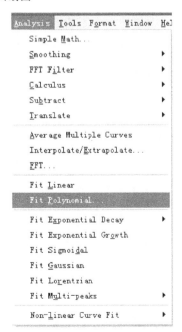

图 4-60　Fit polynomial 的选择

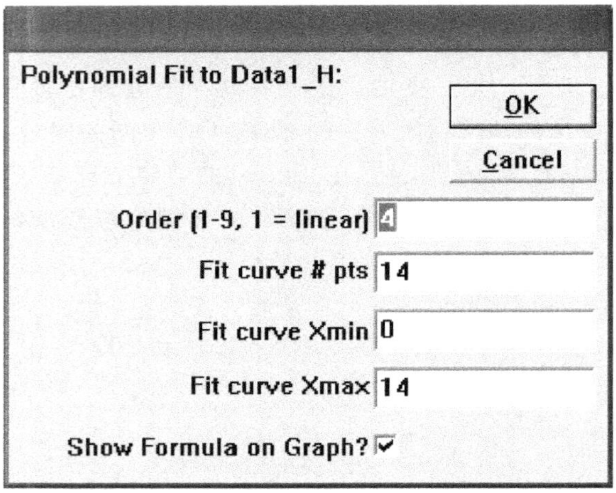

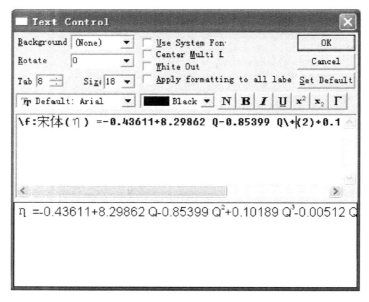

图 4-61　Fit Polynomial 界面内参数的设置

因为默认形成的拟合曲线的关系式为 Y 与 X 之间的关系式,为了符合 Graph 的原意,需将拟合曲线公式"Y=-0.43611+8.29862 X-0.85399 X^2+0.10189 X^3-0.00512 X^4"改为"η=-0.43611+8.29862 Q-0.85399 Q^2+0.10189 Q^3-0.00512 Q^4",操作如下:鼠标点击公式,右击鼠标,出现其展开菜单,在其中选中"Properties",打开"Text Control"界面,将字号"Size"选择为"18",将公式中"Y"的字体改为"宋体",并用"η"来代替,将"X"用"Q"来代替,如图 4-62 所示,点击"OK"。用相类似的方式,对图例进行修改,尤其是将"η"的字体改为"宋体",否则将图形复制粘贴在 Word 文档中不能正常显示,将公式和图例放在 Graph 中适宜的位置。

图 4-62　拟合曲线公式的修改

如果对系统自动默认生成的拟合曲线进行修改,则用鼠标双击拟合曲线,打开"Plot Details"的对话框界面,可以对拟合曲线的"Connect"、"Styl"、"Width"和"Color"等进行设置选择，设置相应的参数后，如图 4-63 所示，点击"OK"，示例中选择系统默认产生的参数。

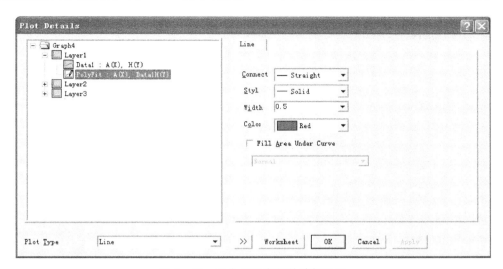

图 4-63　拟合曲线参数的选择设置

通过类似的操作，将 Nz-Q 曲线、H-Q 曲线的拟合公式和拟合曲线在 Graph 上显示出来，并做相应的修改，如将拟合公式中的"Y"用"Nz"或者"H"来代替，"X"用"Q"来代替，设置适宜的字体和字号，并将图例做相应的适当修改，移至 Graph 中比较适宜的位置上。

增加 Graph 的名称。点击 Graph 上方的空白区域，点击鼠标右键，展开其下拉菜单，点击选中"Add Text"，则在图形的上方出现闪烁的光标，在光标处输入"离心泵特性曲线"，设置其字体为"黑体"，字号为"20"。经过上述一系列操作后得到最终的离心泵特性曲线图如图 4-64 所示。

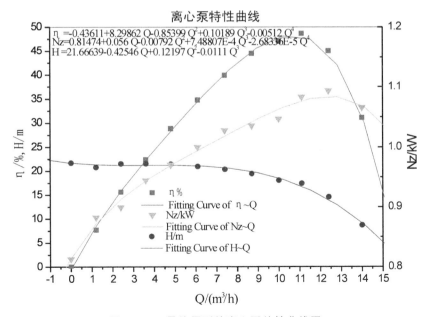

图 4-64　最终得到的离心泵特性曲线图

本节简单介绍了 Origin 在化工原理实验数据处理中的部分功能，还有非常多的功能未能涉及，如果读者在处理实验数据的过程中用到这些功能，可参考其他的专业书籍。当然，上述的处理方法和操作顺序并不是唯一的,可以通过多种命令来达到异曲同工的效果,这就需要读者多多学习,熟练掌握。

4.4 MATLAB 在化工原理实验数据处理中的应用

4.4.1 MATLAB 概述

1984 年,美国 Mathworks 公司将数学软件 MATLAB 推向市场,经历 20 多年的发展,现已成为国际公认的最优秀的科技应用软件。MATLAB 作为一种强大的科学计算工具,现已受到各专业人员的广泛重视。MATLAB 既是一种直观高效的计算机语言,同时又是一个科学计算平台。根据它所提供的数学和工程函数,工程技术人员和科学工作者可以在它集成的环境中完成所需的计算。MATLAB 软件有如下几大特点。

4.4.1.1 编程效率高
MATLAB 是一种面向科学和工程计算的高级语言,既可以直接调用现存大量的 MAT-LAB 函数,也允许用数学形式的语言来编写程序,接近书写计算公式的思维方式。MATLAB 具有程序易维护、编程效率高、易学易懂等特点。另外,MATLAB 还提供了与其他面向对象的高级语言(VC、VB 等)进行混合编程的接口。

4.4.1.2 使用方便
MATLAB 语言灵活、方便,其调试程序手段多样,调试速度快,需要学习时间少,将语言编辑、编译、连接和执行融为一体。它能在同一画面上灵活操作,快速排除输入程序中的书写错误、语法错误以至语意错误,从而加快了用户编写、修改和调试程序的速度。MATLAB 语言不仅是一种语言,更是一个语言调试系统。

4.4.1.3 用途多样化
MATLAB 可以进行数值计算和符号运算、数据分析与处理、工厂与科学绘图、统计分析、图形界面设计、建模和仿真、信号处理、神经网络、模拟分析、控制系统、弧线分析、最佳化、模糊逻辑、化学计量分析等。

4.4.1.4 矩阵和数组运算
MATLAB 的核心是一个可以进行快速解释的程序,可以处理不同类型的向量和矩阵。像其他高级语言一样,MATLAB 规定了矩阵的算术运算符、关系运算符、逻辑运算符、条件运算符和赋值运算符,而且这些运算符大部分可以不加改变地运用到数组之间的运算。另外,MATLAB 不需要定义数组的维数,并且给出了矩阵函数、特殊矩阵的库函数,使之在求解诸如信号处理、建模、系统识别、控制和优化等领域的问题时,显得更为简洁、高效和方便。

4.4.1.5 绘图功能
MATLAB 的绘图十分方便,拥有一系列的绘图函数,如线性坐标、对数坐标、半对数坐标和极坐标,均只需调用不同的绘图函数,在图上标出图题、xy 轴标注,格(栅)绘制也只需调用相应的命令,简单易行。另外,在调用绘图函数时,调整自变量可以绘制不同颜色的点、线、复线或多重线。这些方面是其他高级编程语言所不能及的。

在设计研究单位和工业部门,MATLAB 已经成为研究和解决各种具体工程问题的通用软件。本部分主要介绍:MATLAB 矩阵的创建及基本运算、数据分析与处理、工程与科学绘图、统计分析、曲线拟合与插值等方面的知识,以满足化工原理实验数据处理的需求。

4.4.2　MATLAB 矩阵的创建

MATLAB 的向量和矩阵是 MATLAB 的基本运算单元,是在复数的基础上定义的。在对 MATLAB 的数组和矩阵运算之前,要创建向量和矩阵。矩阵 P 的创建有以下几种形式。

4.4.2.1　直接输入法创建小矩阵

从键盘上直接输入矩阵是最方便、最常用和最好的创建数值矩阵的方法,尤其适合创建比较小的简单矩阵。在直接输入创建矩阵时,需要注意以下几点:

● 输入矩阵时,要以“[ ]”为其标识,即矩阵所有的元素都应该在“[ ]”内部,这样 NATLAB 才能将其识别为矩阵。

● 矩阵的同行元素之间可以用空格或者“,”来分隔,行与行之间要用“;”或者回车符分隔。

● 矩阵的大小可不用预先定义。

● 矩阵的元素可以为运算表达式。

● 如果不想获得中间运算结果,可以用“;”结束。

● 无任何元素的空矩阵也是合法的。

【例 4.1】　在 MATLAB 中创建简单矩阵:

$$P = \begin{matrix} 2 & 1 & -3 & -1 \\ 3 & 1 & 0 & 7 \\ -1 & 2 & 4 & -2 \\ 1 & 0 & -1 & 5 \end{matrix}$$

则可以在 MATLAB 命令窗中输入:

P=[2,1,−3,−1;3,1,0,7;−1,2,4,−2;1,0,−1,5]

也可以在命令窗中输入:

$$P = \begin{bmatrix} 2, & 1, & -3, & -1 \\ 3, & 1, & 0, & 7 \\ -1, & 2, & 4, & -2 \\ 1, & 0, & -1, & 5 \end{bmatrix}$$

执行结果均为如图 4−65 所示。

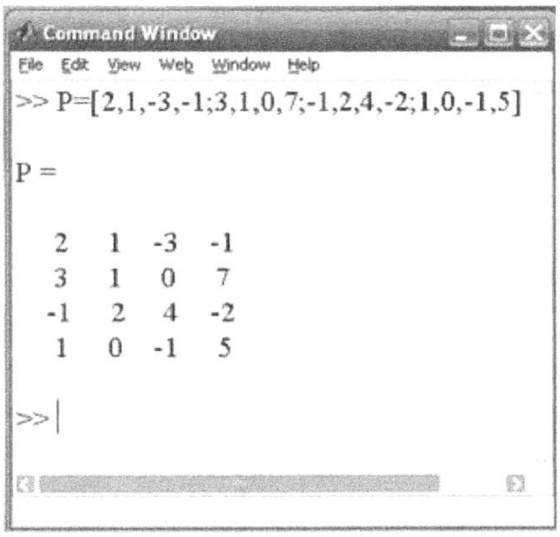

图 4−65　直接输入建立矩阵

【例 4.2】　在 MATLAB 命令窗中输入:

P=[−4.2　sqrt(10)　(2+6+10)/10 * 4]　　　　　　　　%用任意表达式作元素

备注:本例中,行中的“%”以后的内容只起到注释的作用,对最终结果不产生任何影响。

则在 MATLAB 命令窗中的执行结果为:

P =

　　−4.2000　3.1623　7.2000

【例 4.3】　在 MATLAB 命令窗中输入语句:

a=2.8;b=40/69;c=4.5;　　　　　　　　　　　　　%输入复数矩阵

d=[1, a * c+i * b,b;sin(pi/2),a+2 * b+c,3.5+i]

执行结果为:

d =

　　1　　　　12.6 + 0.57971i　　0.57971

　　1　　　　8.4594　　　　　　 3.5 +1i

4.4.2.2　在 M 文件中创建矩阵

M 文件是一种可以在 MATLAB 环境中运行的文本文件。它可以分为命令式文件和函数式文件两种,本小节主要是运用命令式 M 文件的最简单形式来创建相对较大的 MATLAB 矩阵。因为要输入的矩阵的规模相对较大时,直接输入法就显得比较慢而且笨拙,容易出现差错,且不易修改。而 M 文件的特点就是,将所需要输入的文件写入一个文本文件中,并将此文件以. m 为其扩展名,即为 M 文件。在 MATLAB 命令窗中输入此 M 文件名,则所需要输入的大型矩阵就被输入到内存中。

【例 4.4】　离心泵特性曲线测定实验的原始数据如表 4-5 所示,将其建成一个 MAT-LAB 数值矩阵。

表 4-5　离心泵特性曲线测定原始数据记录表

No	流量 $Q/(\text{m}^3/\text{h})$	压力表 p_2/MPa	真空表 p_1/MPa	电功率 W/W
1	0	0.205	0.006	939
2	1.2	0.195	0.007	1019
3	2.4	0.201	0.008	1039
4	3.6	0.2	0.009	1091
5	4.8	0.198	0.0098	1121
6	6.1	0.192	0.011	1155
7	7.4	0.185	0.012	1187
8	8.7	0.175	0.013	1196
9	10	0.16	0.0145	1209
10	11.1	0.152	0.016	1251
11	12.4	0.122	0.018	1263
12	14	0.062	0.02	1231

在 MATLAB 的安装根目录下的 Work 文件夹中创建 centrifugalpump. m 文件,在 centrifugalpump. m 中输入如下内容:

```
centrifugalpump=[ 0      0.205    0.006     939
                  1.2    0.195    0.007     1019
                  2.4    0.201    0.008     1039
                  3.6    0.2      0.009     1091
                  4.8    0.198    0.0098    1121
                  6.1    0.192    0.011     1155
                  7.4    0.185    0.012     1187
                  8.7    0.175    0.013     1196
                  10     0.16     0.0145    1209
                  11.1   0.152    0.016     1251
                  12.4   0.122    0.018     1263
                  14     0.062    0.02      1231]
```

在 MATLAB 命令窗中输入：

centrifugalpump

则执行结果如图 4 - 66 所示。

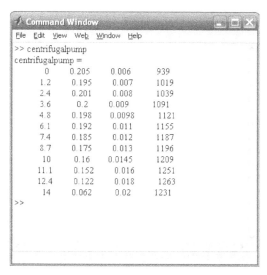

图 4 - 66　创建 centrifugalpump. m 文件

4.4.2.3　利用 MATLAB 提供的函数命令创建矩阵

利用 MATLAB 提供的函数命令可以创建和生成几种常用的工具矩阵，如：全 0 阵、单位阵、全 1 阵和随机阵。其中，除了单位阵外，其他类型的阵似乎没有任何的具体意义，但它们在实际中应用广泛。

- zeros(n, m)　　生成 n 行 m 列元素都为 0 的矩阵
- ones(n, m)　　生成 n 行 m 列元素都为 1 的矩阵
- rand(n, m)　　生成 n 行 m 列元素在 0～1 之间均匀分布的随机矩阵
- randn(n, m)　　生成 n 行 m 列元素为正态随机分布的矩阵
- eye (n)　　生成 n 阶单位矩阵
- magic(n)　　生成 n 阶魔方矩阵

【例 4.5】　创建一个 4 行 5 列、元素为正态随机分布的矩阵 P。

在 MATLAB 命令窗中输入：

P＝randn(4,5)

则命令执行结果为：

```
    P =
      -1.6041    -0.8051    -2.1707     0.5077     0.3803
       0.2573     0.5287    -0.0592     1.6924    -1.0091
      -1.0565     0.2193    -1.0106     0.5913    -0.0195
       1.4151    -0.9219     0.6145    -0.6436    -0.0482
```

4.4.3　MATLAB 矩阵的运算

MATLAB 矩阵的运算可以分为算术运算、关系运算和逻辑运算，其优先级为：算数运算

＞关系运算＞逻辑运算。在化工原理实验数据处理中经常用到的是算术运算,这里重点介绍矩阵的算术运算。

4.4.3.1　关系运算

关系运算经常在编制运行程序时用到,尤其是在条件和循环语句中。MATLAB 提供了如下几种关系运算:

- ＜　小于
- ＞　大于
- ≤　小于或者等于
- ≥　大于或者等于
- ＝　等于
- ≠　不等于

【例 4.6】　设有矩阵 A＝[1,2,3;2,3,4;3,4,5]和 B＝[1,1,1;2,2,2;3,3,3],比较 A 和 B 的大小。

解:在 MATLAB 命令窗中输入:

    A＝[1,2,3;2,3,4;3,4,5]
    B＝[1,1,1;2,2,2;3,3,3]
    A＞B

则命令执行结果为:

    ans ＝
        0   1   1
        0   1   1
        0   1   1

4.4.3.2　逻辑运算

在编制运行程序时也经常会用到逻辑运算。MATLAB 提供了 4 种逻辑运算符,分别为:

- &,与运算,当运算双方的对应元素均为非 0 时,结果为 1,否则为 0。
- |,或运算,当运算双方的对应元素有一非 0 时,结果为 1,否则为 0。
- ～,非运算,当运算数组上的对应位置上的值为 0 时,结果为 1,否则为 0。
- XOR 逻辑异或,当表达式为真值时,返回 1,否则返回 0。

【例 4.7】　设 A＝ones(4,5)和 B＝rand(4,5),分别计算 A&B、A|B、～A 和 XOR(A,B)。

在 MATLAB 命令窗中输入命令:

    A＝ones(4,5);
    B ＝rand(4,5);
    A&B

则命令执行结果为:

    ans ＝
        1   1   1   1   1
        1   1   1   1   1
        1   1   1   1   1
        1   1   1   1   1

输入命令:

    A|B

则命令执行结果为:

    ans =

1	1	1	1	1
1	1	1	1	1
1	1	1	1	1
1	1	1	1	1

输入命令:

    $\sim$A

则命令执行结果为:

    ans =

0	0	0	0	0
0	0	0	0	0
0	0	0	0	0
0	0	0	0	0

输入命令:

    XOR(A,B)

则命令执行结果为:

    ans =

0	0	0	0	0
0	0	0	0	0
0	0	0	0	0
0	0	0	0	0

MATLAB 还提供了一些逻辑运算函数,常见的几种函数为:

● all(A),向量 A 中有一个非 0 元素,结果就为 1,否则结果为 0;

● any(A),向量 A 中的元素全为 0 时,结果才为 1,否则结果为 0;

● logical(A),将数字值转化成逻辑值;

● isefinite(x),判断向量是否全为空;

● isletter(x),对应 x 中英文字母元素的位置为 1,其余元素为 0。

4.4.3.3 算术运算

在 MATLAB 中,(复)矩阵是运算的基本单元。设有矩阵 A 和 B,以及常数 m,MATLAB 提供了以下常见的算术运算:

● A + m,矩阵中的每个元素都加上常数 m;

● A * m,矩阵中的各个元素都乘以常数 m;

● A+B,矩阵 A 和 B 相加;

● A−B,矩阵 A 和 B 相减;

● A * B,矩阵 A 和 B 相乘;

● A. * B,矩阵 A 和 B 中对应的元素相乘;

● A. /B,矩阵 A 和 B 中对应的元素相除;

● A.ˆB,矩阵 B 中的每个元素作为矩阵 A 中对应元素的幂次。

在此只简单列出了上述几种比较基本的算术运算,MATLAB 本身还提供了其他许多相关的运算,比如矩阵的逆运算、行列式运算、指数运算、对数运算和开方运算等,在此不作一一介绍,读者如有需要可以查阅相关的书籍资料。

【例 4.8】 设矩阵 A＝randn(3,4)和 B＝rand(3,4),m＝5,计算 A＋B,A－B,A. ＊B,A. /B,A ＊ m。

在 MATLAB 命令窗中输入命令:

    A＝randn(3,4);

    B＝rand(3,4);

    m＝5;

    A＋B

则命令执行结果为:

    ans ＝

        0.3335   0.5196   0.3146   －0.9833

        2.9214   2.0022   0.0613   1.5275

        0.0399   0.9762   0.3523   1.6334

输入:

    A－B

则命令执行结果为:

    ans ＝

       －1.5101   －0.2918   －0.5059   －1.6890

        1.4450   0.1313   －1.7260   －0.0988

       －0.3127   －0.8576   0.2365   1.6137

输入:

    A. ＊B

则命令执行结果为:

    ans ＝

       －0.5423   0.0462   －0.0392   －0.4715

        1.6116   0.9979   －0.7438   0.5809

       －0.0240   0.0544   0.0170   0.0160

输入:

    A. /B

则命令执行结果为:

    ans ＝

       －0.6382   0.2808   －0.2331   －3.7866

        2.9574   1.1404   －0.9314   0.8784

       －0.7738   0.0647   5.0856   164.6397

输入:

    A ＊ m

则命令执行结果为:

```
ans =
      -2.9416     0.5697     -0.4782     -6.6809
      10.9159     5.3338     -4.1617      3.5716
      -0.6820     0.2964      1.4721      8.1178
```

4.4.4　程序流控制语句

在编制 MATLAB 程序时,经常用到 MATLAB 所提供的 3 种经典的程序控制流结构,分别是：for 循环、while 循环和 if-else-end 结构。这 3 种结构经常包含大量的 MATLAB 命令。

4.4.4.1　if 语句(选择语句)

复杂的计算中经常需要根据表达式的情况是否满足条件来确定下一步该执行什么。在 MATLAB 中提供了 if-else-end 语句来进行判断选择。If 与 else 连用,偏向于是非选择,当某个逻辑条件满足时,执行 if 后面的语句,否则执行 else 语句。大致可以分为 3 个步骤：

- if 后是判断表达式,程序运行过程中首先计算判断表达式；
- 如果判断表达式的计算结果为 0,则判断值为假,如果计算结果为 1,则判断值为真；
- 如果判断值为真,则执行其后面的执行语句,否则跳过,不予执行。

If-else-end 语句的一般格式为：

```
    if (逻辑表达关系式)
            程序语句;
    else(逻辑表达关系式)
            程序语句;
    end
```

【例 4.9】　判断 a=8 是否是偶数。

在 MATLAB 命令窗中输入：

```
    a=8;
    if rem(a,2)=0
        disp(strcat(num2str(a),'is an even number '));
    else
        disp(strcat(num2str(a),'is an odd number '));
    end
```

则命令执行结果为：

```
    8 is an even number
```

4.4.4.2　for 循环语句

for 循环语句是 MATLAB 提供的一类循环语句,它的循环判断条件通常是对循环次数的判断,即循环执行的次数已经确定。For 循环语句的一般格式为：

```
    for 循环变量=初值：终值
        循环程序语句
    end
```

for 循环让一组命令以预定的次数重复执行。

【例 4.10】　计算 1~500 所有整数的和 sum。

在 MATALAB 命令窗中输入：

  sum＝0；

  for i＝1：500

    sum＝sum＋i

  end

则命令执行结果为：

  sum＝

    125750

值得注意的问题是：

● for 循环语句必须以 end 作为语句的结束标志,否则后面的输入都被认为是 for 循环之内的内容；

● 循环语句中的分号";"可以防止中间结果的输出；

● 循环语句书写成锯齿形将增加程序的可读性。

4.4.4.3　while 循环语句

while 循环用于已知循环推出条件的情况。while 循环语句的一般格式为：

  while 条件表达关系式

    循环程序语句

  end

当条件表达关系式的结果为真时,就执行循环程序语句,一直到表达关系式的结果为假时,才退出循环。

【例 4.11】　while 循环语句示例。

在 MATLAB 命令窗中输入：

  a＝0；b＝5；

  while (0.3＋b)＞2.5

    b＝b/2

    a＝a＋1

  end

则命令执行结果为：

  b ＝

    2.5000

  a ＝

    1

  b ＝

    1.2500

  a ＝

    2

  b ＝

    0.6250

  a ＝

    3

4.4.5　MATLAB 数据绘图

MATLAB 提供了丰富的绘图函数和绘图工具,它们的输出都显示在 MATLAB 命令窗口外的一个图形窗口中,它由标题栏、菜单栏、工具条和图形区组成。

MATLAB 的标题栏:左侧显示的是该图形的文件名,右侧是图形最大、最小化及关闭按钮。

MATLAB 的菜单栏包括文件(File)、编辑(Edit)、视图(View)、插入(Insert)、工具(Tools)、桌面(Desktop)、窗口(Window)和帮助(Help)。菜单栏右侧的箭头可以把图形窗口显示在 MATLAB 桌面中。

默认视图下的 MATLAB 图形工具条仅包括以下功能的工具按钮:新建文件、打开文件、保存文件、打印文件;图形编辑模式开关;放大、缩小、平移、旋转;数据点标记;颜色条、图例;隐藏绘图工具。

MATLAB 的图形区用于显示通过绘图函数或者绘图工具绘制的目标图形,一般典型的图形包括标题、坐标轴、图形函数和标注等内容。

将数据图形化的方法主要有两种途径:一种是用户根据自己的需要编写 MATALAB 程序实现数据的可视化,前提条件是对 MATLAB 的绘图函数比较熟悉,这种情况经常遇到;另一种比较简单也比较常用的方法是利用 MATLAB 提供的图形绘制工具进行绘图,通过单击视图菜单(View)下的图形面板子菜单(Figure Palette)就可以打开图形面板,利用各种图形面板下的各种绘图工具对工作区变量进行绘图是比较方便的,而且在 MATLAB 的图形面板中还提供了丰富的图形标注工具。

4.4.5.1　MATLAB 绘图指令

利用 MATLAB 绘图时经常用到 MATLAB 的绘图指令,它们是 MATLAB 绘图的基础和精髓,需要好好掌握。

MATLAB 中绘制一个典型的图形,一般情况下需要遵从下面的 7 个步骤:

- 准备好作图的数据;
- 设置当前的绘图区域;
- 绘制图形;
- 设置图形中的曲线和标记点格式;
- 标注图形;
- 保存和导出图形。

上述绘图的 7 个步骤并不是完全固定的,使用者可以根据个人的习惯来改变部分步骤的顺序。MATLAB 中对图形曲线和标记点格式均有自带的默认设置,在一般情况下可以满足使用者的需要,如使用者对其有特殊要求,可以做个性化的设置。

4.4.5.2　MATLAB 的基本绘图函数

MATLAB 中最基本的绘图函数是:

- 直角坐标下的简单绘线函数 line。line 函数的常用格式为:line(x,y),其中 x,y 均为一维数据,line(x,y)是把(x(i),y(i))代表的各点用线段依次连接起来,从而绘制出一条折线。
- 核心绘图函数 plot 是 MATLAB 中最核心的二维绘图函数。plot 函数的常用格式为:plot(y),plot(x,y),plot(x1,y1,x2,y2,…,xn,yn)。plot 函数可以对多组数据同时绘图,此时 MATLAB 默认通过不同的颜色来区分各条曲线,也可以通过绘图指令来设置各条曲线的颜色、线形等属性,这时 plot 函数的格式为 plot(x1,y1,LineSpec,…),其中 LineSpec 用以指定曲线的颜色和线形等特征。

除了上述两种基本的绘图函数外,还有极坐标下的绘图函数,它在化工原理实验数据处理中不经常用到,所以不做介绍。

4.4.5.3 设置函数曲线和标记点的格式

MATLAB 对多组数据绘制图形时,需要突出显示原始数据点和区分不同数据点绘制的曲线,需对函数曲线的格式进行设置,上节中的 LineSpec 字符串就是用来指定曲线的线形、颜色以及数据点的标记类型。

表 4-6 中列出了 MATLAB 中可供选择的曲线类型、颜色和标记点类型。

表 4-6　LineSpec 可选字符串列表

曲线类型		颜　色		数据点标记类型	
标识符	意义	标识符	意义	标识符	意义
一	实线	r	红色	+	加号
一·	点划线	g	绿色	o	圆圈
一一	虚线	b	蓝色	*	星号
:	点线	c	蓝绿色	.	点
		m	洋红色	x	交叉符号
		y	黄色	square(或 s)	方格
		k	黑色	diamond(或 d)	菱形
		w	白色	ˆ	向上的三角形
				v	向下的三角形
				>	向左的三角形
				<	向右的三角形
				pentagram(或 p)	五边形
				hexagram(或 h)	六边形

在 MATLAB 设置上述属性外,还可以在 plot 绘图的同时设置绘制的曲线的宽度、标记点的大小、标记点边框的颜色、标记点填充颜色等,这些属性设置的一般格式为:plot(…,PropertyName,PropertyValue,…)。其中,可供选择的 Property Name 如表 4-7 所示。

表 4-7　MATLAB 绘图命令中可选的 PropertyName

PropertyName	意　义	选　项
LineWidth	线宽	数值,如 0.5,1,2.5 等,单位为 points
MarkerEdgeColor	标记点边框线条颜色	颜色字符,如'g'、'b'、'k'等
MarkFaceColor	标记点内部区域填充色	颜色字符
MarkerSize	标记点大小	数值,单位为 points

4.4.5.4　设置坐标轴和网格线

运用 MATLAB 的绘图函数绘制出基本图形后,有必要对图形进行美化,包括对坐标轴进行设置和图形标注等。

MATLAB 对坐标轴的设置包括坐标轴范围的设置、标度和纵横比等。

坐标轴范围的设置有四种模式:

● axis([xmin xmax ymin ymax]),设置坐标轴的范围在指定的区间范围内;

● axis auto,设置当前绘图区的坐标轴范围为 MATLAB 自动调整的区间;

● axis manual,冻结当前的坐标轴范围,以后叠加绘图都在当前的坐标范围内显示;

● axis tight,采用紧密模式设置当前的坐标轴范围,以用户数据范围为坐标轴范围。

坐标轴的比例设置有三种模式:

● axis equal,设置当前坐标轴的横纵坐标轴具有相同的单位长度,即等比例坐标轴;

● axis square,以当前绘图区的坐标轴范围为基础,将坐标轴区域调整为方格形;

● axis normal,自动调整纵横轴的比例,使当前坐标轴范围内的图形显示达到最佳效果。

值得注意的是,设置坐标轴范围的选项和设置坐标轴比例的选项可以在 axis 函数中联合使用。MATLAB 绘图中默认的坐标轴设置为 axis auto normal。

4.4.5.5　对数/半对数坐标系绘图

MATLAB 中除了用标准的直角坐标系来绘图之外,还可以用对数坐标系来绘图。MAT-LAB 提供三种对数坐标系函数:

● semilogx,x 轴采用对数刻度的半对数坐标系绘图函数;

● semilogy,y 轴采用对数刻度的半对数坐标系绘图函数;

● loglog,x 轴和 y 轴均采用对数刻度的对数坐标系绘图函数。

4.5.5.6　双纵轴绘图

在数据处理中,当对函数值变化范围差别较大的两组数据同时绘图时,会难以从图中辨识函数值变化范围较小的那组数据变化的细节,解决此类问题比较好的方法就是将此种类型的图改成双纵轴绘图。

MATLAB 提供了 plotyy 函数以实现双纵轴绘图,对两组数据分别采用左侧纵轴和右侧纵轴,它们的坐标轴范围相对独立,这样用户可以很好地辨析数据的变化细节。

plotyy 函数的基本格式为:plotyy(x1,y1,x2,y2,'function1','function2'),格式中的 function1 表示利用函数 function1 对数据(x1,y1)作图,function2 表示利用函数 function2 对数据(x2,y2)作图。当'function2'省略时,则表示也是利用 function1 对数据(x2,y2)作图。当'function1'和'function2'都省略时,则采用默认的 plot 函数对两组数据作图。

4.4.5.7　图形标题设置

为了提高 MATLAB 图形的区分度和可读性,需要对 MATLAB 绘出的图形加以标注和修饰。对图形进行标注时,要使得要标注的图形处于图形编辑模式打开的状态。常用的 MATLAB 标注方法有:

●　使用标注函数标注,命令标注函数有 title(设置标题)、xlabel 和 ylabel(设置横向和纵向坐标轴标签)、legend(设置图例)、colorbar(设置颜色条)、annotation(添加文本、线条、箭头、图框等标注元素)。

●　使用图形编辑工具条标注。打开 MATLAB 图形编辑工具条,单击视图菜单(View)下的图形编辑工具条菜单(Plot Edit Toolbar)(MATLAB 7)。工具条中各个按钮的名称依次为：填充色、边框色、文字颜色、字体、加粗、斜体、左对齐、居中对齐、右对齐、线条、单箭头、双箭头、带文字标注的箭头、文本、巨星、椭圆、锚定、对齐和分布。通过此工具条只能添加部分MATLAB 中的图形标注元素。在 MATLAB 其他版本中，MATLAB 提供的是 Figure Toolbar(图形工具条)，工具条中按钮依次为：New Figure(创建新图形)、Open File(打开文件)、Save Figure(保存图形)、Print Figure(打印图形)、Edit Plot(编辑曲线)、Insert Text(插入文本)、Insert Arrow(插入箭头)、Insert Line(插入线)、Zoom In(放大)、Zoom Out(缩小)、Rotate 3D(旋转 3 维图形)。版本不同，工具条的按钮也不同。

● 使用插入菜单(Insert)项进行标注。使用图形窗口的插入菜单(Insert)可以在图形中添加 MATLAB 提供的任何图形标注元素。在 MATLAB 7 中，Insert 所提供的标注元素包括 X Label(X 轴坐标签)、Y Label(Y 轴坐标签)、Z Label(Z 轴坐标签)、Title(图形标题)、Legend(图例)、Colorbar(颜色条)、Line(线)、Arrow(箭头)、Text Arrow(带文本的箭头)、Double Arrow(双箭头)、TextBox(文本框)、Rectangle(矩形框)、Ellipse（椭圆框)、Axes(坐标轴)和 Light(光影)。上述标注元素中，Z Label 和 Light 仅用于三维图形标注中，Axes 用于在已有图形中添加新的坐标轴，不用于标注。在 MATLAB 的其他版本中，提供了 X Label(X 轴坐标签)、Y Label(Y 轴坐标签)、Z Label(Z 轴坐标签)、Title(图形标题)、Legend(图例)、Colorbar(颜色条)、Line(线)、Arrow(箭头)、Text（文本)、Axes(坐标轴)和 Light(光影)等标注元素。

在添加图形的标题时，可以通过单击插入菜单，选择标题(Title)添加，具体的操作为：单击图形窗口中的 Insert，然后在其下拉菜单中点击 Title，闪动的文字光标出现在图形顶部，输入图形标题的内容。在 MATLAB 中，图形标题是被固定在图形顶端并且默认的对齐格式为"居中对齐"。

也可以使用 title 函数进行添加图形的标题，title 函数的语法格式一般为：

● title('string')，设置当前图形的标题为字符串 string 的值；

● title(…, 'PropertyName',PropertyValue, …)，添加或者设置图形标题，同时设置标题的属性，如字体、颜色、加粗等。

4.4.5.8　坐标轴标签设置

MATLAB 中图形坐标轴的名称可以使用插入菜单的 X Label 和 Y Label 来设置，MATLAB 默认将横轴名称放在横轴下方中间位置并且水平排列，纵轴名称放在纵轴左方位置并且垂直排列。坐标轴的名称属于文本，但有别于其他的普通文本标注。当用户平移、缩放坐标轴时，坐标轴的名称也会随着变化，以适应变化后的坐标轴的位置。

也可以通过函数 xlabel 和 ylabel 来添加和设置坐标轴的名称，这两个函数的语法格式一般为：

● xlabel('string')，设置横坐标轴的名称为字符串 string 的值；

● xlabel(…, 'PropertyName',PropertyValue, …)，设置横坐标轴的名称，同时设置其相关属性，如文字颜色、旋转角度、字体、加粗等。

4.4.5.9　图例的设置

MATLAB 中可以用图例来标注图形中不同颜色、线型的数据组的实际意义。用户可以通过单击插入菜单 Insert 的图例(Legend)项，或者使用 legend 命令来添加图例以标注图形中的多组数据，相对来讲，legend 函数在设置图例时更加方便，可以将图例的文字根据用户的要求来设置添加。

legend 函数的语法格式为：

● legend('string1'，'string2'，…)，添加图例，设置各组数据的图例文字为对应位置字符串 string 的值；

● legend('show')，显示图例；

● legend('hide')，隐藏图例；

● legend('off')，清除图例。

4.4.5.10　文本框标注

在 MATLAB 7 的版本中，还可以用文本框对图形加以标注。文本框可以标注在图形的任何位置。MATLAB 中，添加文本框可以通过单击插入菜单 Insert 下的文本框 TextBox 项，或者通过 text 和 gtext 命令来添加文本框标注。text 和 gtext 命令创建的文本框标注是在图形中相对固定的，当坐标轴平移或者缩放时，添加的文本框标注随着坐标轴一起移动的，通过其他方式添加的文本框标注一般不会随着坐标轴位置的改变而变化的。

text 是纯命令行的文本框标注函数，其语法格式一般为：

● text(x，y，'string')，在(x，y)坐标点的位置进行文本框标注，文本框内的内容为字符串 string 的值。

● text(…，'PropertyName'，PropertyValue，…)，设置文本框标注，同时设置其格式，如文本的字号、文本对齐方式。MATLAB 提供的文本框的对齐属性和可选择的对齐方式如表 4－8 所列。

表 4－8　文本框对齐属性和对齐方式

对齐属性 PropertyName	对齐方式 PropertyValue	说　　明
HorizontalAlignment	Left(MATLAB 默认)	水平方向左对齐
	Center	水平方向居中对齐
	Right	水平方向向右对齐
VerticalAlignment	Middle(MATLAB 默认)	垂直方向居中对齐
	Top	垂直方向顶端对齐
	Cap	垂直方向加帽对齐
	Baseline	垂直方向基线对齐
	Bottom	垂直方向底端对齐

gtext 是交互式的文本框标注函数，其语法格式一般为：

● gtext('string')，设置横坐标轴的名称，同时设置其相关属性，如文字颜色、旋转角度、字体、加粗等。

● gtext({'string1'，'string2'，'string3'，…})，可以在鼠标点击位置处标注一个多行文本框；

● gtext({'string1';'string2';'string3';…})，可以通过多次点击鼠标来标注多个文本框。

MATLAB 还提供了其他多种功能的图形标注功能，本书不再做具体的介绍，如用户在使用 MATLAB 的过程中用到其他元素、功能的标注，则可以查阅相应的工具书。

4.4.6　一维插值与运算

插值是指已知一组离散的数据点集,在集合内部某两个点之间预测函数值的方法。插值运算是指根据数据的分布规律,寻找适合的函数表达式,使其可以连接已知的各个数据点,并可以运用此函数表达式预测两点之间任意位置上的函数值。

在 MATLAB 中提供了一维插值、二维插值和高维插值的方法,因为在化工原理实验数据处理中,经常用到一维数据插值,所以本书重点介绍一维插值。

化工原理实验数据通常是一组离散的数据点集(x,y),它们之间的插值要用到一维插值。在 MATLAB 中一维插值的函数为 interp1,其常用的语法格式如下所示:

● $yi=interp1(x,y,xi)$,由已知的点集(x,y)插值计算 xi 上的函数值 yi;

● $yi=interp1(y,xi)$,相当于 $x=1:length(y)$ 的 $interp1(x,y,xi)$;

● $yi=interp1(x,y,xi,method)$,用指定的插值方法计算插值点 xi 上的函数值 yi;

● $yi=interp1(x,y,xi,method,\,'extrap')$,对 xi 中超出已知点集的插值点用指定方法计算函数值 yi;

● $yi=interp1(x,y,xi,method,\,extrapval)$,用指定的方法计算插值点 xi 上的函数值 yi,对 xi 中超出已知点集的插值点的函数值取 extrapval;

● $yi=interp1(x,y,method,\,'pp')$,用指定方法进行插值,但是返回结果为分段多项式形式。

MATLAB 中提供了多种一维插值的算法 method,经常用到的 method 如下所示:

● nearest,寻找最近的数据点,由其得出函数值:插值点处函数值取与插值点最邻近的已知点上的函数值。特点是:运算速度快,占用内存小,但是误差较大,而且插值结果不光滑。

● linear,分段线性插值,是 MATLAB 默认的运算方法:由连接其最临近的两侧点的线性函数预测插值点处的函数值。特点是:在运算速度和误差之间取得了相对较好的均衡,插值函数具有连续性,但是插值结果不很光滑。

● spline,样条插值,默认为三次样条插值,可用 spline 函数代替。特点:运算耗时较长,插值函数及插值函数的一阶、二阶导函数均连续,所得插值结果光滑,当数据点不均匀分布时可能会出现异常结果。

● cubic,三次 Hermit 多项式插值,其插值函数及其一阶倒数均为连续。特点:插值结果比较光滑,运算速度略快于 spline 法,内存占用较多。

MATLAB 中提供的插值运算可以分为内插和外插两种:

● 内插:对已知数据点集内部的插值点进行插值运算,可以根据已知数据点的分布,构建能够代表分布特性的函数关系,比较准确地估测插值点上的函数值。

● 外插:对落在已知数据点集外的插值点进行插值运算。用外插来估计函数值相对来说比较困难。

4.4.7　曲线拟合

曲线拟合是数据分析中常用的方法,即在两组数据之间建立一种已知形式的函数关系,使得通过这种函数关系预测得到的数据结果与实际测量的数据有最大程度的吻合,这种功能在化工原理实验数据处理中也经常用到。

在 MATLAB 中经常用多项式,用行向的一维数组来表示多项式,数组元素为多项式的系

数,并按照从高阶到低阶的顺序排列。例如多项式:

$$m(x) = 5x^5 - 4x^4 + 3x^3 - 2x^2 + x$$

在 MATLAB 中则可以用数组将上述多项式表示为:

$$m = [5 \ -4 \ 3 \ -2 \ 1 \ 0]$$

表示多项式的最高阶系数为 5,随着阶数的递减,系数依次为 $-4,3,-2,1,0$,除去一个常数项,m 表示 5 次多项式。值得注意的是,多项式中某些阶的系数为 0 时,在用数组表示时,必须用 0 补齐这些系数。

基于最小二乘法,MATLAB 可进行数据拟合的基本方法有两种:

● 在命令窗口下使用内部函数进行拟合。MATLAB 中多项式曲线拟合的函数是 polyfit,其语法格式一般为:

$$p = polyfit(x, y, n)$$

表示返回一个 n 阶多项式的系数数组 p,表示 polyval(p, x(i)) 能在最小二乘法的意义上拟合 y(i)。

● 使用基本拟合工具进行拟合。在 MATLAB 中还可以使用图形用户界面的基本拟合工具进行数据拟合。

点击图像窗口中的 Tools 菜单下的"Basic fitting"子菜单,弹出基本拟合窗口。在拟合窗口中可以选择待拟合的数据集、中心化和归一化数据、悬着拟合方式、在图像中显示拟合函数和残差分布图等。选择好后,点击界面下的"→",则在图形窗口中绘出相应的拟合曲线,并列出曲线的拟合模型。单击窗口上的"Save to workspace"按钮,可以把拟合参数的计算值和指定点的函数值保存到 MATLAB 工作区中指定名称的变量中。

4.4.8　应用示例:离心泵特性曲线测定实验数据处理

已知在离心泵特性曲线测定的实验中,实验条件为:水温 14℃,压力表与真空表引压口之间的垂直距离 $h = 0.20$m,吸入管尺寸:$\varnothing 38 \times 2.5$,压出管尺寸:$\varnothing 57 \times 3.5$。实验中的流量、压力表、真空表、电功率如例 4.4 中的表格所示。电动机的效率为 0.51,传动效率为 0.98。使用 MATLAB 对实验数据进行处理,计算离心泵的扬程(单位:mH_2O 柱)、轴功率(单位:kW)和效率。

解题思路如下:

(1) 在 MATLAB 命令窗口中输入已知条件。

输入:

Q=[0.0 1.2 2.4 3.6 4.8 6.1 7.4 8.7 10.0 11.1 12.4 14.0];

　　　　　　　　　　　　　　　　　　%输入流量计示数

p2=[0.205 0.195 0.201 0.200 0.198 0.192 0.185 0.175 0.160 0.152 0.122 0.062];

　　　　　　　　　　　　　　　　　　%输入压力表示数

p1=[0.006 0.007 0.008 0.009 0.0098 0.011 0.012 0.013 0.0145 0.016 0.018 0.02];

　　　　　　　　　　　　　　　　　　%输入真空表示数

w=[939 1019 1039 1091 1121 1155 1187 1196 1209 1251 1263 1231];

　　　　　　　　　　　　　　　　　　%输入电功率

h=0.20;

g＝9.81；
　　　d2＝(38－2＊2.5)/1000；
　　　d1＝(57－2＊3.5)/1000；
（2）计算操作温度下水的密度。
输入：
　　　tem＝[0 10 20 30 40]；　　　　　　　　　　%输入温度范围
　　　den＝[999.9 999.7 998.2 995.7 992.2]；　　　%输入相应的密度范围
　　　den1＝polyfit(tem,den,3)　　　　　　　　　　%拟合密度与温度的曲线
命令执行结果为：
　　　den1＝
　　　　　0.0000　　－0.0069　　0.0446　　999.9043
输入：
　　　t＝14.00；
　　　den14＝－0.0069＊t^2＋0.0446＊t＋999.9043
命令执行结果为：
　　　den14＝
　　　　　999.1736
（3）计算离心泵的扬程 H。
输入：
　　　u1＝Q＊4/3.142/d1^2/3600；　　　　　　　　%计算吸入管内水的流速
　　　u2＝Q＊4/3.142/d2^2/3600；　　　　　　　　%计算压出管内水的流速
　　　H＝(p2＋p1)＊102＋(u2.^2－u1.^2)/(2＊g)＋h
命令执行结果为：
　　　H ＝
　　　　Columns 1 through 7
　　　21.7220　20.8103　21.5431　21.5745　21.4960　21.0681　20.5325
　　　　Columns 8 through 12
　　　19.7057　18.4346　17.8727　15.1498　9.4178
（4）计算离心泵的轴功率 $N_{轴}$；
输入：
　　　djxl＝0.51；
　　　cdxl＝0.98；
　　　Nz＝1.732＊djxl＊cdxl＊w/1000　　　　　　　%计算轴功率,单位 kW
命令执行结果为：
　　　Nz ＝
　　　　Columns 1 through 9
　　　　0.8128　　0.8821　　0.8994　　0.9444　　0.9704　　0.9998　　1.0275
　1.0353　　1.0466
　　　　Columns 10 through 12
　　　　1.0829　　1.0933　　1.0656

（5）计算离心泵的效率 xl；

输入：

Ne＝H. ＊Q. ＊den14＊g/3600/1000；　　　　　%计算泵的有效功率，单位：kW

xl＝Ne. /Nz　　　　　　　　　　　　　　　　%计算泵的效率

命令执行结果为：

xl ＝

　　Columns 1 through 8

　　0　　0.0771　　0.1565　　0.2239　　0.2895　　0.3500　　0.4026　　0.4509

　　Columns 9 through 12

　　0.4796　　0.4988　　0.4678　　0.3369

（6）绘制离心泵的三条特性曲线

输入：

plot(Q,xl)

hold on

plotyy(Q,Nz,Q,H)

grid on

命令执行结果如图 4 - 67 所示。

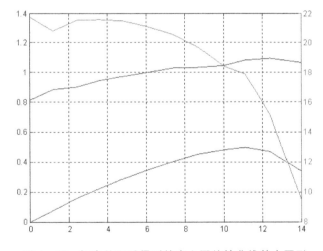

图 4 - 67　初步处理后得到的离心泵特性曲线基本图形

（7）对图形进行标注

输入：

gtext('Nz/kW')

gtext('η')

gtext('H/m')

xlabel('Q/(m^3/H)')

title('离心泵特性曲线图')

gtext('H - Q 曲线')

gtext('Nz - Q 曲线')

gtext('η－Q 曲线')

命令执行结果如图 4－68 所示。

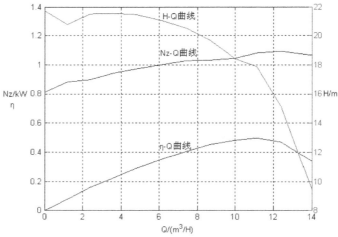

图 4－68　加入标注后得到的离心泵特性曲线

（8）求得 H－Q 曲线、Nz－Q 曲线和 xl－Q 曲线的拟合公式。

输入：

　　HH＝polyfit(Q,H,4)

命令执行结果为：

　　HH ＝

　　　－0.0010　　0.0167　　－0.1174　　0.2529　　21.3649

输入：

　　gtext('H＝－0.0010Q⁻4＋0.0167Q⁻3－0.1174Q⁻2＋0.2529Q＋21.3649')

输入：

　　NzNz＝polyfit(Q,Nz,2)

命令执行结果为：

　　NzNz ＝

　　　－0.0014　　0.0378　　0.8226

输入：

　　gtext('Nz＝－0.0014Q⁻2＋0.0378Q＋0.8226')

输入：

　　xlxl＝polyfit(Q,xl,4)

命令执行结果为：

　　xlxl ＝

　　　－0.0001　　0.0010　　－0.0085　　0.0828　　－0.0043

输入：

　　gtext('η＝－0.0010Q⁻4＋0.001Q⁻3－0.0085Q⁻2＋0.0828Q－0.0043')

得到的结果如图 4－69 所示。

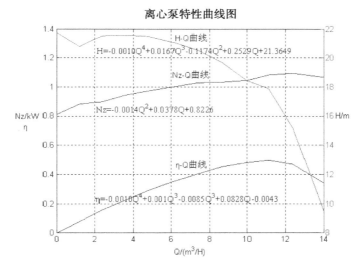

图 4 - 69　最终得到的离心泵特性曲线图

　　所以综合整个计算过程,得到的离心泵特性曲线测定实验的数据处理结果如表 4 - 9 所示。

表 4 - 9　离心泵特性曲线实验数据处理结果表

No	流量 Q /(m³/h)	压力表 p_2 /MPa	真空表 p_1 /MPa	电功率 w /W	扬程 H /m	轴功率 N_z /kW	泵效率 η
1	0	0.205	0.006	939	21.7220	0.8128	0
2	1.2	0.195	0.007	1019	20.8103	0.8821	0.0077
3	2.4	0.201	0.008	1039	21.5431	0.8994	0.0157
4	3.6	0.2	0.009	1091	21.5745	0.9444	0.0224
5	4.8	0.198	0.0098	1121	21.4960	0.9704	0.0290
6	6.1	0.192	0.011	1155	21.0681	0.9998	0.0350
7	7.4	0.185	0.012	1187	20.5325	1.0275	0.0403
8	8.7	0.175	0.013	1196	19.7057	1.0353	0.0451
9	10	0.16	0.0145	1209	18.4346	1.0466	0.0480
10	11.1	0.152	0.016	1251	17.8727	1.0829	0.0499
11	12.4	0.122	0.018	1263	15.1498	1.0933	0.0468
12	14	0.062	0.02	1231	9.4178	1.0656	0.0337

第 5 章   化工原理常见物理量的测量

流体的温度、压强、流量等参数是化工生产和实验中必须测量的基本参数,化工中用以测量温度、压强、流量等参数的仪器、仪表的准确度对实验结果影响很大,了解化工常见物理量的测量方法,合理地选择和使用仪表,既可节省投资,还能得到满意的结果。下面就温度、压强、流量等参数测量时所用仪表的基本原理、特性、安装及应用作简要的介绍。

5.1   温   度   测   量

许多化学反应都伴随有吸热或放热现象发生,例如,硝化反应和氧化反应都是强放热反应,要保持较高的反应速率和选择性,只有控制好了温度,才有可能实现;否则,不仅不能得到较好的反应结果,而且还有发生危险的可能。而在化学工程实验中几乎每个实验都需要测定操作流体的温度,以确定各种流体的物性(如密度、黏度、热容、热导率等);与加热冷却有关的实验(如传热、干燥、精馏)要测量操作流体的温度;一些常温下的单元操作(如吸收、萃取、流体力学等实验)也要测量操作流体的温度;相平衡数据(如液—液平衡)也一定要控制在恒定的温度下测定。因此,温度的测量和控制是保证化工生产和化学实验正常、安全进行的重要环节。

温度是表示物料冷热程度的物理量,但温度是不能直接测量的。为了测量温度,人们利用某些物质随冷热程度不同而发生变化的物理性质,通过冷热物质的热量交换来间接测量。例如,常用的水银温度计就是根据水银的体积随温度的变化而变化的原理设计的。当水银温度计插入被测介质后,被测介质的热量通过热交换传递给水银,达到平衡后,水银柱的高度就代表了温度的高低。常用的物理性质有体积、压力、电阻和热电势等。实验室和工业上常用的测温仪表有两类:一类是接触式测温仪表,包括膨胀式温度计、压力式温度计、热电阻温度计和热电偶温度计等;另一类是非接触式测温仪表,主要有辐射式温度计和红外线温度计等。由于化工生产和化工实验中应用较多的主要是接触式测温仪表,因此本书主要介绍接触式测温仪表。

5.1.1   膨胀式温度计

5.1.1.1   玻璃液体温度计

玻璃液体温度计是利用液体的体积随温度的变化而变化的原理设计的,液体被填充在厚壁玻璃毛细管中。常用的液体有水银、甲苯、酒精、煤油、戊烷和石油醚等。其测温范围通常为−80～500℃。玻璃液体温度计也可以设计为带电接点温度计,用于温度控制和信号报警等自动控制装置上。根据其精度和用途的不同,玻璃液体温度计可以分为工业用、实验室用和标准水银温度计三种。

工业用的玻璃液体温度计常做成棒式、内标尺式和外标尺式(图 5 - 1),并有保护套管,其测量部分可以根据需要做成 90°、135°和 180°等结构，如图 5-1 所示。由于玻璃液体温度计具有结构简单、使用方便、价格便宜、测量也较精确等优点，所以在实验室和生产中都获得了广泛的应用。但玻璃液体温度计用于测量要求较高的场合时需要校正，校正方法有两种，一种是与标准温度计在同一状况下比较，另一种是利用纯物质相变点进行校正。

实验室用的温度计一般具有较高的精度和灵敏度，其测量范围为 $-30 \sim 300℃$。标准水银温度计有一等和二等两种：一等标准水银温度计又有 9 支一套

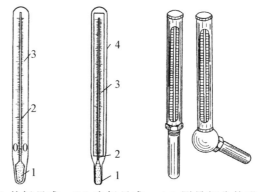

(a) 外标尺式　(b) 内标尺式　(c) 测量部分外形

图 5-1　玻璃管液体温度计

1-玻璃感温包　2-毛细管　3-刻度标尺　4-玻璃外壳

（0～100℃的最小分度值为 0.05℃，其余的最小分度值为 0.1℃）和 13 支一套（最小分度值均为 0.05℃）两种；二等标准水银温度计为 7 支一套，最小分度值为 0.1℃，常用于温度计的校验和实验研究中温度的精密测量等场合。目前，水银温度计的分度值最小可达 0.01℃。由于分度值愈小，制造愈困难，价格也愈高，所以选择温度计时，应以适用为原则，切不可盲目提高精度等级，造成不必要的浪费。

5.1.1.2　固体膨胀式温度计

固体膨胀式温度计的感温元件是一端将膨胀系数不同的两种金属片牢固地焊接在一起，当温度变化时，由于两种金属片的膨胀系数不同而产生弯曲变形，使自由端产生位移，将自由端的这种位移与温度的函数关系通过传动机构带动指针偏转而指示出相应的温度，如图 5-2 所示。为了提高固体膨胀式温度计的灵敏度，选择的两种金属片应该具有较大的伸长弯曲程度，因此，常将双金属片做成直螺旋和盘螺旋形式。固体膨胀式温度计有 1、1.5 和 2 三个精度等级，其使用温度范围为 $-80 \sim 600℃$，适用的环境温度范围为 $-40 \sim 60℃$，使用时不允许超过此范围，以免金属片老化而影响使用寿命。

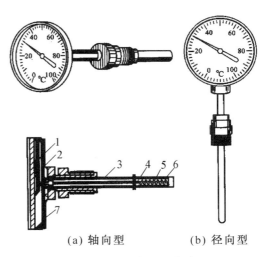

(a) 轴向型　　　　　(b) 径向型

图 5-2　双金属温度计

1-指针　2-表壳　3-金属保护管　4-指针轴
5-双金属感温元件　6-固定端　7-刻度盘

5.1.2　压力式温度计

压力式温度计主要由感温包、毛细管和弹簧管等部分组成，为一密闭系统，系统内充有感温物质，如图 5-3 所示。测温时，将感温包置入被测介质中，当被测介质温度发生变化时，感温包内的压强发生相应的变化，将这种压强变化通过毛细管传递给弹簧管，由于弹簧管的一端是固定的，另一端为自由端，压力的变化将使弹簧管自由端产生位移，再通过传动机构将这种位移传递给指针而指示出相应的温度。这种温度计的测量范围为 $-100 \sim 500℃$。根据用途不

同,压力式温度计可以设计为指示式、记录式、报警式(带电接点)和调节式等类型。压力式温度计的毛细管最长可达60m,因此,可以在一定距离内显示、记录和控制。

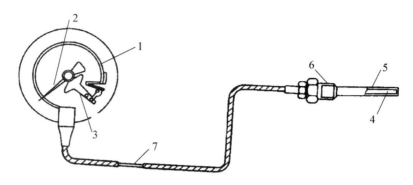

图5-3　压力式温度计结构

1-弹簧管　2-指针　3-传动机构　4-工作介质
5-感温包　6-螺纹连接件　7-毛细管

5.1.3　热电阻温度计

热电阻是广泛用于温度测量的感温元件,它是基于金属或半导体的电阻随温度变化而变化的原理设计的。普通热电阻的基本结构如图5-4所示。热电阻温度计主要由热电阻和二次显示仪表组成。二次显示仪表的作用是根据电阻和温度的函数关系将电阻信号转换成相应的温度显示。

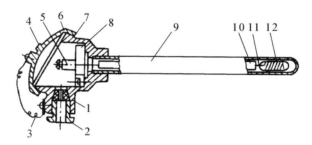

图5-4　普通热电阻结构

1-出线孔密封圈　2-出线孔螺母　3-链条　4-面盖
5-接线柱　6-密封圈　7-接线盒　8-接线座
9-保护管　10-绝缘子　11-热电阻　12-骨架

能够用来制作热电阻感温元件的金属在一定温度范围内其电阻值应与温度呈线性或近似线性关系,目前工业和实验研究常用的热电阻主要有铜电阻、铂电阻和半导体热敏电阻三种。

5.1.3.1　铜电阻温度计

铜电阻的优点是铜易于提纯和加工成丝,价格便宜,在-50～150℃温度范围内,电阻随温度呈线性关系变化。但是,当温度超过150℃后铜容易被氧化,使电阻与温度的线性关系变差。铜的电阻率较小,为了保证一定的初始电阻值,必须采用很细的铜电阻丝,因此,铜电阻的机械强度较差,测温时滞后时间也较长。铜电阻和温度的函数关系为

$$R_T = R_0(1 + \alpha T)$$

(5-1)

式中：R_T——温度为 T 时的铜电阻值，Ω；

　　　R_0——温度为 0℃ 时的铜电阻值，Ω；

　　　T——被测介质温度，℃；

　　　α——平均温度电阻系数，$4.25 \times 10^3\,\Omega/℃$。

由式（5-1）可以看出，R_T 值与 R_0 有关，因此，要确定 $R_T \sim T$ 的关系，必须先确定 R_0。常用的铜电阻有多种规格，如 $R_0 = 50\Omega$、$R_0 = 53\Omega$ 和 $R_0 = 100\Omega$ 等。与这几种铜配套的二次显示仪表应与相应铜电阻的分度号一致。

5.1.3.2　铂电阻温度计

铂丝也是一种常用的制造热电阻的材料，它易于提纯，具有良好的复制性，介质的耐氧化性能力比铜电阻强得多，电阻与温度的线性关系范围也比铜电阻大得多，其使用范围为 $-260 \sim 630℃$，但它易受还原性介质的影响而变脆。在 $0 \sim 630℃$ 的温度范围内，铂电阻与温度的函数关系可以用下式表示：

$$R_T = R_0(1 + AT + BT^2 + CT^3) \tag{5-2}$$

式中：R_T—— 温度为 T 时的铂电阻值，Ω；

　　　R_0——温度为 0℃ 时的铂电阻值，Ω；

　　　T——被测介质温度，℃；

　　　A、B、C——为常数，其值分别为：$A = 3.950 \times 10^{-3}\,\Omega/℃$，$B = 5.850 \times 10^{-3}\,\Omega/℃^2$，$C = -4.22 \times 10^{-22}\,\Omega/℃^3$。

与铜电阻温度计一样，常用的铂电阻温度计的 R_0 值也有多种，如 R_0 值为 46Ω，100Ω 和 300Ω 等，配套使用的二次显示仪表也应与相应铂电阻的分度号一致。

5.1.3.3　半导体热敏电阻

半导体热敏电阻是半导体温度计的感温元件，半导体热敏电阻是由各种金属的氧化物按一定的比例混合、研磨、成型，并加热到一定的温度后结成的坚固整体。与金属导体的热敏电阻不同，它属于半导体，具有负电阻温度系数，其电阻值随温度的升高而减小，随温度的降低而增大。热敏电阻可制成各种形状，具有良好的耐腐蚀性，且热惯性小，灵敏度高，寿命长，其使用温度范围为 350℃ 以下。

5.1.3.4　热电阻温度计在使用时应注意的事项

（1）感温元件之间和感温元件与外壳之间应有良好的绝缘。

（2）测量变化的温度时，常有动态误差存在，必须注意选择具有适当时间常数（热惰性）的温度计。

（3）测量热电阻温度计的电阻值时，不论采用什么方法都会有电流通过，电流的热效应必将使感温元件自身温度上升，这种现象称为温度计的自热现象。为了使自热现象对测量的影响不超过 1mA，对于一般的电阻温度计，要求工作电流不超过 6mA，这时自热现象对测量的影响不超过 0.1℃。因此，热电阻温度计不能用于测量高温，避免因流过电流大时发生自热现象而影响测温的准确度。

5.1.4　热电偶温度计

热电偶温度计是根据热电效应制成的一种测温元件。它结构简单，坚固耐用，使用方便，精度高，测温范围宽，便于远距离、多点、集中测量和自动控制，是应用广泛的一种温度计。普通热电偶结构如图 5－5 所示。

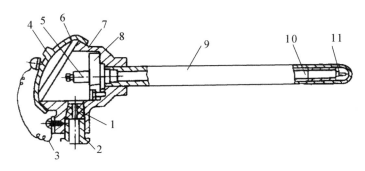

图 5－5　普通热电偶结构
1-出线孔密封圈　2-出线孔螺母　3-链条　4-面盖
5-接线柱　6-密封圈　7-接线盒　8-接线座
9-保护管　10-绝缘子　11-热电偶

5.1.4.1　热电偶温度计的基本原理

取两根不同材料的金属导线 A 和 B，若将其两端焊在一起，就组成了一个闭合回路。如将其一端加热，使该接点处的温度 T 高于另一个接点处的温度 T_0，由于两金属的接点温度不同（$T>T_0$），就产生了两个大小不等、方向相反的热电势 $e_{AB}(T)$ 和 $e_{AB}(T_0)$。如果在此回路中串联一只直流毫伏计，就可见毫伏计中有电势指示，这种现象称为热电现象。热电现象是因为两种不同金属的自由电子密度不同，当两种金属接触时，在两种金属的交界处就会因电子密度不同而产生电子扩散，扩散结果是在两种金属的接触面两侧形成静电场，即接触电势差。这种接触电势差仅与两金属的材料和接触点的温度有关，温度愈高，金属中的自由电子就越活跃，致使接触处所产生的电场强度增加，接触面电势也相应增高。根据这个原理制成的温度计就称为热电偶温度计。

闭合回路中总的热电势 $E(T,T_0)$ 为

$$E(T,T_0) = e_{AB}(T) - e_{AB}(T_0) \qquad (5-3)$$

或　　　$$E(T,T_0) = e_{AB}(T) + e_{AB}(T_0) \qquad (5-4)$$

也就是说，总的热电势等于热电偶两接点热电势的代数和。当材料 A、B 固定后，热电势是接点温度 T 和 T_0 的函数之差。如果一端温度 T_0 保持不变，即 $e_{AB}(T_0)$ 为常数，则热电势 $E(T,T_0)$ 就成为温度 T 的单值函数了，而与热电偶的长短及直径无关。这样，只要测出热电势的大小，就能判断测温点温度的高低，这就是利用热电现象来测温的原理。

利用这一原理，选择符合一定要求的两种不同材料的导体，将其一端焊起来，就构成了一支热电偶。焊点的一端插入测温对象，称为热端或工作端，另一端称为冷端或自由端。

利用热电偶测量温度时，必须要用某些显示仪表（如毫伏计或电位差计等）来测量热电势的数值。测量仪表往往要远离测温点，这就需要接入导线 C，这样就在 A、B 所组成的热电偶回路中加入了第 3 种导线，从而构成新的接点。实验证明，在热电偶回路中接入第 3 种金属导线对原热电偶所产生的热电势数值并无影响，不过必须保证引入导线两端的温度相同。同理，如果回路中串入多种导线，只要引入线两端温度相同，也不影响热电偶所产生的热电势数值。

5.1.4.2　常用热电偶的特性

几种常用热电偶的特性数据见表 5－1。使用者可以根据表中列出的数据，选择合适的二

次仪表,确定热电偶的使用范围。

表 5-1 常用热电偶特性数据

热电偶名称	型号	分度号	100℃时的热电势/mV	最高使用温度/℃	
				长期	短期
铂铑₁₀-铂	WRLB	LB-3	0.634	1300	1600
镍铬-考铜	WREA	EA-2	6.95	600	800
镍铬-镍硅	WRN	EU-2	4.095	900	1200
铜-康铜	WRCK	CK	4.29	200	300

* 下标数字表示该金属的含量,例如,铂铑₁₀表示该极含铂 90%,铑 10%。

5.1.4.3 热电偶的校验

对新焊好的热电偶需校对电势-温度是否符合标准,检查有无复制性,或进行单个标定。对所用热电偶要定期进行校验,测出校正曲线,以便对高温氧化产生的误差进行校正。

表 5-2 所示的检验温度和检验设备可根据测定温度范围而定,例如实验室测温在 100℃左右,故可用油浴恒温槽检验,在所测温度范围内找 3～4 个点,利用标准温度计(如二等玻璃管温度计)与热电偶进行比较。

表 5-2 热电偶校正检验点表

热电偶名称	检验温度/℃	检验设备
铂铑₁₀-铂铑₆	100,1200,1400,1554	管式电炉
镍铬-考铜	300,400,600	油浴槽、管式电炉
铜-康铜	-196,-100,100,300	液氨槽、油浴槽

5.1.5 常用温度计的比较和选择

实验室和工业上常用的温度计的适用范围、优缺点比较见表 5-3 所示。

表 5-3 常用温度计的比较

类别	温度计名称	测温原理	测量范围/℃	优点	缺点
膨胀式	玻璃液体温度计	热膨胀体积量随温度变化	-80～500	结构简单,价格低廉,使用方便	易碎,不能远传和记录
	双金属温度计	热膨胀变形量随温度变化	-80～600	结构紧凑、可靠	精度低,量程和使用范围有限
压力式	液体 气体 蒸汽	在定容条件下,压力随温度变化	-100～500 -50～500 -20～300	结构简单,价格低廉,耐震动、防爆,能够记录和报警	精度低,传送距离小,滞后较大
热电阻	铂 铜 半导体热敏	电阻值随温度变化	-260～630 150 以下 350 以下	能远距离、多点和集中测量及自动控制,精度高	环境温度影响大,不能测量高温
热电偶	铜-康铜 镍铬-康铜 镍铬-考铜 镍铬-镍硅 铂铑-铂	热电效应	-100～370 -250～871 0～600 0～1000 200～1400	测温范围广,精度高,便于远距离、多点、集中测量和自动测量	需要冷端补偿,不宜于低温测量

温度计的选择和使用应该考虑如下几点：

（1）被测系统对测温范围和测温精度的要求；

（2）被测介质对感温元件耐腐蚀性的要求；

（3）被测系统的温度是否需要显示、记录和传送；

（4）被测系统对感温元件尺寸的要求；

（5）对于本书介绍的接触式温度计，感温元件必须与被测系统保持良好的接触，并对环境不产生热交换，否则，将对测温精度产生较大的影响；

（6）感温元件插入被测系统的深度，不同的感温元件是不同的，对于液体膨胀式温度计，液柱部分必须全部浸入被测系统中，否则必须校正。通常，在气体介质中，感温元件的插入深度为其保护管直径的 10～20 倍为宜。

5.2　压　强　测　量

在化工生产和实验研究工作中，压强是一个重要的物理量，是自动控制和安全操作的一个基本参数。通过压强的测定，可以获得一些有用的信息。例如，测定了水蒸气的压强就可以知道水蒸气的温度；在精馏、吸收等化工单元操作中需要测量塔顶、塔釜的压强，以便了解塔的操作情况；考察流体流动阻力时，需要测量流体流过管道的压降；泵性能实验中需要测量泵的进出口压强，以便了解泵的性能和安装是否正确；压滤过程中操作压强也是非常重要的参数；在化学反应过程中，由于压强会影响物料平衡关系及反应速率，对反应系统进行压强的测定，可间接地了解反应的状况。因此，压强或压强测量在化工实验和科学研究中占有重要的地位，是保证化工生产过程良好运行，达到高产、优质、低耗及安全生产的重要环节。在实际的化工生产和实验过程中测量压强的范围可从几十帕、几百兆帕表压到真空，测量范围广，所需的精度也各不相同。目前用于测压的仪器、仪表种类繁多，测压的原理也有很大的差异。测量压强的方法通常有液柱法、弹性形变法和电测压力法三种，本书仅介绍一些实验室常用的测压仪器。

5.2.1　液柱式压强计

液柱式压强计是基于液柱所产生的压强与被测介质压强相平衡的流体静力学原理设计的，它结构简单，精度较高，既可用于测量流体的压强，又可用于测量流体的压差。

液柱所用的工作液体种类很多，可以采用单纯物质，也可以用液体混合物。液柱所用的液体在与被测介质接触处必须有一个清楚而稳定的分界面，即所用的液体不能与被测介质发生化学作用或混合作用，以便准确地读数。同时，所用液体的密度及其与温度的关系必须是已知的，液体在环境温度的变化范围内不应汽化或凝固。常用的工作液体有水银、水和酒精。当被测压强或压强差很小且流体是水时，还可以使用甲苯、氯苯、四氯化碳等作为指示液。

液柱式压强计测量的是液面的相对垂直位移，因此上限一般为 1.5m 左右，下限为 0.5m 左右，否则就不便于观察，因此液柱式压强计的使用范围约在 1m 液柱。

液柱式压强计按结构分，有正 U 型管压差计、倒 U 型管压差计、单管压差计、斜管压差计和 U 型管双指示压差计。其结构及特性见表 5－4 所示。

表 5-4　液柱式压强计的结构及特性

名称	示意图	测量范围	静态方程	备注
正 ∪ 型管压差计	p_1　p_2	高度 h 不超过 800mm	$\Delta p = hg(\rho_A - \rho_B)$（液体） $\Delta p = hg\rho$（气体）	零点在标尺中间,用前不需调零,常用于标准压力计校正
倒 ∪ 型管压差计	空气 液体	高度 h 不超过 800mm	$\Delta p = hg\rho$	以待测液体为指示液,适用于较小压差的测量
单管压差计		高度 h 不超过 1500mm	$\Delta p = h\rho(1 + S_1/S_2)g$（液体） 当 $S_1 \ll S_2$ 时, $\Delta p = h\rho g$ S_1：垂直管面积 S_2：扩大室面积	零点在标尺下端,用前需调整零点,可用作标准器
斜管压差计		高度 h 不超过 200mm	$\Delta p = l\rho(\sin\alpha + S_1/S_2)g$（液体） 当 $S_1 \ll S_2$ 时, $\Delta p = l\rho g\sin\alpha$ S_1：垂直管面积 S_2：扩大室面积	α 小于 $15° \sim 20°$ 时,可通过改变 α 的大小来调整测量范围。零点在标尺下端,用前需调整
型管双指示压差计		高度 h 不超过 500mm	$\Delta p = hg(\rho_A - \rho_C)$	U 型管中装有 A 和 C 两种密度相近的指示液,且两臂上方有扩大室,旨在提高测量精度

5.2.2　弹性形变压强计

弹性形变压强计是利用各种形式的弹性元件作为敏感元件来感受压强,并以弹性元件受压后变形产生的反作用力与被测压强平衡,此时弹性元件的变形就是压强的函数,这样就可以用测量弹性元件的变形(位移)的方法来测得压强的大小。

弹性形变压强计主要由弹簧管、齿轮传动机构、示数装置(指针和分度盘)以及外壳等部分组成,其结构如图 5-6 所示。

弹簧管 2 是一根弯成圆弧形的横截面为椭圆形的空心管子。椭圆的长轴与通过指针 1 的轴芯的中心线相平行,弹簧自由端是封闭的,它借助于拉杆 4 和扇形齿轮 5 以铰链的方式相

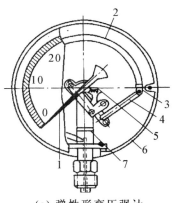

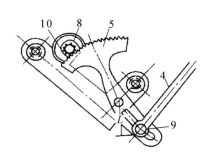

(a) 弹性形变压强计　　　　　　　(b) 齿轮传动机构

图 5-6　弹性形变压强计结构

1-指针　2-弹簧管　3-接头　4-拉杆　5-扇形齿轮

6-壳体　7-基座　8-齿轮　9-铰链　10-游丝

连,扇形齿轮 5 和小齿轮 8 啮合,在小齿轮的轴心上装着指针。为了消除扇形齿轮和小齿轮之间的间隙活动,在小齿轮的转轴上装置了螺旋形的游丝 10。

　　弹簧管的另一端焊在仪表的壳体上,并与管接头相通,管接头用来把压强计与需要测量压强的空间连接起来,介质由所测空间通过细管进入弹簧管的内腔中。在介质压力的作用下,弹簧管由于内部压力的作用,其断面极力倾向于变为圆形,迫使弹簧管的自由端产生移动,这一移动距离即管端位移量借助拉杆 4 带动齿轮传动机构 5 和 8,使固定在齿轮 8 上的指针 1 相对于分度盘旋转,指针旋转角的大小正比于弹簧管的自由位移量,亦即正比于所测压强的大小,因此可借助指针在分度盘上的位置指示出待测压强值。

　　弹性形变压强计是一种机械式压力表,用于测量正压的称为压力表,用于测量负压的称为真空表,其结构及特性见表 5-5。常用的弹性元件有弹簧管、膜片、膜盒、皱纹管等,其中弹簧管压强计的测量范围宽,应用最广泛,波纹膜片和波纹管多用于微压和低压测量,单圈和多圈弹簧管可用于高、中、低压,甚至真空度的测量。

表 5-5　弹性形变压强计的结构及特性

类别	名称	示意图	测压范围/Pa		输出特性	动态特性	
			最小	最大		时间常数/s	自振频率/Hz
薄膜式	平薄膜		$0\sim10^4$	$0\sim10^8$		$10^{-5}\sim10^{-2}$	$10\sim10^4$
	波纹膜		$0\sim1$	$0\sim10^6$		$10^{-2}\sim10^{-1}$	$10\sim10^2$
	挠性膜		$0\sim10^{-2}$	$0\sim10^5$		$10^{-2}\sim1$	$1\sim10^2$

续　表

类别	名称	示意图	测压范围/Pa		输出特性	动态特性	
			最小	最大		时间常数/s	自振频率/Hz
波纹管式	波纹管		$0\sim1$	$0\sim10^6$		$10^{-2}\sim10^{-1}$	$10\sim10^2$
弹簧管式	单圈弹簧管		$0\sim10^2$	$0\sim10^9$		—	$10^2\sim10^3$
	多圈弹簧管		$0\sim10$	$0\sim10^8$			$10\sim10^2$

5.2.3　电测压力计

电测压力方法是通过转换元件将被测的压力信号变换成电信号送至显示仪表,指示压力数值,实现这一变换的机械和电气元件称为传感器,其类型有压磁式、压电式、电容式、电感式和电阻应变式等。下面主要介绍电容式和压阻式压力传感器。

5.2.3.1　电容式压力传感器

电容式压力传感器是利用两平行板电容测量压力的传感器,如图 5 - 7 所示。

当压力 p 作用于膜片时,膜片产生位移,改变板间距 d,引起电容量发生变化,经测量线路的转换,可求出作用压力 p 的大小。当忽略边缘效应时,平板电容器的电容 C 为

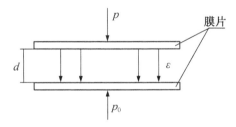

图 5 - 7　电容式压力传感器原理示意

$$C=\frac{\varepsilon S}{d} \qquad (5-5)$$

式中：ε——介电常数；

　　　S——极板间重叠面积；

　　　d——极板间距离。

由式(5-5)可知,电容量 C 的大小与 S、ε 和 d 有关,被测压力影响三者中的任一参数,均会改变电容量。所以,电容式压力传感器可分为变面积式、变介电质式(可以用空气或固体介质,如云母等)和变极间距离式三种类型。

电容式压力传感器的主要特点如下：

(1) 灵敏度高,故特别适用于低压和微压差测量。

(2) 内部无可动件,故不消耗能量,减少测量误差。

（3）膜片质量很小，因而有较高的频率，从而保证良好的动态响应能力。

（4）用气体或真空作绝缘介质，其损失小，本身不会引起温度变化。

（5）结构简单，多数采用玻璃、石英或陶瓷作为绝缘支架，因而可以在高温、辐射等恶劣条件下工作。

早期电容式压力传感器的主要缺点是其本身存在较大的寄生电容和分布电容，信号转换电路复杂，稳定性差。近年使用了新材料、新工艺和微型集成电路，并将电容式压力传感器的信号转换电路与传感器组装在一起，有效地消除了电噪声和寄生电容的影响。电容式压力传感器的测量压强范围可从几十帕至几百兆帕，使用范围得以拓展。

5.2.3.2　压阻式压力传感器

压阻式压力传感器也称为固态压力传感器或扩散型压阻式压力传感器。它是将单晶硅膜片和应变电阻片采用集成电路工艺结合在一起，构成硅压力阻芯片，然后将此芯片封装在传感器壳内，连接出电极线而制成。典型的压阻式压力传感器的结构原理如图 5-8 所示，图中硅膜片两侧有两个腔体，通常上接管与大气或其他参考压力源相通，而与下接管相连的高压腔内充有硅油，并有隔离膜片与被测对象隔离。

当被测对象的压力通过下引压管线、隔离膜片及硅油，作用于硅膜片上时，硅膜片产生变形，膜片上的四个应变电阻片两个被压缩、两个被拉

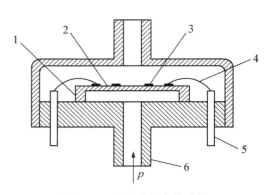

图 5-8　压阻式压力传感器

1-硅杯　2-硅膜片　3-扩散电阻
4-内部引线　5-引线端　6-压力接管

伸，使其构成的惠斯通电桥内电阻发生变化，并转换成相应的电信号输出。电桥采用恒压源或恒流源供电，减小了温度对测量结果的影响。应变电阻片的变化值与压力呈良好的线性关系，因而压阻式压力传感器的精度常可达 0.1%，频度响应可达数万赫兹。

5.2.4　测压仪表的选用与安装

测压仪表的种类很多，选择一个合适的压强计是保证测量工作顺利进行的关键。在需要进行压强测定时，首先要了解测压范围、所需的测压精度、压强计使用的工况条件等，才能正确地选择出一种可满足测压要求的压强计。

5.2.4.1　测压仪表的选用

测压仪表的选择应根据使用要求，在符合科学实验和生产过程所提出的技术条件下，本着经济合理的原则，进行种类、型号、量程、精度等级的选择。测压仪表的选用一般需考虑以下几个问题：

（1）确定仪表的种类。根据被测介质的性质（如温度高低、黏度大小、腐蚀性、脏污程度、是否易爆易燃等），是否提出特殊要求，是否需要信号远传、记录或报警以及现场环境条件（湿度、温度、磁场强度、振动）等对仪表类型进行选择。如果所测的压力数据需自动采集或进行远程传递，则必须选用二次测压仪表，否则一次、二次仪表均可。若根据测压要求，可使用一次仪表时，应考虑首选一次仪表，因为一次仪表价格较低、维修方便，而二次仪表价格较贵，且影响测压的因素太多，所测数据往往不太可靠。因此，在实际工业生产过程中，一般在安装二次仪表的地方，同时装有一个一次仪表，以便进行比对。

(2) 选择测压仪表的量程和精度。首先要了解所需测定的压强大小、变化范围,以及对测量精度的要求,然后选择适当量程和精度的测压仪表。因为仪表的量程会直接影响测量数据的相对误差,所以选择仪表时要同时考虑精度和量程。若选择 U 型管液柱压差计,则必须考虑选用何种指示液,以及在测压范围内读数 R 值的大小,R 值很大时,会造成 U 型玻璃管过长,导致读数困难;如果 R 值变化较小,则又无法保证测压的精度,故选择的指示液必须恰当。当所需测定的压差范围很小时,则必须使用双液液柱压差计来提高测量的精度。

　　(3) 工作环境对测压仪表的影响。在选择测压仪表时,还必须了解测压点的工况。如果所需测定的压差不大,但测压点的绝对压强比较高时,U 型管液柱压差计就不能使用了,这是因为读数 R 不可能太大,造成使用不方便,而且玻璃管的耐压性能较差,易炸裂。如果所需测定的介质为腐蚀性物质,则弹簧管压强计就不宜直接使用。如果测压点的环境温度变化较大,则选用二次测压仪表时可能会有较大的测量误差。因此,在选用测压仪表时,应该综合考虑各种因素的影响。

5.2.4.2　测压仪表的安装

　　测压仪表的安装正确与否,直接影响到测量结果的准确性和仪表的使用寿命。因此,正确地安装测压仪表是保证在生产过程中测量结果安全可靠的重要环节。

　　(1) 测压孔的选择。在化学工业中,往往需要测定直管某一截面上的静压强,此时,必须在壁面上开设取压孔,这将不可避免地扰乱开孔处流体的流动状况,引起测量误差。研究发现,该误差的大小与孔的尺寸、几何形状、开孔处的粗糙程度等因素有关。通常,测压孔越小越好,但孔径太小会使加工困难,易被脏物堵塞,且测压时的动态性能也会变差。因此,测压孔的内径以 0.5~1mm 为宜,精度要求较低时,孔径可取到 1.5~2.5mm,孔深与孔径之比大于等于 3,孔的轴线要垂直于壁面,孔周围的管道壁面要光滑,孔的边缘不要有毛刺,应尽可能做到平整、光滑,以减少涡流对测量的影响。为消除管道断面上各个点的静压差及由不均匀流动引起的附加误差,可在取压断面上安装测压环,使各个测压孔相互贯通。测压环的形式如图 5-9 所示,若管道尺寸不太大且精度要求不高,可用单个测压孔代替测压环。当测压孔可在一定范围内选取

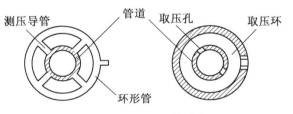

图 5-9　测压环的形式

时,可将测压孔选在受流体流动干扰最小的地方,例如,对于流体流动阻力的测定,只需测定流体流过某一段管长时静压强的变化值并找到两者的关系,此时,测压孔位置可以选在距弯头和阀门等管件 40~50 倍内径处。当被测介质为液体时,为了防止气体和固体颗粒进入测压导管,水平或侧斜管道中的取压孔应开在管道下半平面,且与垂线的夹角为 45°。当被测介质为气体时,为了防止液体和粉尘进入测压导管,取压孔应开在管道上半平面,且与垂线的夹角为 45°。当被测介质为蒸汽时,取压孔一般开在管道的侧面。总之,取压孔位置要具有代表性,应该能真实地反映被测压力的变化。

　　(2) 测压导管的选择。测压导管是测压孔和压强计之间的连接管,它的作用是传递压强。在正常情况下,测压导管内的流体应该是完全静止的。因此,为了保证测压导管内不出现环流,测压导管的管径应比较细。但测压导管的内径越小,其阻尼作用越大,使测压的灵敏度下降,故测压导管的长度应尽可能缩短。但有时在测定波动较大的压强时,为了使读数稳定,反而需要利用测压导管的阻尼作用。因此,工程上常采用如图 5-10(a)所示的结构来连接压强

计,这一结构的测压导管可通过阀门的开度来调节阻尼的大小。为了避免反应迟缓,引压导管的最大长度不得超过 50m。

(3) 测压仪表的安装。测压仪表的安装应注意以下几个方面:

1) 测压仪表应安装在易观察和易维修处,力求避免振动和高温影响。

2) 测量蒸汽压强差时,应装冷凝管或冷凝器,如图 5-10(a)所示,以防止高温蒸汽直接与测压元件接触;对有腐蚀性介质的测量,应加装充有中性介质的隔离罐,如图 5-10(b)所示。另外,针对具体情况(高温、低温、结晶、沉淀、黏稠介质等)采用相应的防护措施。

3) 测压仪表的连接处根据压强高低和介质性质,必须加装密封垫片,以防泄漏。一般低于 80℃ 及 2MPa 时,用石棉板或铝垫片;温度和压强更高(50MPa 以下)时,用退火紫铜或铅垫。另外,要考虑介质性质的影响,如测量氧气时,不能使用浸油或有机化合物垫片;测量乙炔、氨介质时,不能使用铜垫片。

4) 当被测压强较小,而测压仪表与取压点不在同一高度时,如图 5-10(c)所示,由高度差引起的测量误差应考虑进行修正。

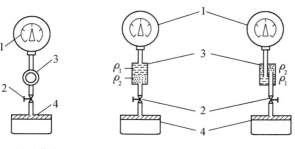

(a) 测量蒸汽　　　　　　　(b) 测量有腐蚀性介质　　　　(c) 测压仪表与取压点不在同一高度

图 5-10　测压仪表的安装

1-压力表　2-切断阀　3-隔离罐　4-生产设备　ρ_1, ρ_2-隔离液和被测介质的密度

5.3　流　量　测　量

化工生产及科学实验过程中,经常需要检测过程中各介质(液体、气体、蒸汽)的流量,为管理和控制生产提供依据,所以流量检测是化工生产及实验中参数测定最重要的环节之一。

工业上采用的流量测量方法和仪表种类繁多,分类方法也有多种。迄今为止,可供工业采用的流量仪表有 60 多种,每种产品都有它特定的适用范围和局限性。对于常用的流量计,按测量原理分类,有力学原理、热学原理、声学原理、电学原理、光学原理、原子物理学原理等。若按测量方法分类,有直接法和间接法。直接法是用具有固定容积的测量腔室来测定单位时间内流过的流体体积,如湿式流量计、盘式流量计和齿轮流量计;间接法则以测量与流量有对应关系的物理量的变化为依据,算出实际流量,如压差式流量计(孔板、喷嘴、文丘里管)、转子流量计、电磁流量计和质量流量计等。本节主要介绍压差式流量计、转子流量计、涡轮流量计、湿式流量计以及质量流量测量等。

5.3.1　孔板流量计、喷嘴流量计及文丘里流量计

孔板流量计和喷嘴流量计都是基于流体的动能和势能相互转化的原理设计的。用于孔板

流量计和喷嘴流量计的节流元件分别为孔板、喷嘴和文丘里管。

标准孔板的形状如图 5-11 所示。它是一带有圆孔的板,圆孔与管道同心,直角入口边缘非常锐利。A_1 面为上游面,A_2 面为下游面,δ_1 为孔板厚度,δ_2 为孔板开孔厚度,d 为孔径,α 为倾斜角,G、H、I 分别为上下游开孔边缘。标准孔板的重要尺寸参数是开孔直径 d,对制成的孔板,应至少取 4 个大致相等的角度测得直径的平均值。任一孔径的单测值与平均值之差不得大于 0.05%。孔径 d 应大于或等于 12.5mm,孔径比 $\beta = d/D$(D 为管道直径)为 0.2~0.8。

孔板开孔上游侧的直角入口边缘应锐利,无毛刺和划痕。若直角入口边缘形成圆弧,其圆弧半径应小于或等于 $0.0004d$。孔板开孔厚度 δ_2 和孔板厚度 δ_1 不能过大,以免影响精度。

标准孔板的进口圆筒部分应与管道同心安装。孔板必须与管道轴线垂直,其偏差不得超过 $\pm 1°$。孔板材料一般用不锈钢、铜或硬铝。

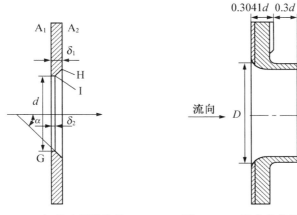

图 5-11　标准孔板的结构　　　　图 5-12　标准喷嘴的结构

标准喷嘴的结构如图 5-12 所示。圆筒形喉部的直径即为节流件的开孔直径,其长度为 $0.3d$。喷嘴的特点是有较高的精度,对腐蚀性大、易磨损喷嘴和脏污的测量介质不敏感,喷嘴前后所需的直管长度较短,能量损失仅次于文丘里管。

标准喷嘴适用的管道直径为 50~1000mm,孔径比为 0.32~0.8,雷诺数为 $2 \times 10^4 \sim 2 \times 10^6$。

文丘里管是由入口圆筒段 I、圆锥形收缩段 II、圆筒形喉部 III 和圆锥形扩散段 IV 所组成。文丘里管的几何形状如图 5-13 所示。文丘里管第一收缩段锥度为 $21° \pm 1°$,扩散段为 7°~15°,文丘里管的 d/D 比值为 0.4~0.7。

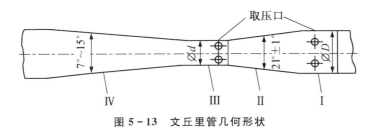

图 5-13　文丘里管几何形状

节流元件的测压点与取压方式有以下几种,在设计小型孔板装置时可以选用任一种。

(1)角接取压:在孔板前后单独钻有小孔取压,小孔设置在夹紧环上。

（2）环室取压：环室内开有取压小孔。环室取压小孔直径为 $1\sim2\mathrm{mm}$。

环室取压的前后环室装在节流件的两侧，环室夹在法兰之间，法兰和环室、环室和节流件之间放垫片并夹紧。

文丘里管的取压装置一般放在文丘里管前方流束未收缩和喉部后面的缩脉处。

节流元件要求安装在直管稳定段，即上游有 $30D\sim50D$ 的直管段，下游有不少于 $5D$ 的直管段。孔口的中心线应与管轴线相重合。对于标准孔板或已确定了流量系数的孔板，孔口的钝角方向应与流向相同，否则会引起较大的测量误差。

孔板流量计结构简单，使用方便，可用于高温、高压场合，但流体流经孔板时的能量损耗较大。对于不允许能量损耗过大的场合，应采用文丘里流量计。

5.3.2　测速管

测速管又名毕托管，是用来测量导管中流体的点速度的。它的构造如图 5-14 所示，图 5-14(b) 是 5-14(a) 的局部放大图。

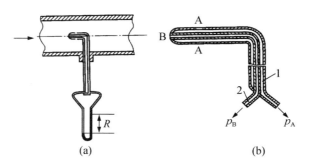

图 5-14　毕托管的构造

1-静压力导压管　2-总压力导压管

设在测速管外管取压孔（A 处）的流速为 u_A，静压强为 p_A，流体流过测速管管口 B 时，因受到测速管口的阻挡，在管口 B 处的流速 u_B 为零（因测速管内的流体是不流动的），静压强增至 p_B。所以，在 B 处所测得的流体静压头（m 流体柱）为

$$\frac{p_\mathrm{B}}{\rho g} = \frac{p_\mathrm{A}}{\rho g} + \frac{u_\mathrm{A}^2}{2g} \tag{5-6}$$

式中：ρ——流体密度，$\mathrm{kg/m^3}$。

测速管的外管壁面与导管中流体的流动方向相平行，流体在管壁面垂直方向的分速度等于零，所以在外管壁面测压小孔上测得的是流体的静压头 $\dfrac{p_\mathrm{A}}{\rho g}$。因测速管的管径很小，一般为 $5\sim6\mathrm{mm}$，所以测压小孔与内管口的位置可以看成在同一水平线上。在测速管末端，液柱压强计上所显示的压头差为管口所在位置水平线上的速度头 $\dfrac{u_\mathrm{A}^2}{2g}$。

$$\Delta h = \frac{p_\mathrm{B}}{\rho g} - \frac{p_\mathrm{A}}{\rho g} = \frac{u_\mathrm{A}^2}{2g} \tag{5-7}$$

或　　　　　$u_\mathrm{A} = \sqrt{2g\Delta h}$ 　　　　　　　　　　　　　　　　　　(5-8)

式中：u_A——测速管管口所在位置水平线上流体的点速度，$\mathrm{m/s}$；

　　Δh——液柱压强计上的压头差, m 流体柱;

　　g——重力加速度。

　　如果将测速管的管口对准导管中心线, 此时, 所测得的点速度为导管截面上流体的最大速度 $u_{\max}$, 仿照式(5-8)可写出

$$u_{\max} = \sqrt{2g\Delta h} = \sqrt{\frac{2gR(\rho_i - \rho)}{\rho}} \tag{5-9}$$

　　式中: R——液柱压强计上的读数, m;

　　　　　ρ_i——指示液柱的密度, kg/m^3;

　　　　　ρ——流体的密度, kg/m^3。

　　由 $u_{\max}$ 算出

$$Re_{\max} = \frac{du_{\max}\rho}{u} \tag{5-10}$$

　　从图 5-15 中查到 $u/u_{\max}$ 的数值, 即可求得导管截面上流体的平均速度 u, 进而求得导管中流体的体积流量 q_v:

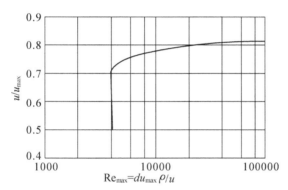

图 5-15　$u/u_{\max}$ 与 $Re_{\max}$ 的关系

$$q_v = \frac{\pi}{4}d^2 u \tag{5-11}$$

　　式中: q_v——流体的体积流量, m^3/h;

　　　　　d——导管的内径, m。

　　测速管的特点是装置简单, 流体的压头损失很小, 它测定的是点速度, 因此可用来测定流体的速度分布曲线。在工业上, 测速管主要用于测量大直径导管中气体的流速。因气体的密度很小, 若在一般流速下, 压强计上所能显示的读数往往很小, 为减小读数的误差, 通常需配以倾斜液柱压强计或其他微差压强计。由于测速管的测压小孔容易被堵塞, 所以测速管不适用于对含有固体粒子的流体的测量。

　　测速管安装使用时应注意, 探头一定要对准来流, 任何角度的偏差都会给测量带来误差。测速点应位于均匀流段, 因此上下游到能产生涡流的弯头、大小头和阀门等管件的距离均应大于 50 倍的导管直径, 以保证流体在导管中的流动稳定。

5.3.3　转子流量计

　　转子流量计是实验室最常用的流量测量仪表之一。它与前面所述的压差式流量计测量原

理不同。压差式流量计是在节流(如孔板面积)不变的条件下,以压差变化来反映流量的大小。而转子流量计是压降不变,利用节流面积的变化来反映流量的大小。因此,转子流量计是恒压降、变节流面积的流量测量法。这种流量计适用于小流量的测量。若将转子流量计的转子与差动变压器的可动铁芯连接成一体,就可使被测流体的流量值转换成电信号输出,实现显示和远距离传送。

5.3.3.1 转子流量计的测量原理

转子流量计的原理如图 5-16 所示 ,它主要由两个部分组成,一个是由下往上逐渐扩大的锥形管(通常用玻璃制成,锥度为 $40' \sim 3°$);另一个是锥形管内可自由运动的转子。工作时,被测流体(气体或液体)由锥形管下部进入,沿着锥形管向上运动,流过转子与锥形管之间的环隙,再从锥形管上部流出。当流体流过锥形管时,位于锥形管中的转子受到一个向上的"冲力",使转子浮起,当这个力正好等于浸没在流体里的转子所受的力(即等于转子所受的力减去流体对转子的浮力)时,作用在转子上的上下两个力达到平衡,此时转子就停在一定的高度上。假如被测流体的流量突然由小变大,作用在转子上的"冲力"就加大,因转子在流体中所受的重力是不变的(即作用在转子上向下的力是不变的),所以转子就上升。由于转子在锥形管中位置的升高,造成转子与锥形管间的环隙增大(即流通面积增大),随着环隙的增大,流体流过环隙时的流速降低,因而"冲力"也就降低,当"冲力"再次等于转子在流体中所受的力时,转子又稳定在一个新的高度上。这样,转子在锥形管中平衡位置的高低与被测介质的流量大小相对应。如果在锥形管外沿其高度刻上对应的流量值,那么根据转子平衡位置的高低就可以直接读出流量的大小。这就是转子流量计测量流量的基本原理。

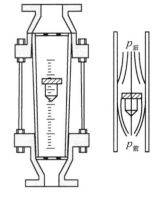

图 5-16　转子流量计

转子流量计中转子的平衡条件是转子在流体中的重力等于流体对转子的"冲力",流体的"冲力"实际上就是流体在转子前后的静压降与转子截面积的乘积,即

$$V_f(\rho_f - \rho)g = (p_{前} - p_{后})A_f \tag{5-12}$$

式中:V_f——转子的体积,m^3;

　　　ρ_f——转子材料的密度,kg/m^3;

　　　ρ——被测流体的密度,kg/m^3;

　　　$p_{前}$——转子前流体作用在转子上的静压强,Pa;

　　　$p_{后}$——转子后流体作用在转子上的静压强,Pa;

　　　A_f——转子最大横截面积,m^2。

由于在测量过程中,V_f、ρ_f、ρ、A_f 均为常数,所以$(p_{前} - p_{后})$也应为常数,也就是说,在转子流量计中,流体的压降是固定不变的。所以,转子流量计是恒压降、变节流面积法测量流量。

由流体力学原理可知,压强差$(p_{前} - p_{后})$可用流体流过转子和锥形管的环隙时的速度来表示

$$p_{前} - p_{后} = \xi \frac{u^2 \rho}{2} \tag{5-13}$$

式中:ξ——阻力系数,与转子的形状、流体的黏度等有关,无量纲;

　　　u——流体流过环隙时的流速,m/s。

由式(5-12)与(5-13)就可求得流过环隙截面流体的流速

$$u = \sqrt{\frac{2gV_f(\rho_f - \rho)}{\xi \rho A_f}} \qquad\qquad (5-14)$$

若用 A_0 代表转子与锥形管间环隙的截面积,用 $C_R = \sqrt{1/\xi}$ 代表校正因素,就可以求出流过转子流体的体积流量

$$q_v = uA_0 = C_R A_0 \sqrt{\frac{2gV_f(\rho_f - \rho)}{\rho A_f}} \qquad\qquad (5-15)$$

或用质量流量表示为

$$q_m = u\rho A_0 = C_R A_0 \sqrt{\frac{2gV_f(\rho_f - \rho)\rho}{A_f}} \qquad\qquad (5-16)$$

对于一定的转子流量计,C_R 为常数。从式(5-15)和式(5-16)可以看出,当用转子流量计来测量某种流体流量时,流过转子流量计的流量只与转子和锥形管间环隙截面积 A_0 有关。由于锥形管由下往上逐渐扩大,所以 A_0 与转子浮起的高度有关。这样,根据转子的高度就可判断被测介质的流量大小。

5.3.3.2　转子流量计的流量换算

测量液体的转子流量计,制造厂是在常温下用水标定的,若使用时被测介质不是水,而是其他液体,则由于密度不同必须对流量计的刻度进行修正或重新标定。对一般介质,当温度和压力改变时,流体的密度变化不大(一般不超过 0.01Pa·s),故可通过式(5-17)对流体的体积流量进行修正

$$q_{v实} = \sqrt{\frac{(\rho_f - \rho)\rho_水}{(\rho_f - \rho_水)\rho}} \cdot q_{v标} \qquad\qquad (5-17)$$

式中：$q_{v实}$——被测介质实际体积流量,m^3/s;

　　　$q_{v标}$——用水标定时的刻度处所指示的体积流量,m^3/s;

　　　ρ_f——转子材料的密度,kg/m^3;

　　　ρ——被测流体的密度,kg/m^3;

　　　$\rho_水$——标定条件下(20℃)水的密度,kg/m^3。

如果已知被测介质的流量、密度等,就可以根据上式选择流量计,也就是选择标定流量满足上述关系的流量计。

测量气体的转子流量计,制造厂是在工业标准状态下,即压强 $p_0 = 1.013 \times 10^5 Pa$、温度 $T_0 = 293K$ 下用空气标定出厂的。若为非空气介质或在不同于上述标准状态下使用时,可按下式进行修正：

$$q_{v1} = q_{v0} \sqrt{\frac{\rho_0 p_1 T_0}{\rho_1 p_0 T_1}} \qquad\qquad (5-18)$$

式中：q_{v1}——工作状态下介质的体积流量,m^3/s;

　　　ρ_1——工作状态下介质的密度,kg/m^3;

　　　p_1——工作状态下介质的绝对压强,Pa;

　　　T_1——工作状态下介质的热力学温度,K;

　　　q_{v0}——标准状态下($p_0 = 1.013 \times 10^5 Pa$,$T_0 = 293K$)空气的体积流量,$m^3/s$;

ρ_0——标准状态下空气的密度，kg/m^3；

p_0——标准状态下空气的绝对压强，$1.013 \times 10^5 Pa$；

T_0——标准状态下空气的热力学温度，293K。

5.3.3.3　转子流量计量程的改变

若购买来的流量计不满足实验测量范围，则可用以下方法改变量程：

（1）改变转子的密度。由式（5-15）、（5-16）可以看出，当改变转子材料的密度 ρ_f 时，会引起量程的改变，如增加转子密度，就可以增大量程，即同一高度的转子位置所对应的被测介质的流量将增大。所以选择不同材料的同形转子，就可以达到改变转子流量计量程的目的，换算公式如下：

$$\frac{q_{v新转子}}{q_{v原转子}} = \sqrt{\frac{\rho_{f新转子} - \rho_液}{\rho_{f原转子} - \rho_液}} \qquad (5-19)$$

（2）改变转子的直径或车削转子。从式（5-15）可以推导出

$$\frac{q_{vmax}}{q_{vmin}} = \frac{A_{0,max}}{A_{0,min}} \qquad (5-20)$$

式中：q_{vmax}/q_{vmin}——测定流量的范围之比；

$A_{0,max}/A_{0,min}$——玻璃管与转子之间上下环隙面积之比。

因此在流量范围不符合要求时可以更换或车削转子。对于同一玻璃管，转子截面 A_f 车削后变小，环隙面积 A_0 变大，则 q_{vmax} 变大，而比值 q_{vmax}/q_{vmin} 变小；反之，若 A_f 增大，则最大可测流量变小，而可测流量比值变大。

以上扩大流程的方法虽然可用式（5-15）和式（5-16）计算，但这在考虑流量系数 C_R 不变，即使用条件与标定条件差别不大时，才有足够的准确性。如果所测液体的物性条件与标定时差别较大，或改变转子材料和面积对结果影响较大时，可以进行实验标定，获得测定值与实际流量的对应关系，以供使用。

5.3.3.4　转子流量计的安装与使用

转子流量计在安装和使用时应注意以下问题：

（1）转子流量计必须竖直安装，不允许有明显的倾斜（倾角要小于 2°），否则会引起较大的测量误差。

（2）为了检修方便，在转子流量计上游应设置调节阀。

（3）转子对污垢比较敏感。如果粘有污垢，则转子的质量、环形通道的截面积会发生变化，甚至还可能出现转子不能上下竖直浮动的情况，从而引起较大的测量误差。

（4）调节或控制流量不宜采用电磁阀等速开阀门，否则，迅速开启阀门，转子就会冲到顶部，因骤然受阻失去平衡而将玻璃管撞破或将玻璃转子撞碎。

（5）被测流体温度若高于 70℃时，应在流量计外侧安装保护套，以防玻璃管因溅有冷水而骤冷破裂。国产 LZB 系列转子流量计的最高工作温度有 120℃ 和 150℃ 两种。

5.3.4　涡轮流量计

涡轮流量计是以动量矩守恒原理为基础设计的流量测量仪表。与其他流量计相比，涡轮流量计的优点主要有两点，一是测量精度高，其精度可以达到 0.5 级以上，在狭小范围内甚至可以达到 0.1 级，故可作为校验 1.5～2.5 级普通流量计的标准计量仪表；二是对被测信号变

化响应快,若被测介质为水,涡轮流量计的时间常数一般只有几毫秒到几十毫秒,因此特别适用于对脉动流量的测量。

5.3.4.1　涡轮流量变送器的结构和工作原理

涡轮流量计由涡轮流量变送器和显示仪表组成。涡轮流量变送器包括涡轮、导流器、磁电感应转换器、外壳及前置放大器等部分,如图 5-17 所示。涡轮是用高导磁系数的不锈钢材料制成的,叶轮芯上装有螺旋形叶片,流体作用于叶片上使之旋转。导流器用以稳定流体的流向和支撑叶轮。磁电感应转换器由线圈和磁铁组成,用以将叶轮的转速转换成相应的电信号。涡轮流量计的外壳由非导磁的不锈钢制成,用以固定和保护内部零件,并与流体管道连接。前置放大器用以放大磁电感应转换器输出的微弱电信号,进行远距离传送。

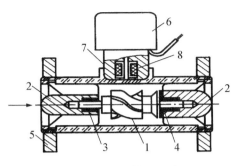

图 5-17　涡轮流量计

1-涡轮叶片　2-导流器　3-石墨轴承
4-止推石墨轴承　5-金属法兰　6-前置放大器　7-永久磁铁　8-线圈

涡轮流量计的工作原理是:当流体通过安装有涡轮的管路时,流体的动能冲击涡轮发生旋转,流体的流速越高,动能越大,涡轮转速也就越高。在一定的流量范围和流体黏度下,涡轮的转速和流体的流速成正比。当涡轮转动时,涡轮叶片切割置于该变送器壳体上的检测线圈所产生的磁力线,使检测线圈磁电路上的磁阻发生周期性变化,检测线圈产生脉冲信号,即脉冲数,其值与涡轮的转速成正比,也即与流量成正比。这个电信号经前置放大器放大后,即送入电子频率仪或涡轮流量计算指示仪转换成电压电流信号就可以测得流体的流量。

涡轮流量计的实用流量方程为

$$q_v = \frac{f}{K} \qquad (5-21)$$

式中:q_v——流体的体积流量,L/s;

K——每升流体通过涡轮流量计时输出的电脉冲数,称为仪表系数,次/L;

f——脉冲信号的频率,次/s。

涡轮流量计的仪表系数 K 与流量(或管道雷诺数)的关系曲线如图 5-18 所示。由图可见:① 只有当流量大于某一最小值,足以克服启动摩擦力矩时,涡轮才开始转动;转动后,由于流量仍较小,仪表系数 K 随流量而变化。② 当流量大于某一值后,仪表系数 K 才基本不随流量而变化,频率与流量才近似为线性关系。因此,使频率与流量呈近似线性关系变化的最小流量可认为是测量范围的下限。但由于轴承寿命和压力损失等条件的限制,涡轮的转速也不可能太大,所以还存在测量范围的上限。

5.3.4.2　涡轮流量计的安装与使用

涡轮流量计在安装与使用时应注意以下

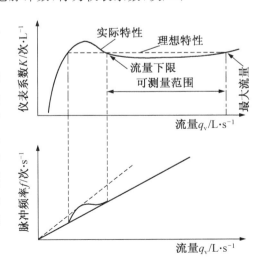

图 5-18　涡轮流量计特性曲线

问题：

（1）涡轮流量计变送器的仪表系数 K 一般是用常温下的水标定得到的，当被测流体的密度和黏度发生变化时，应重新标定。

（2）涡轮流量计出厂时是在水平安装情况下标定的，因此为了保证涡轮流量计的测量精度，涡轮变送器必须水平安装，否则会引起变送器的仪表常数发生变化。

（3）因为流场变化时会使流体旋转，改变流体和涡轮叶片的作用角度，此时，即使流量稳定，涡轮的转速也会改变，所以为了保证变送器性能稳定，除了在其内部设置导流器外，还必须在变送器前后留出一定的直管段，一般入口直管段的长度为 $20D$ 以上，出口直管段的长度为 $15D$ 以上。

（4）为了确保变送器叶轮正常工作，流体必须洁净，切勿使污物、铁屑等进入变送器。因此在使用涡轮流量计时，一般应加装过滤器，网目大小一般为 100 孔/cm^2，以保持被测介质的清洁，减少磨损，并防止涡轮被卡住。

（5）涡轮流量一般工作点最好选在仪表测量范围上限数值的 50% 以上，保证流量稍有波动时，工作点不至于移至特性曲线下限以外的区域。

（6）被测流体的流动方向必须与变送器所标箭头方向一致。

5.3.5　湿式流量计

该仪器属于容积式流量计。它是实验室常用的一种仪器，主要由圆鼓形壳体、转鼓及传动记数机构所组成，如图 5－19 所示。转鼓是由圆筒及 4 个弯曲形状的叶片所构成。4 个叶片构成 4 个体积相等的小室。鼓的下半部浸没在水中，充水量由水位器指示。气体从背部中间的进气管依次进入小室，并相继由顶部排出，迫使转鼓转动。转动的次数通过齿轮机构由指针或机械计数器计数，也可以将转鼓的转动次数转换为电信号作远传显示。配合秒表记时，可直接测定气体流量。湿式流量计可直接用于测量气体流量，也可用来作为标准仪器检定其他流量计。

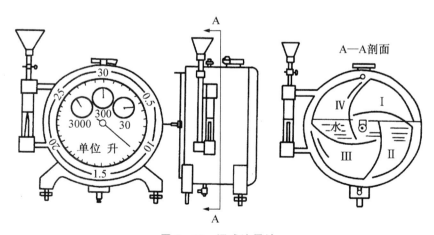

图 5－19　湿式流量计

湿式气体流量计一般用标准容量瓶进行校准。标准容量瓶的体积为 V_1，湿式流量计体积示值为 V_2，两者之差 ΔV 为

$$\Delta V = V_1 - V_2 \tag{5-22}$$

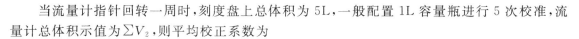

当流量计指针回转一周时,刻度盘上总体积为5L,一般配置1L容量瓶进行5次校准,流量计总体积示值为 $\sum V_2$,则平均校正系数为

$$C = \frac{\sum \Delta V}{\sum V_2} \qquad\qquad (5-23)$$

因此,经校准后,湿式流量计的实际体积 V 与流量计示值 V' 的关系为

$$V = V' + C V'$$

湿式气体流量计每个气室的有效体积是由预先注入流量计的水面控制的,所以在使用时必须检查水面是否达到预定的位置。安装时,仪表必须保持水平。

5.3.6　质量流量的测量

体积流量的测量容易受到工作压强、温度、黏度、组成及相变化等因素的影响,而质量流量的测量可不受上述诸因素的影响。在实际生产中,由于要对产品进行质量控制、对生产过程中各种物料的混合比例进行测定、成本核算以及对生产过程进行自动调节等,也必须知道质量流量。因此,质量流量测量方法的应用已经越来越普遍。

质量流量的测量原理为

$$q = \rho u A \qquad\qquad (5-24)$$

式中：ρ——被测流体的密度,kg/m^3;

　　　　A——流体的流通截面积(一般为管道的流通截面),m^2;

　　　　u——流通截面处的平均流速,m/s。

质量流量的测量主要有两种方式。根据式(5-24),当管道的流通截面积 A 为常数时,若能够检测出与 ρu 乘积成比例的信号,即可求出流量,这种方式称为间接式或推导式质量流量测量方法;若先由仪表分别检测出密度和速度 u,再将两量相乘作为仪表输出信号,然后由运算仪器运算后输出质量流量的信号,这种方式称为直接式质量流量测量方法。目前,由于结构和元件特性的限制,密度计尚不能在高温、高压下运用,只能采用固定的密度数值乘容积流量。检测出被测流体的温度和压力后,再按一定的数学模型自动换算出相应的密度值,便可以实现质量流量的测量。然而,介质的密度随压力和温度的变化而异,在变动工况下采用固定的密度值将带来较大的质量流量测量误差,故必须进行参数补偿,因而发展了温度和压力补偿式流量测量方法。目前已开发出的直接式质量流量测量方法有多种,如压差式、动量矩式、惯性力式、科里奥利力式和振动式等,每一种形式还有多种结构。下面简要介绍压差式质量流量测量方法。

压差式质量流量测量方法是利用孔板和计量泵组合来实现的,如图 5-20 所示。主管道上安装两个结构和尺寸完全相同的孔板 A 和 B,副管道上安装两个流向相反的计量泵,其中经孔板 A 的流量为 $(q_v - q_v^*)$,流经孔板 B 的流量为 $(q_v + q_v^*)$,根据压力式流量测量原理得

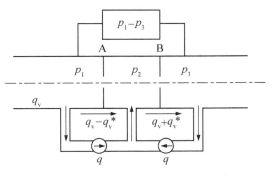

图 5-20　双孔板压差式质量流量计

$$\Delta p_A = k\rho(q_v - q_v{}^*)^2 \tag{5-25}$$

$$\Delta p_B = k\rho(q_v + q_v{}^*)^2 \tag{5-26}$$

式中：k——常数；

ρ——流体的密度，kg/m^3；

q_v——主管道的体积流量，m^3/s；

$q_v{}^*$——流经计量泵的体积流量，m^3/s。

则　　$\Delta p_A - \Delta p_B = 4k\rho q_v q_v{}^*$ $\tag{5-27}$

在设计时，使经过计量泵的流量 $q_v{}^*$ 大于主管道的流量 q_v，当 $p_1 < p_2$ 时，$\Delta p_A = p_2 - p_1$，当 $p_2 > p_3$ 时，$\Delta p_B = p_2 - p_3$，代入式（5-27）得

$$p_1 - p_3 = 4k\rho q_v q_v{}^* \tag{5-28}$$

可见，当计量泵的循环量一定时，孔板 A 和 B 的压差值与流经主管道的流体流量成正比，所以测出孔板前后的压差后，即可求出质量流量。

5.3.7　其他类型的流量计

5.3.7.1　旋涡式流量计

旋涡式流量计是应用液体振动原理测量流量的新型仪表，目前已经应用的有两种：一种是应用自然振动的卡曼旋涡列原理，称为卡曼涡街流量计（或涡街流量计）；另一种是应用强迫振动的旋涡旋进原理，称为旋进（或进动）式旋涡流量计。这种测量方法的特点是管道内无可动部件，使用寿命长，线性测量范围宽（约 100：1），几乎不受温度、压力、密度、黏度等变化的影响，压力损失小，准确度等级为 0.5～1 级。仪表的输出是与体积流量成比例的脉冲信号，即数字显示。这种仪表对气体、液体均适用。

5.3.7.2　弯管流量计

弯管流量计是利用管路中已有的弯管作为测量元件，通过测量弯管内外侧管壁处的压差值便可求出流经弯管流体的流量值。弯管流量计与孔板、喷嘴等压差式流量计相比较，它的特点是作为测量元件的弯管压损很低，它不要求管路提供很大的压头以满足流量测量的要求，不会因为测量流量而带来附加的能耗，对于低沸点的液体，可以防止流量测量过程中因节流产生汽化现象而造成测量失真。弯管流量计可以测量脏污介质的流量，很适合油田中含砂流体的流量测量。弯管常用的有 90°、180°、360°三种，结构简单，价格低，寿命长。

5.3.7.3　电磁流量计

电磁流量计是依据法拉第电磁感应定律制成用来测量导电流体的体积流量计。其特点是能够测量酸、碱、盐溶液以及含有固体颗粒（例如泥浆）或纤维液体的流量，压力损失小，不受液体的物理性质（温度、压力、密度、黏度等）的影响。电磁流量计通常由传感器、转换器和显示仪表组成。被测流体的流量经传感器变换成感应电势，然后再由转换器将感应电势转换成统一的直流信号输出，以便进行指示、记录或与计算机配套使用。电磁流量计的准确度等级为 1～2.5 级。

5.3.7.4　量热式流量计

量热式流量计是利用流体的流动和热量的移动，以及流动的流体和固体间的热量交换之间的密切关系来测量流体的流量和流速。应用热能测量流量的方法，基本上可以分成两种方法：一种方法是在流动的流体中放置发热元件，发热元件的温度必将随流速而变化，可以通过

发热元件的被冷却程度测量流量;另一种方法是给流体加入必要的热量,因热能要随流体流动,可以通过检测相应点的热量变化来求出流量。前者一般称为热导式,属于这种测量方法的仪表有热线风速计等。后者一般称为热量式,属于这种测量方法的仪表有托马斯流量计、边界层流量计等。

5.3.7.5　超声波流量计

超声波流量计是利用超声波在流体中传播时会载带流体流速的信息,根据接收到的超声波信号进行分析计算,即可检测到流体的流速,进而可以得到流量值。超声波流量计由超声波换能器、电子线路和流量显示与累积系统三部分组成。超声波换能器是采用锆钛酸铅材料制成的压电元件,它利用压电材料的压电效应,采用适当的发射电路,把电能加到发射换能器的压电元件上,使其产生超声波振动,换能器一般是斜置在管壁外侧,通过声导,管道壁将声波射入被测流体。也可将管道开孔,换能器紧贴着管道斜置,换能元件通过透声膜将声波直接射入被测流体。超声波流量计的特点是可以把探头安装在管道外边,做到无接触测量,在测量流量过程中不妨碍管道内的流体流动状态,并可以测量高黏度的液体、非导电介质以及气体的流量,尤其在大管径测量和污水流量测量方面,其优越性尤为明显。

5.3.7.6　动压式流量计

动压式流量计是在迎着流体流动的方向安放阻力体或使管道弯曲,由于流体流动受阻或迫使流速方向改变,流体冲击障碍物失去动量并加在阻力体或弯曲管道上一个 $\rho u^2/2$ 的动压力。测出这个动压力或者作用在阻力体上的作用力,便可以知道流速,进而求出流量。在工业上应用这种方法构成的流量仪表有:基于测量阻力体受力的靶式流量计和挡板流量计;基于测量弯曲管道受力的动压管流量计;直接测量动压力的皮托管等。

第 6 章　演示实验

6.1　静力学实验

6.1.1　实验目的与要求

（1）熟悉流体静力学基本方程式的意义；
（2）了解压差计测量压强和真空度的原理；
（3）明确不同密度液体柱高度的换算方法；
（4）用静力学原理来解释操作中的一些现象；
（5）掌握 U 型管压差计的使用方法，计算有限容器内气体的压强。

6.1.2　实验基本原理

根据静力学基本方程式：

$$gz_1 + \frac{p_1}{\rho} = gz_2 + \frac{p_2}{\rho} \tag{6-1}$$

在静止的、连续的、同一种流体内部，在同一水平面上各点具有相同的压强。

6.1.3　实验装置

静力学演示实验装置如图 6-1 所示。

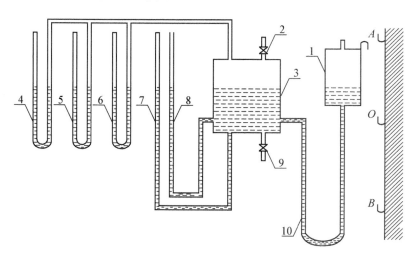

图 6-1　静力学演示实验装置

1-平衡管　2-放气阀　3-储水器　　4、5、6-U 型管压差计
7、8-单管压差计　9-放水阀　10-连接软管

6.1.4　实验操作步骤

6.1.4.1　测量压强

（1）关闭 2、9 阀门；

（2）缓慢提高平衡瓶从 O 至 A 位置，向水槽充水而压缩水槽内的空气，从而造成一定的正压强；

（3）观察 4、5、6、7、8 五只压差计的变化情况；

（4）记录压差计读数。

♯4　　压差计读数_____米_____柱

♯5　　压差计读数_____米_____柱

♯6　　压差计读数_____米_____柱

♯7　　压差计读数_____米_____柱

♯8　　压差计读数_____米_____柱

6.1.4.2　测量真空度

（1）接上面操作；

（2）缓慢放低平衡瓶到 B 位置，让水倒回到平衡瓶，使水槽内逐渐形成真空；

（3）观察 4、5、6、7、8 五只压差计液柱变化的情况；

（4）记录压差计读数。

♯4　　压差计读数_____米_____柱

♯5　　压差计读数_____米_____柱

♯6　　压差计读数_____米_____柱

♯7　　压差计读数_____米_____柱

♯8　　压差计读数_____米_____柱

6.1.4.3　观察现象

（1）接上面操作，把平衡瓶缓慢提升到 O 点；

（2）打开阀门 9，开始有水流出，后逐渐减少，直到水停止流出。

6.1.5　数据处理

（1）测压强时，槽中压强 p 为_____Pa；

（2）测真空时，槽中真空度为_____Pa；

（3）计算压差计 4、5 中指示剂密度。

6.1.6　讨论与思考

（1）压差计 7 从槽底引出，压差计 8 从槽侧面引出，其读数为什么相同？

（2）使用 U 型管压差计或者多管式压差计时应该注意哪些问题？

（3）对于静止连续的非同一种流体，在同一水平面上其压强是否一定不相同？ 如果是同一种流体呢？

6.2　柏努利实验

6.2.1　实验目的与要求

（1）加深对柏努利方程理论知识的理解，明确动压能、静压能、位能之间的转化关系。

（2）分析并计算各断流面流速的大小。

（3）观察各项能量或者压头的变化规律。

（4）建立对流体流动过程中确实存在阻力的感性认识。

6.2.2　实验基本原理

不可压缩流体在管路中做稳定流动时，流体流动时所具有的三种机械能（位能、动能、静压能）是可以相互转换的，当位置高低、管径大小和距离远近等管路条件发生改变时，各种机械能之间便会自动转化，它们之间的关系可由流动过程中能量恒算式——柏努利方程式来描述：

$$gz_1 + \frac{u_1^2}{2} + \frac{p_1}{\rho} = gz_2 + \frac{u_2^2}{2} + \frac{p_2}{\rho} + w_f \qquad (6-2)$$

式中：gz——位能，J/kg；

$\quad\quad p/\rho$——静压能，J/kg；

$\quad\quad u^2/2$——动能，J/kg；

$\quad\quad w_f$——阻力损失，J/kg。

（1）对于 $\mu=0$ 的理想流体，流体质点之间没有相互摩擦和碰撞，则在流动过程中就不存在机械能的损失，即在系统的任一截面处，这三种形式的机械能的总和是相等的。

（2）对实际流体来说，因有黏性而存在内摩擦，导致流体在流动过程中有一部分机械能随摩擦和碰撞转化为热能而损耗，而且这部分热能不可恢复。所以，对于实际流体，任意两个截面上机械能总和并不相等，两者的差值即为机械能损失。因此在进行机械能恒算时，就必须将这部分损耗的机械能加到第二个截面上去。

（3）上述几种机械能都可以用测压管中的一段流体柱的高度来表示，在流体力学中，把表示各种机械能的流体柱高度称为"压头"：

1）表示 1N 流体位能的称为位压头，$H_位$；

2）表示 1N 流体动能的称为动压头或者速度头，$H_动$；

3）表示 1N 流体静压能的称为静压头或者压强压头，$H_静$；

4）表示 1N 流体损失的机械能称为损失压头或者摩擦压头，$H_损$。

（4）当测压管上的测压孔与水流方向垂直时，测压管内液位高度（从测压孔算起）即为这点液体的静压头，它反映了测压点处液体的压强大小。测压孔处液体的位压头则由测压管的几何高度决定。

（5）当测压孔由上述方位转为正对水流方向时，测压管内液位就上升，此时读得数值称为全压头，以 $H_全$（mH_2O）表示，所增加的液体高度，即为测压孔处液体的动压头，它反映出该点水流动时动能的大小。$H_动 = H_全 - H_静$。

（6）管路中任意两个截面上，位压头、静压头、动压头三者总和之差即为损失压头，表示流体流经这两个截面之间时机械能的消耗。

6.2.3 实验装置及流程

实验装置由玻璃变径管、测压管、高位槽、狭缝流量计等组成。玻璃变径管被制成粗细和高低各不相同的 A、B、C、D 等 4 段,如图 6-2 所示。在各截面处具有一根测压管,在每根测压管的底端都有一个可以调节方向的测压孔。

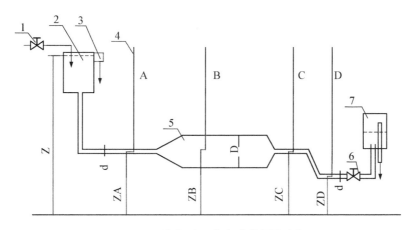

图 6-2 柏努利示范实验装置及流程

1-进水阀 2-高位槽 3-溢流槽 4-测压管(4 支)
5-柏努利变径管 6-出水阀 7-狭缝流量计

6.2.4 实验操作步骤

(1)逐渐开大进水阀的开度,使得高位槽的溢流管有水溢流出。

(2)检查玻璃变径管和测压管内有无气泡,如有气泡可以开大变径管出口调节阀让水流带走,测压管内的气泡可以用橡皮吸球吸除,保证测压孔不被异物堵塞。

(3)关闭出口阀门 6,旋转测压管与水流平衡方向,观察并记录各测压管中的液位高度 H。

(4)将阀门 6 半开,将测压孔转到正对或者垂直水流方向,观察并记录各测压管的液位高度 H'。

(5)将阀门 6 全开,将测压孔转到正对或者垂直水流方向,观察并记录各测压管的液位高度 H''。

(6)实验结束,关闭进水阀和出口阀。

6.2.5 注意事项

(1)进水阀的开度不要太大,避免水流太急流到高位槽外部,同时可以尽量维持高位槽内的液面稳定。

(2)当出口阀开大时应观察高位槽内的液面是否稳定,当液面下降时应该把进水阀的开度开大。

(3)出口阀的调节要缓慢,以免造成流量突然变化。

(4)观察玻璃变径管与测压管内有无气泡,以及测压孔有没有被堵塞,发现异常情况要及时排除。

6.2.6　实验原始数据记录表

表 6-1　柏努利实验原始数据记录表

阀门开度	全 关						半 关						全 开					
测压孔向	正对			垂直			正对			垂直			正对			垂直		
单位：mmH$_2$O	$H_全$	$H_动$	$H_静$	$H_全$	$H_动$	$H_静$	$H'_全$	$H'_动$	$H'_静$	$H'_全$	$H'_动$	$H'_静$	$H''_全$	$H''_动$	$H''_静$	$H''_全$	$H''_动$	$H''_静$
测压管号　A																		
测压管号　B																		
测压管号　C																		
测压管号　D																		

6.2.7　思考题

（1）当出口阀关闭时，

a．各测压管旋转时，液体高度有无变化？这一现象说明什么？这一高度的物理意义是什么？

b．A、B、C、D 测压管的液位高度是否在同一标高上？为什么？

（2）当出口阀半开时，

a．H' 的各物理意义是什么？

b．流体在流动时，什么位置能够提供能量？

c．对同一测压点来说，对应比较 H 与 H' 各差值之差，并分析原因。

d．为什么离水槽越远，$H-H'$ 的差值越大？

（3）当出口阀全开时，

a．为什么液位发生了变化？这一现象说明什么？

b．流速增大，动能如何变化？各对应的测压点的液位又如何变化？

6.3　雷 诺 实 验

6.3.1　实验目的与要求

（1）了解流体的流动类型，观察实际的流线形状，判断其流动类型；

（2）熟悉雷诺准数的测定和计算方法；

（3）确立"层流和湍流与 Re 之间有一定关系"的概念。

6.3.2　实验基本原理

流体在流动过程中有 3 种不同的流动类型，即层流、湍流和介于两者之间的过渡流。当流体处于层流状态时，流体质点做直线运动，流体分层流动与周围的流体没有宏观的混合；当流体处于湍流状态时，流体的质点呈紊乱地向各方向做随机地脉动，流体总体上仍然沿着管道流动。

1883 年,雷诺(Reynolds)在用实验的方法研究流体流动时,发现影响流体流动类型的因素除了流速 u 以外,还有管径 d、流体的密度 ρ 以及黏度 μ,由这四个物理量组成的无因次数群 Re 称为雷诺数:

$$\mathrm{Re} = \frac{du\rho}{\mu} = \frac{d\mu}{\nu} \qquad\qquad (6-3)$$

式中: u——流速,m/s;

　　　μ——流体的黏度,Pa·s;

　　　ρ——流体的密度,kg/m³;

　　　ν——流体的运动黏度,m²/s;

　　　d——管径,m。

大量实验证明,流体在直管内流动时:

当 Re≤2000 时,流体的流动类型为层流。

当 Re≥4000 时,流体的流动类型为湍流。

当 2000＜Re＜4000 时,流体的流动类型可能是层流,也可能为湍流,将这一范围称为不稳定的过渡区。

从雷诺数的定义式来看,对于同一管路 d 为定值时,u 仅为流量的函数。对于流体水来讲,ρ 及 μ 仅为温度的函数。因此确定了温度及流量即可计算出雷诺数 Re。

理论分析和实验证明,流体处于层流状态时,流体的速度沿着管径按照抛物线的规律分布,中心区域的速度最大,越接近管壁流速越慢。当流体处于湍流时,流体的质点发生剧烈分离与混合,所以流体的速度分布曲线不再是严格的抛物线,湍流程度越剧烈,速度分布曲线顶部的区域越广阔和平坦,但即使处于湍流时,靠近管壁区域的流体仍然做层流流动,这一层称为层流内层(或层流底层),它虽然很薄,但是在流体中进行热量和质量的传递时产生的阻力比流体的湍流主体部分大很多。

6.3.3　实验装置及流程

实验装置如图 6-3 所示,实验时水从玻璃水槽 3 流进玻璃管 4(内径 20mm),槽内水由自来水供应,供水量由阀门 6 控制,槽壁外有进水稳定槽 7 及溢流槽 10,过量的水进溢流槽 10 排入下水道。

实验时打开阀门 8,水即由玻璃槽进入玻璃管,经转子流量计 9 后,流进排水管排出,用阀门 8 调节水量,流量由转子流量计 9 测得。

高位墨水瓶供贮藏墨水之用,墨水由红墨水调节阀 2 流入玻璃管 4。

6.3.4　实验操作步骤

6.3.4.1　观察流体流动类型

(1)打开进水阀 6,使得自来水充满玻璃水槽 3,等到溢流槽内有溢流后,保持溢流槽内有一定的溢水量,以确保实验时具有稳定的压头。

(2)少许开启流量调节阀 8,将流量调至最小值,以便观察稳定的层流流型,再缓慢打开红墨水调节阀 2,使得红墨水的注入流速与玻璃导管内的主体流速比较接近,一般略小于主体流体的流速为宜,精心调节到能观察到一条平直的红色细流为止。

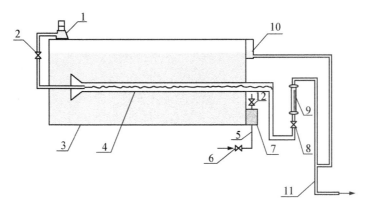

图 6-3　雷诺示范实验装置

1-红墨水瓶　2、6、8、12-阀门　3-玻璃水槽　4-带喇叭口玻璃管
（∅20）　5-进水管　7-进水稳定槽　9-转子流量计　10-溢流槽
11-排水管

（3）缓慢地调节流量调节阀 8，使得水在通过玻璃导管时的流速平稳地增大，直至玻璃管中的直线流动的红色细流开始发生波动时，水的流动进入层流状态，记录水的流量和实验现象。

（4）继续缓慢增大流量调节阀 8 的开度，使得水的流量平稳地增加，这时玻璃导管内水的流型逐步由层流向湍流状态过渡，观察过渡流的现象，记录水的流量和实验现象。

（5）当流量调节阀 8 的开度到达一定程度时，红墨水一旦进入玻璃导管，立即被水分散，呈现烟雾状，这表明流体的流型已经进入到湍流区域，记录水的流量和实验现象。

（6）重复上述第 2 至第 5 步多次，以取得较为准确的实验数据。

（7）关闭红墨水调节阀 2，然后关闭进水阀 6，等玻璃管中的红色消失后，关闭流量调节阀 8，结束本部分实验。

6.3.4.2　流体在圆管内的速度分布曲线的演示

（1）打开进水阀 6，使得自来水充满玻璃水槽。

（2）打开红墨水调节阀 2，在玻璃管内积累一定量的红墨水。

（3）迅速打开流量调节阀 8 至大流量的开度，并注意观察流体在圆形玻璃管内的速度分布曲线。

（4）关闭红墨水调节阀 2，然后关闭进水阀 6，等玻璃管中的红色消失后，再关闭流量调节阀 8。

6.3.5　注意事项

（1）要保证实验数据的准确性，尽量使实验装置以及周围现场保持安静。

（2）流体的流量调节要缓慢、平稳。

（3）墨水注入量控制适当，不易过大，否则既浪费又影响实验结果。

（4）当实验装置较长时间不用时，应将装置内的水放空。

6.3.6　实验数据记录表

表 6 - 2　雷诺实验数据记录表

水的温度_____℃　　　　　　　水的黏度_____×10⁻³ Pa·s

水的密度_____kg/m³　　　　　　管的内径_____mm

序号 \ 项目	流速测定			雷诺准数	流动类型	
	转子流量计读数/L·h⁻¹	流量 V_s ×10⁴ /m³·s⁻¹	流速 u /m·s⁻¹	Re	据 Re 做出判断	实际观察到的类型
1						
2						
3						
4						
5						
6						

6.3.7　结果分析与讨论

（1）流量从小做到大,当刚开始湍流时,测得雷诺数是多少? 与理论值 2000 是否有差距? 请分析原因。

（2）Re 测量值与观察到的流动类型是否一致? 请分析原因。

6.3.8　思考题

（1）影响流体流动类型的因素有哪些?

（2）如何判断流体的流动类型?

（3）如果说可以只用流速来判断管中流动类型,流速低于某一具体数值时是层流,否则就是湍流,你认为这种观点是否正确? 在什么条件下可以只由流速的数值来判断流动类型?

（4）在观察流体在圆管内的速度分布时,红墨水顶部的形状能说明什么?

（5）如果管子是不透明的,不能通过直接观察来判断管中的流动类型,应该如何来判断管中的流动类型?

（6）研究流动形态在工程上有何现实意义?

6.4　绕 流 实 验

6.4.1　实验目的

通过实验,可以直接观察到:当流体经过的流道有弯曲、突然扩大或缩小、或绕过物体流动时,可造成边界层分离,形成旋涡,引起能量损耗,这种阻力称形体阻力。在输送流体时,要尽量避免此现象,但在传质和传热过程中,形成适当的旋涡,有利于传热、传质过程。

6.4.2　实验装置及形体

绕流实验装置及形体如图 6-4 所示。

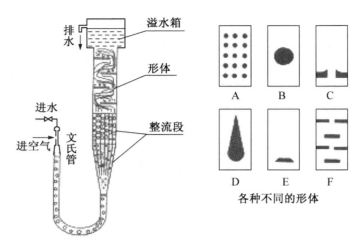

图 6-4　绕流实验装置及形体

6.4.3　实验操作步骤

打开电源,开启进水泵,并开启进水阀门,水流经文氏管,吸入空气,混入水中形成一连串气泡随流体进入整流段,通过不同的形体,到溢水箱排出。仔细观察流经各种形体时所发生的边界分离现象及产生的旋涡状态。

6.4.4　现象观察及结果分析

(1) 观察并详细记录流体流经形体时所看到的现象,分析此现象在实际生产中的现实意义。

(2) 观察流体进入形体 B 前后的流线形态情况,并给予分析说明。

(3) 观察并比较流体离开形体 B 和 D 时的形态情况,并说明其现实意义。

第**7**章 基础实验

7.1 离心泵特性曲线测定

7.1.1 实验目的与要求

（1）熟悉离心泵的操作方法，了解离心泵的构造及其安装要求。
（2）学会离心泵在一定转速下的特性曲线测定方法。
（3）明确离心泵特性曲线在生产实践中的意义与作用。

7.1.2 实验基本原理

离心泵是输送流体的常见机械设备之一。离心泵是依靠叶轮旋转时产生的离心力输送液体的，叶轮内的液体受到叶片的推动与叶片一起旋转。在离心力的作用下，液体由叶轮中心向叶轮外周运动，并被甩到泵壳的流道中。同时，在叶轮吸入口处形成低压区，使得水池内的液体被不断吸入和压出，产生连续的输送作用。

在启动离心泵之前，为了避免产生气缚现象，需要向离心泵和吸入管内灌注液体，为了保证灌满液体，需要在离心泵的吸入管的进口处安装一个单向阀，而且为了保护离心泵的正常工作，还需在进口处安装一个过滤器，以拦截液体中的固体杂质，避免固体杂质进入输送管路中。

在选泵时，根据产生的扬程和流量参照泵的特性来决定。对一定类型的泵来说，泵的特性主要是指在一定的转速下，泵的流量、扬程、功率和效率等。

假定液体为理想流体，即黏度等于零，叶片无限多，可推导出扬程的理论计算公式。对于后弯叶片，流量和理论扬程的关系如图 7-1 中的 Ⅰ 线所示。实际上由于叶片是有限的，液体不是严格按照叶片的轨道流动，而是有环流产生，产生涡流损失，考虑这种因素后的扬程只能达到图中的 Ⅱ 线。同时，实际流体从泵的出口到进口有阻力损失，约与流量的平方成正比，考虑这部分损失后的扬程线为图中的 Ⅲ 线。在实际操作中，如果操作流量偏离设计流量，导致液体对叶轮的冲击加剧，产生冲击损失，考虑到这项损失后即可得到泵的实际扬程 H 和 Q 的关系曲线 Ⅳ。

显然，以上讨论的这些损失是难以计算的，对每台泵的特性必须用实验求得，通常的实验方法是：在实验装置中（一般在出口管路上）安装一流量计，以测定其流量，同时在泵的进、出口管上各安装真空表和压力表，根据真空表和压力表读数可计算泵的扬程，其计算式为：

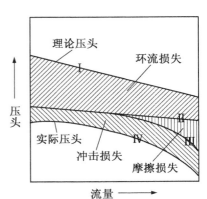

图 7-1 离心泵的理论压头与
实际压头

$$H = \left(\frac{p_2}{\rho g} - \frac{p_1}{\rho g}\right) + (z_2 - z_1) + \frac{u_2^2 - u_1^2}{2g} \qquad (\mathrm{mH_2O} \text{ 柱}) \qquad (7-1)$$

式中：p_2——压力表的读数，即 $p_{压}$；

　　　p_1——真空表的读数，即 $p_{真}$。

　　理论上，$p_{压}$ 的数值为正值，$p_{真}$ 的数值为负值。为了简化计算，使用公式（7-2）计算，此时公式中的 $p_{压}$ 为压力表的读数，$p_{真}$ 为所记录数据的绝对值，即要大于零，如果将小于零的数值代入公式中，则计算结果偏小。

$$H = (p_{压} + p_{真}) \times 102 + h_0 + \frac{u_2^2 - u_1^2}{2g} \qquad (\mathrm{mH_2O} \text{ 柱}) \qquad (7-2)$$

式中：H ——泵扬程，$\mathrm{mH_2O}$ 柱；

　　　$1\mathrm{MPa} = 102\mathrm{mH_2O}$ 柱；

　　　p_2、p_1——测点的绝对压强，MPa；

　　　$p_{压}$、$p_{真}$——出口管的压力表和进口管的真空表所测得的压强，MPa；

　　　h_0——压力表和真空表测压引出点之间的垂直距离，m；

　　　u_2、u_1——出口管和进口管中液体的流速，m/s。

　　在离心泵的转速一定的情况下实验时，要测量记录流量、压出管和吸入管的压强，计算出离心泵的扬程，还要测量记录泵的功率，然后计算出泵的效率 η。

　　泵的功率在泵的特性中有 2 个基本含义：有效功率和轴功率。

　　泵的有效功率：

$$N_e = \frac{H \cdot Q \cdot \rho \cdot g}{3600 \times 1000} \qquad (\mathrm{kW}) \qquad (7-3)$$

式中：Q——泵的实际输出液，$\mathrm{m^3/h}$；

　　　H——泵的扬程，$\mathrm{mH_2O}$ 柱；

　　　ρ——液体的密度，$\mathrm{kg/m^3}$；

　　　g——重力加速度，$g = 9.81\mathrm{m/s^2}$。

　　泵的轴功率在本实验中不能直接测量，而是测定电机的输入功率，由式（7-4）换算得到：

$$N_{轴} = W_{电} \times \sqrt{3} \times \eta_{电} \times \eta_{传} /1000 \qquad (\mathrm{kW}) \qquad (7-4)$$

式中：$W_{电}$——电机输入功率，kW；

　　　$\eta_{电}$——电动机的效率，本装置约为 0.51；

　　　$\eta_{传}$——传动效率 0.98，根据传动方式而定，本泵用联轴节（靠背轮）传动。

　　泵的效率为有效功率 N_e 和轴功率 $N_{轴}$ 的比值。

$$\eta = \frac{N_e}{N_{轴}} \times 100\% \qquad (7-5)$$

　　上述各项离心泵的性能参数都不是孤立的，而是相互制约、相关关联的。为了准确表征离心泵的性能，需要将一定转速下测得的各对应参数（$H \sim Q$，$N \sim Q$，$\eta \sim Q$）标绘在笛卡尔（直角）坐标系上，便得到了离心泵在一定转速下的特性曲线。离心泵特性曲线对离心泵的操作性能能够比较完整地加以说明，并由此可以确定泵的最适宜的操作状况。

　　各种泵的特性曲线均已经列入泵的样本中，以供选择离心泵时参考。在离心泵的效率曲线上存在着一个最高点，这个最高点对应的诸个参数称为离心泵的设计点，也称为离心泵的最高效率点,离心泵正常工作时,流量应该调节至设计点流量附近。轴功率曲线表明泵的轴功率随着流量的增大而增大,为了降低离心泵的启动负荷,启动离心泵时应该关闭流量调节阀,等启动后再缓缓地打开,否则,在启动瞬间的电流很大,很可能把电机烧毁。离心泵在正常运转时,转速可以达到 2900r/min。

7.1.3　实验装置及流程

离心泵在启动前要打开自来水阀灌水。水池的水由底阀抽入离心泵,经涡轮流量计计量后,由出口阀调节流量,然后循环流回水池(图 7 - 2)。

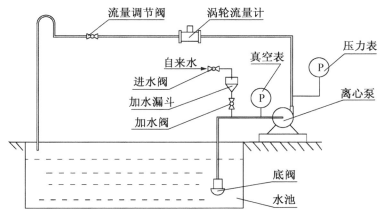

图 7 - 2　测定离心泵特性曲线的实验装置及流程

7.1.4　实验操作步骤

本实验通过调节阀门改变流量,测得不同流量下离心泵的各项性能参数。

(1) 在进行实验前,首先打开漏斗下的阀门,然后打开自来水阀,向离心泵灌水,排除泵内的气体(打开流量调节阀),待漏斗液位不再下降时,关闭自来水阀,关闭漏斗下的阀门。

(2) 按启动按钮,启动电动机。

(3) 慢慢打开调节阀,把流量调节到最大。

(4) 在流量为零和最大的变化范围内,取 10～15 个数据进行实验数据的分割。

(5) 调节阀门,使流量调至已分割数值(或者附近)。

(6) 待调节后的流量稳定后,读取仪表上的数据,并记录,特别不要忘记流量为零时的各有关参数。

(7) 待已分割流量值测完后,关闭调节阀。

(8) 将记录的实验数据整理好后,交于实验指导老师审核签字,实验数据通过老师审核后,方可结束实验。此时应先关闭出口阀,再关闭离心泵,并使系统、仪表均恢复原状。

(9) 测量水温。

(10) 测量真空表和压力表引出口之间的垂直距离 h_0。

(11) 搞好实验场所的卫生,经老师同意后离开实验室。

7.1.5　实验原始数据记录表

表 7－1　离心泵特性曲线实验原始数据记录表

型号：IH50－32－125　　　转速：2900r/min　　　水温：_____℃
吸入管规格：∅57×3.5　　　压出管规格：∅38×2.5　　h_0：_____cm

次数＼项目	流量计读数 /$m^3 \cdot h^{-1}$	压力表读数 /MPa	真空表读数 /MPa	电功率 表读数/W
1				
2				
⋮				

同组实验者：　　　　　　　　　　　　　教师签字：

（原始数据表中的行数不少于 11 行）

7.1.6　数据处理

（1）实验中，每一实验小组将实验数据记录在一份规整、标准的上述格式的记录表中，书写要认真。实验结束后，同组同学在此记录表上签名，指导教师检查数据后签名，将此签名原始数据带回，附于同组某一同学的实验报告后面上交。

（2）将实验原始测试数据手抄于自己的实验报告中，并计算实验结果。

（3）实验报告中的数据处理要有一组数据计算过程举例，每组同学不得以同一组数据作为计算实例。

（4）打印出数据处理表和所绘的离心泵特性曲线上交。

表 7－2　离心泵特性曲线测定实验数据处理结果表

次数＼项目	流量 Q/$m^3 \cdot h^{-1}$	扬程 H/mH_2O柱	轴功率 $N_{轴}$/kW	泵效率 η/%
1				
2				
⋮				

7.1.7　结果分析与讨论

（1）分析和讨论离心泵的扬程、轴功率及泵的效率与流量之间的关系，并分析结果的工程实际意义。

（2）对实验数据进行必要的误差分析，总结所得到的实验结果的好与差，分析其中的原因。

（3）如果让自己搭建一套装置，应该对现有的装置做哪些改进？

（4）本实验中，吸入管与压出管的直径不相同，如果两者的直径相同，离心泵特性曲线的变化趋势如何？试分析说明。

7.1.8　思考题

（1）离心泵在启动前为什么必须灌水排气？

（2）能否在正常工作的离心泵的进口管设置阀门，为什么？

（3）为什么要在离心泵进口管的下端安装底阀？

（4）若将本离心泵安装高度再提高 5m，请你分析一下，可能会出现什么问题？

（5）若要实现计算机在线测控，应如何选用测试传感器及仪表？

7.2　流体流动阻力的测定

7.2.1　实验目的与要求

（1）测定流体通过直管的摩擦阻力，整理出直管摩擦阻力系数与雷诺准数之间的关系曲线。

（2）测定阀门的流体阻力，并求出阀门的阻力系数。

（3）掌握流量计、压差计的基本原理和构造以及使用方法。

（4）了解流体流动的过程控制方法。

7.2.2　实验基本原理

流体管路由直管、管件（如三通、弯头）、阀门等部件组成。流体在管路中流动时，由于黏性剪应力和涡流作用，不可避免地要消耗一定的机械能。

流体流过管路的流动阻力分为直管阻力和局部阻力两部分。流体在直管中流动的机械能损失称为直管阻力。当流体流经阀门、管件等部件时，因为流动方向或者流动截面的突然改变造成的机械能损失称为局部阻力。

管路阻力的计算是流体输送的核心问题之一，也是管路设计的重要内容，对于确定流体输送所需要推动力的大小，选择适当的输送条件起着非常重要的作用。管路阻力的计算是建立在实验测定的基础上的。

7.2.2.1　直管阻力的测定

流体流过圆形直管时，由截面 1 流至截面 2 时的阻力损失大小，可根据柏努利方程计算得出：

$$h_f = \left(\frac{u_1^2}{2g} + \frac{p_1}{\rho g} + z_1 \right) - \left(\frac{u_2^2}{2g} + \frac{p_2}{\rho g} + z_2 \right) \qquad (\text{mH}_2\text{O 柱}) \qquad (7-6)$$

对于流体在水平的、均匀的管道中稳定流动时，由截面 1 流动至截面 2 的阻力损失为

$$h_f = \frac{p_1 - p_2}{\rho g} = \frac{\Delta p}{\rho g} \qquad (\text{mH}_2\text{O 柱}) \qquad (7-7)$$

式中：Δp——直管上所选取的截面 1 和截面 2 之间的压强差，Pa；

ρ——液体的密度，kg/m^3；

g——重力加速度，$g = 9.81 m/s^2$。

实验时，流量由涡轮流量计测得。在某一固定流量下，当管径已知时，则可计算出管内流速。

在测定了流量 Q 之后，在已知被测量的管子长度和直径的前提下，只要测出直管两端面间的压强差 Δp，即可计算出直管的阻力损失压头 h_f。测定压强差 Δp 时，根据差压的大小，分别选用倒 U 型管压差计和差压测量仪（数字显示类型）。

$$\Delta p = \frac{g R (\rho_{测} - \rho_{示})}{1000} \qquad (\text{Pa}) \qquad (7-8)$$

式中：R——倒 U 型管压差计读数，mm。

　　$\rho_测$、$\rho_示$——被测液体指示液和指示剂的密度，kg/m^3；实验中分别是水和空气。

　　在小流量下，使用倒 U 型管压差计，则：

$$h_f = \frac{p_1 - p_2}{\rho_水 g} = \frac{\Delta p}{\rho_水 g} = \frac{gR(\rho_水 - \rho_{空气})}{\rho_水 g} \qquad (mH_2O \text{ 柱}) \qquad (7-9)$$

　　在实验条件下，$\rho_水 \geqslant \rho_{空气}$，可以近似得出：

$$h_f = \frac{R}{1000} \qquad (mH_2O \text{ 柱}) \qquad (7-10)$$

　　当液体流量较大时，直管的压差不能使用倒 U 型管压差计测量，要切换到差压数显仪测量，这时直接记录 Δp 的数值，单位为 kPa，这种情况下：

$$h_f = \frac{1000\Delta p}{\rho_水 g} \qquad (mH_2O \text{ 柱}) \qquad (7-11)$$

7.2.2.2　直管摩擦阻力系数 λ 的测定

　　已知直管段的长度 $l=1.65$m，直径为 $d=0.018$m。

　　由理论分析已知：流体流过直管时摩擦阻力系数 λ 与损失压头 h_f 之间的关系可用范宁方程来表示：

$$h_f = \lambda \frac{l}{d} \frac{u^2}{2g} \qquad (7-12)$$

式中：h_f——损失压头，mH_2O 柱；

　　　λ——摩擦阻力系数；

　　　$\dfrac{l}{d}$——管子的长度与直径之比；

　　　u——管内流体的平均流速，m/s。

　　由式(7-12)得到直管段的摩擦阻力系数 λ：

$$\lambda = \frac{h_f}{u^2} \frac{2gd}{l} \qquad (7-13)$$

　　当流量改变时，直管两端的压强差 Δp 也相应改变，由(7-13)式可求得不同流量时所对应的 λ 值。同时，在流量 Q 已知条件下，流经该直管流体的雷诺数 $Re = \dfrac{du\rho}{\mu}$ 也可求得。

　　由此可分别测算出不同流速下的 Re 值和 λ 值，将此对应关系绘制到双对数坐标纸上，即得到 $\lambda \sim Re$ 关系曲线。

7.2.2.3　局部阻力系数的测定

　　用下式计算局部阻力：

$$h_{f局} = \xi \frac{u^2}{2g} \qquad (mH_2O \text{ 柱}) \qquad (7-14)$$

式中：$h_{f局}$——局部阻力，mH_2O 柱；

　　　ξ——局部阻力系数。

　　局部阻力也可以"折算"为当量的直管阻力来考虑，公式如下：

$$h_{f局} = \lambda \frac{l_e}{d} \frac{u^2}{2g} \qquad (7-15)$$

式中：l_e——局部阻力的"当量管长"。

由(7 - 14)式可得：

$$\zeta = \frac{2gh_{局}}{u^2} \qquad\qquad (7 - 16)$$

实验中，只要测取流量 Q 和阀门的压强差 Δp，就可用上式计算出局部阻力 $h_{局}$ 和局部阻力系数 ζ。

由于测压孔不可能紧靠阀门，否则阀门引起涡流会影响压强差测定的准确性，所以实验测得的压降是总压降 $\sum \Delta p$（包括了阀门以及两测压点间的压降），我们要求得阀门的压降，故应减去两端直管部分的压降：

$$\Delta p_{阀} = \sum \Delta p - \Delta p_{直管} \qquad\qquad (kPa) \qquad\qquad (7 - 17)$$

两端直管阻力损失可按(7 - 12)式计算，此直管为不锈钢光滑管，内径 $d = 0.027m$，长度 $l = 0.33m$。由于阀两端的直管和前面测摩擦阻力的直管的管径不同，故它们的 Re 值和 λ 值是不同的，λ 值的计算公式如下：

$$\lambda = 0.0056 + \frac{0.500}{Re^{0.32}} \qquad (3000 < Re < 3 \times 10^6) \qquad\qquad (7 - 18)$$

局部阻力损失 $h_{f局}$ 和局部阻力系数 ζ 计算公式如下：

$$h_{f局直管} = \lambda \frac{l}{d} \frac{u^2}{2g} \qquad\qquad (mH_2O 柱) \qquad\qquad (7 - 19)$$

$$\sum h_{f局} = \frac{1000 \sum \Delta p}{\rho g} \qquad\qquad (mH_2O 柱) \qquad\qquad (7 - 20)$$

$$h_{f局阀} = \sum h_{f局} - h_{f局直管} \qquad\qquad (mH_2O 柱) \qquad\qquad (7 - 21)$$

$$\zeta = \frac{2gh_{f局阀}}{u^2} \qquad\qquad (7 - 22)$$

7.2.3 实验装置及流程

如图 7 - 3 所示，离心泵 6 打出的水经涡轮流量计 8 由调节阀 9 控制流量，流体先经过截止阀，然后进入不锈钢光滑管，最后循环流回水池，气体经放气罩排空。测定粗糙管的液体阻力时，流体流经涡轮流量计 8，由调节阀 9 控制流量。

在阀门的两侧装引压管将压力引到压力变送器，把信号送入差压数显仪。被测直管的差压分别引到压力变送器和倒 U 型管压差计，实验中小流量时用倒 U 型管压差计，大流量时用差压数显仪。

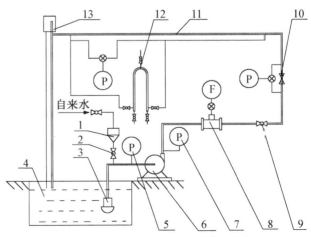

图 7 - 3 流体流动阻力实验装置流程

1-加水漏斗 2-加水阀 3-底阀 4-水池 5-真空表
6-离心泵 7-压力表 8-涡轮流量计 9-流量调节阀
10-被测局部阻力阀 11-被测光滑直管 12-倒 U 型管
压差计 13-放气装置

7.2.4　实验操作步骤

7.2.4.1　数据分割

(1) 开流量调节阀 9,调节流量达到最大。

(2) 在流量值 0.4m³/h 至最大的变化范围内,取 10～15 个数据进行实验数据的对数分割。

7.2.4.2　排除空气

(1) 开压力变送器平衡阀,再开排气阀,将测压管、仪表引压管内的空气排尽,然后关排气阀,关平衡阀。

(2) 将倒 U 型管压差计上面的排气阀、两侧的引压阀打开,排气。

(3) 关倒 U 型管压差计两侧的引压阀,开底部排水阀,把倒 U 型管压差计的液位调到 300～350mm 处,然后关排气阀。

(4) 关流量调节阀 9,待流量为零时,打开倒 U 型管压差计两侧的引压阀,此时倒 U 型管压差计两边的液面应平衡,否则说明测压管中可能有空气存在,那么所得的数据就不准确了,必须重新排气。

7.2.4.3　数据测定

调节阀门 9,使流量由小至大,在各参数稳定后按要求记录数据。实验中小流量时(前八个数据)用倒 U 型管压差计,大流量时用差压数显仪。在测定光滑管阻力的同时,也记录阀门局部阻力,阀门局部阻力在小流量时前三个数据不要记录。

7.2.4.4　结束实验

实验结束时,打开平衡阀,关闭流量调节阀,最后关闭离心泵。

7.2.5　注意事项

(1) 离心泵启动之前要灌水,严禁在没有水的情况下启动离心泵。

(2) 测定压差时,要注意倒 U 型管压差计阀门的开关顺序,调节其两边的液位达到平衡。

(3) 流量调节要缓慢,而且要尽量朝着一个方向旋转阀门。

(4) 因为数据显示仪表存在着一定的滞后现象,每次旋转一定的阀门后要等流量显示稳定后再根据数据的显示来确定是否达到所需要的流量分割值附近,再确定是否继续开大阀门的开度,等流量调节好后,需等到流量和压差的数据稳定以后记录实验数据。

7.2.6　实验原始数据记录表

表 7-3　流体流动阻力实验原始数据记录表

班级_____　日期_____　设备号_____　水温_____℃

次数　　　项目	流量计读数/m³·h⁻¹	光滑管差压读数			阀门差压读数 Δp/kPa
		倒 U 型管压差计 R/mm		数显仪 Δp/kPa	
		左	右		
1					
2					
⋮					

同组实验者：　　　　　　　　　　　　　教师签字：

7.2.7　数据处理

（1）实验中,每一实验小组将实验数据记录在一份规整、标准的上述格式的记录表中,书写要认真。实验结束后,同组同学在此记录表上签名,指导教师检查数据后签名,将此签名原始数据带回,附于同组某一同学的实验报告后面上交。

（2）将实验原始测试数据手抄于自己的实验报告中,用计算机计算实验结果。

（3）实验报告中的数据处理要有一组数据计算过程举例,每组同学不得以同一组数据作为计算实例。

（4）打印出数据处理表和所绘的 λ 与 Re 关系曲线(作在双对数纸上)。

表 7-4　直管摩擦阻力系数实验数据处理结果表

序号	流量计读数/m³·h⁻¹	阀门差压读数 Δp/kPa	压差计示数/Pa	直管阻力压头损失 h_f/mH₂O 柱	直管流速 u/m·s⁻¹	直管摩擦阻力系数 λ	Re
1							
2							
3							
⋮							

表 7-5　阀门局部阻力系数实验数据处理结果表

序号	流量计读数/m³·h⁻¹	阀门差压读数 Δp/kPa	阀门处直管段流速 u/m·s⁻¹	阀门直管段雷诺数 Re	阀门处摩擦阻力系数 λ	$h_{f局部直管}$/mH₂O 柱	$\sum h_{f局部}$/mH₂O 柱	$h_{f局部阀门}$/mH₂O 柱	ξ
1									
2									
3									
4									
⋮									
阀门局部阻力系数 ξ 的平均值:									

7.2.8　结果分析与讨论

（1）讨论实验中得到的 λ 与 Re 之间的关系,评价实验结果的工程实际意义,以及从中得出的结论。

（2）对实验数据进行必要的误差分析,对误差进行评价,分析原因。

7.2.9　思考题

（1）流体流动时为什么会产生摩擦阻力？摩擦阻力以哪几种形式反映出来？

（2）流体流动时所产生的阻力大小,在实际生产中有何意义？

（3）为什么要对实验数据进行双对数分割？

（4）涡轮流量计测量流量的原理是什么？

（5）在流量测量上，为什么要装两只量程不相同的流量计？在直管测量上又为什么要装两个不同的压差计？

（6）为何要进行管路系统的排气？在差压变送器上装设的"平衡阀"有何作用？在什么情况下它是开着的，什么情况下它应该是关闭的？在进行测试系统的排气操作时，是否应关闭流量调节阀，为什么？如何检验测试系统内的空气已经被排除干净？发现有气体存在，如何排除？

7.3　板框压滤机过滤常数的测定

7.3.1　实验目的与要求

（1）通过实验，加深对过滤单元操作的理解，掌握压滤操作的全过程：调料、组装、过滤、洗涤（吹气）、去饼、洗涤等实际操作步骤；

（2）学习并掌握过滤方程式中常数 K、q_e 及 θ_e 的测定方法；

（3）了解板框压滤机的结构；

（4）熟悉板框压滤机的实验流程以及流程中各机械设备的基本结构和作用。

7.3.2　实验原理及参数测量

7.3.2.1　实验原理

过滤是分离液-固或者气-固非均相混合物的常用方法。利用过滤介质，使只能通过液体或者气体而不让固体颗粒通过，从而完成液-固相或者气-固相混合物的分离。当过滤分离悬浮液时，将待分离的悬浮液称为滤浆，透过过滤介质得到的清液称为滤液，截留在过滤介质上的颗粒层称为滤饼。过滤的推动力有重力、压力（或真空）、离心力。

过滤过程所用的基本构件为过滤介质，它是用来截留非均相混合物中的固体颗粒的多孔性物质，常用的有织物介质（如滤布）、多孔固体介质（素烧陶瓷、烧结金属等）、堆积介质（木炭、石棉粉等）、多孔膜（由高分子材料制成）等。常见的典型过滤设备有板框压滤机、加压叶滤机、转筒真空过滤机等，新型的过滤设备有板式密闭过滤机、卧式密闭过滤机、排渣过滤机、袋式过滤机和水平纸板精滤机等。

过滤机理可以分为两大类：滤饼过滤和深层过滤。滤饼过滤时，固体颗粒在过滤介质的表面积累，在很短的时间内发生架桥现象，不断沉积的滤饼层也起到了过滤介质的作用，颗粒在滤层表面被拦截下来。而在深层过滤中，固体离子在过滤介质的孔隙内被截留，分离过程发生在过滤介质的内部。在实际过滤中，这两种机理可能同时或者前后发生。

本实验采用以压力为推动力的板框压滤机。

7.3.2.2　过滤基本方程式

过滤操作的基本参数主要包括过滤推动力 F、过滤面积 A、滤液体积 V、过滤速度 u、介质常数 q_e 以及滤饼常数 k 等。过滤基本方程式表达了在过滤过程中任一瞬时的过滤速度与过滤推动力、过滤时间、滤液量、液体的黏度、滤饼阻力和过滤介质阻力等之间的关系。

在压差不变的情况下，单位时间通过过滤介质的液体量也在不断下降，即过滤速度不断降低。过滤速度 u 的定义是单位时间、单位过滤面积内通过过滤介质的滤液量，即

$$u = \frac{dV}{A d\theta} = \frac{dq}{d\theta}$$

（7－23）

式中：A—— 过滤面积，m^2；

θ—— 过滤时间，s；

V——通过过滤介质的滤液量，m^3。

可以预测，在恒定压差下，过滤速度 $dq/d\theta$ 与过滤时间 θ 之间有如图 7-4 所示的关系，单位面积的累计滤液量 q 和 θ 的关系如图 7-5 所示。

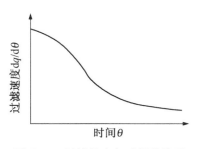

图 7-4　过滤速度与时间的关系

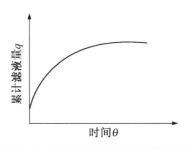

图 7-5　累计滤液量与时间的关系

影响过滤速度的主要因素除势能差（$\triangle p$）、滤饼厚度外，还有滤饼、悬浮液（含有固体粒子的流体）性质、悬浮液温度、过滤介质的阻力等，故难以用严格的流体力学方法处理。

比较过滤过程与流体经过固体床的流动可知：过滤速度即为流体经过固定床的表观速度 u。同时，液体在由细小颗粒构成的滤饼空隙中的流动属于低雷诺范围，可利用流体通过固体床压降的简化模型。对于不可压缩的滤饼，过滤速率可以表示为

$$\frac{dV}{d\theta} = \frac{p^{1-S}A^2}{\mu rC(V+V_e)} = \frac{p^{1-S}A^2}{\mu r'C'(V+V_e)} \qquad (7-24)$$

式中：V——滤液体积，m^3；

V_e——过滤介质当量滤液体积，m^3；

θ——过滤时间，s；

A——过滤面积，m^2；

p——过滤压力，Pa；

μ——滤液黏度，Pa·s；

r——过滤介质比阻，$1/m^2$；

r'——滤渣比阻，m/kg；

C——单位体积滤液的滤渣体积，m^3/m^3；

C'——单位体积滤液的干滤渣质量，kg/m^3；

S——滤渣压缩性指数。

当过滤在恒压下操作时，如滤渣是不可压缩性的，则 $S=0$，p 为常数。本实验中的滤渣是碳酸钙，其 S 值为 0.19。

令　　　　$k = \dfrac{p^{1-S}}{\mu rC} = \dfrac{p^{1-S}}{\mu r'C'}$

对（7-24）式分离变量再积分得

$$(V+V_e)^2 = 2kA^2(\theta+\theta_e) \qquad (7-25)$$

$$V_e^2 = 2kA^2\theta_e \qquad (7-26)$$

令 $q = \dfrac{V}{A}$，$q_e = \dfrac{V_e}{A}$，$K = 2k$，代入(7−25)、(7−26)式得

$$(V + V_e)^2 = KA^2(\theta + \theta_e) \tag{7−27}$$

$$(q + q_e)^2 = K(\theta + \theta_e) \tag{7−28}$$

$$q_e^2 = K\theta_e \tag{7−29}$$

对(7−27)式微分得　　　$\dfrac{\mathrm{d}\theta}{\mathrm{d}V} = \dfrac{2}{KA^2}V + \dfrac{2}{KA^2}V_e \tag{7−30}$

对(7−28)式微分得　　　$\dfrac{\mathrm{d}\theta}{\mathrm{d}q} = \dfrac{2}{K}q + \dfrac{2}{K}q_e \tag{7−31}$

式中：K——过滤常数，$\mathrm{m^2/s}$；

　　　q——单位面积的过滤液体积，$\mathrm{m^3/m^2}$；

　　　q_e——单位面积当量过滤液体积，$\mathrm{m^3/m^2}$。

实验测得参数是 V 和 θ 增量值，以增量代替导数，则(7−30)式可写成

$$\frac{\Delta\theta}{\Delta V} = \frac{2}{KA^2}\overline{V} + \frac{2}{KA^2}V_e \tag{7−32}$$

以 $\dfrac{\Delta\theta}{\Delta V} \sim \overline{V}$（相邻两个 V 值的平均值）作图得一条直线，此直线的斜率 $m = \dfrac{2}{KA^2}$，截距 $I = \dfrac{2}{KA^2}V_e$。

可求得，$K = \dfrac{2}{mA^2}$，$q_e = \dfrac{V_e}{A}$，$I = \dfrac{2}{KA}q_e$，$q_e = \dfrac{IKA}{2}$。

从(7−29)式得 $\theta_e = q_e^2/K$。 $\tag{7−33}$

7.3.3　实验装置及流程

在本实验室内，有两种类型的板框式压滤机实验装置，所采用的基本原理相同，但在具体操作上略有差异。两种类型的压滤机分别称为装置Ⅰ和装置Ⅱ，具体的装置、流程及操作过程详述如下。

7.3.3.1　装置Ⅰ

（1）实验流程如图 7−6 所示，分别可进行过滤、洗涤和吹干三项操作。

碳酸钙悬浮液在配料槽内配制，搅拌均匀后放入压料槽。滤浆在一定压力下进入过滤机，经过滤机后，滤液流入计量槽，碳酸钙颗粒截留在滤布上形成滤饼，过滤完毕后，用水洗涤和压缩空气吹洗。

（2）实验操作步骤

本实验装置由配料槽、板框压滤机、压料槽、滤液计量槽、压水槽、空压机组成。

1）配滤浆：把碳酸钙称重后加入配料槽，然后打开阀 14 加水，打开阀 13 通压缩空气，搅拌均匀，需配制约 55～60cm 高度配料槽中的原料液，用密度计测密度。本实验配成密度约为 1043kg/m³ 的浆料，约在 100kg 水中加入碳酸钙 5kg，用玻美计测得 $\mathrm{Be^0} \geqslant 3.0$。打开阀 1，向两只压料槽各放约 25～30cm 深度的滤浆。**请注意：由于两只压料槽并置，为使各槽内的料液量基本相等，放料时要先打开一只压料槽的阀门，当配料槽的液位高度降到一半时，关闭这只槽的阀门，然后再打开另一只压料槽的阀门放料，放完配料槽内的料液后一定将此压料槽的进**

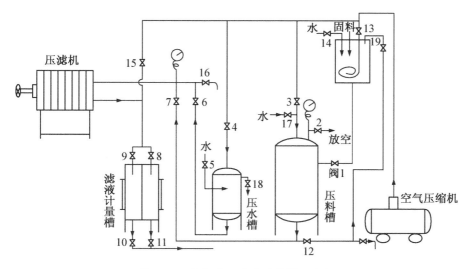

图 7-6 板框式压滤实验装置 I 流程

料阀门关闭,否则一施加压力,会造成配料槽的喷浆。放料后,控制并保持压料槽内压强为 0.05MPa 左右。

2)组装:松开压滤机螺杆,取出滤框,并在框边盖上浸湿滤布,密封垫片(橡胶板)对准通道,依照先后次序将板、框、板进行组装。之后压紧螺杆,先通水试压,合格后方可通滤浆以准备数据测定。

3)过滤:打开调节阀 3 和调节阀 2,控制压料槽中压缩空气的进出量,使槽内压强升高并控制在 0.05MPa 左右,在这一恒定压力推动下,才能进行过滤有关参数值的测量。

4)打开调节阀 7、8,压料槽压强可能有所下降,再调到原操作压强。最初一段时间中从调节阀 8 出来的滤液可能有些混浊,待滤液清了以后,开始测定过滤时间 $\Delta\theta$ 和滤液增加的高度 ΔH,过滤时间 $\Delta\theta$ 用两只秒表交替使用而测定,ΔH 每上升 4cm 读一次。读数时必须注意两点:一是计量槽满后须切换,并将满液的计量槽内的液体放至一定的液位高度以备用;二是压料槽中的操作压力一定要维持恒压。

5)当过滤进行到一定时间后,即滤液每升高 2cm 所需的时间间隔等于或大于 90s 时,迅速关闭阀 7,同时预先记下进入压滤机前压力表(在阀 7 的上方)的数值后,结束过滤操作,准备测定洗涤速度。

6)水洗:先缓慢打开阀 5,使压水槽充水并升压,再缓慢打开阀 6,细心观察并认真控制压滤机前的压力表指针指示值与过滤结束时的压力相同,此时框内滤渣洗涤,用测定过滤速度时的方法来测量洗涤时间 2～3 次,并与最终过滤速度相比较。

7)吹气:将一只接料桶置于阀 16 附近。关闭阀 6、8,打开阀 16,缓慢打开阀 15,吹气一分钟,关闭阀 15、16,打开阀 8。

8)设备清洗:松开螺杆,取出滤饼,放回调料槽,洗净板框及滤布,打开阀 19,把未用完的滤液压回配料槽,清洗管道及压料槽,擦净过滤设备上飞溅的料浆,放好板框,晾好滤布。

9)数据审核:每组整理出一份原始数据,同组成员在原始数据记录表上签名,将原始数据交于实验指导老师审核,审核通过后老师签字,将此签名原始数据带回,附于同组某一同学的实验报告后面上交,结束实验。

（3）实验原始数据记录表（表7－6）

表7-6　过滤实验原始数据记录表

班级_____　　　　日期_____　　　　设备号_____

恒压强 Δp _____ MPa　计量槽容量比值 R _____ L/cm

浆料浓度 Be^0 _____　　板框尺寸长_____ mm,宽_____ mm

次数＼项目	计量槽液位上升 ΔH 值/ cm	计量时间 $\Delta \theta$ 值/s
0		
1		
2		
⋮		

同组实验者：　　　　　　　　　　　教师签名：

7.3.3.2　装置Ⅱ

（1）本实验装置由空压机、配料槽、压料槽、板框压滤机组成,其流程示意如图7－7所示。

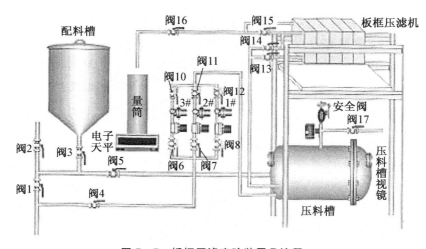

图7-7　板框压滤实验装置Ⅱ流程

在配料槽内配制一定浓度的 $CaCO_3$ 悬浮液,利用压差送入压料槽中,用压缩空气加以搅拌使 $CaCO_3$ 不沉降,同时利用压缩空气的压力将滤浆送入板框压滤机过滤,滤液流入量筒计量,压缩空气从压料槽上排空管排出。

板框压滤机的结构尺寸：框厚度25mm,框数2个,每个框的总过滤面积0.024m²(**可在实验中重新测量加以验证**)。

空气压缩机规格型号：ZVS－0.06/7,风量0.06m³/min,最大气压：0.8MPa。

（2）实验操作步骤

1）在配料槽内配制含 $CaCO_3$ 8％～13％(质量分数)的水悬浮液。首先须计算所配浓度的 $CaCO_3$ 质量及对应的水体积,加水体积可参照配料槽的标尺,配料槽圆锥部分高度为20cm。固液搅拌混匀后,关闭配料槽顶盖。

2）开启空气压缩机,将0.1MPa压缩空气通过阀3通入配料槽,使 $CaCO_3$ 悬浮液搅拌均匀,在搅拌的过程中,不断用玻美计测量料液的浓度。

3）正确装好滤板、滤框及滤布。滤布使用前先用水浸湿。滤布要绑紧，不能起绉（注意：用丝杆压紧时，千万不要把手压伤，先慢慢转动手轮使板框合上，然后再压紧）。

4）在压料槽排气阀 17 打开的情况下，打开进料阀 5，使料浆自动由配料槽流入压料槽至视镜 1/2～1/3 处，关闭进料阀 5。

5）通过压缩空气至压料槽，使槽内料浆不断搅拌，压料槽的排气阀 5 应不断排气，但又不能喷浆。

6）打开压力定值调节阀 1，调节定值阀门的出口压力为 0.1MPa，一旦调定压力，进气阀不要再动。压力细调可通过调节压料槽上的排气阀 17 完成。每次实验，应有专人调节压力并保持恒压，最大压力不要超过 0.3MPa，要考虑各个压力的分布，从低压 0.1MPa 开始做实验较好。

7）每次实验应在滤液从汇集管刚流出的时刻作为开始时刻，每次 ΔV 取为 800ml 左右。记录相应的过滤时间 Δt。要熟练双秒表轮流读数的方法。量筒交替接滤液时不要流失滤液。等量筒内滤液静止后读出 ΔV 值和记录 Δt 值（注意：要事先熟悉量筒刻度，不要打碎量筒），测量 8～10 个读数即可停止实验。

8）关闭调节阀 12，松开螺杆取出滤饼，将滤饼和滤液收集在塑料桶中，将板框及滤布洗净，重复步骤 3，然后打开压力定值调节阀 2 及阀 11，做中等压力实验，保持压力 0.2MPa，重复步骤 7。

9）关闭调节阀 11，松开螺杆取出滤饼，将滤饼和滤液收集在塑料桶，将板框及滤布洗干净重复步骤 3，然后打开压力定值调节阀 3 及阀 10，做大压力实验，保持压力 0.25MPa，重复步骤 7。

10）关闭阀门 10，停止实验。

11）松开螺杆，取出滤饼，将滤饼和滤液收集在塑料桶，滤饼弄细后重新倒入配料槽内，将压料槽的悬浮液压回配料槽，关闭阀 5。实验结束后要冲洗滤框、滤板，滤布不要折，应当用刷子刷洗。

12）关闭空气压缩机电源。

13）数据审核：每组整理出一份原始数据，每组成员在原始数据记录表上签名，将原始数据交于实验指导老师审核，审核通过后老师签字，将此签名原始数据带回，附于同组某一同学的实验报告后面上交，结束实验。

（3）实验原始记录表如表 7-7 所示。

表 7-7 过滤实验原始数据记录表

日期_____   设备号_____

恒压强 Δp _____MPa   浆料浓度 Be^0 _____

板框尺寸长_____mm,宽_____mm

项目 次数	计量量筒内滤液 ΔV 值/ ml	过滤时间 $\Delta \theta$ 值/s
1		
2		
3		
⋮		

同组实验者：   教师签名：

7.3.4 数据处理

（1）一组数据计算示例（装置Ⅱ要计算 3 个压力下的 k 值）：实验报告中的数据处理要有一组数据计算过程举例，每组同学不得以同一组数据作为计算实例。

（2）将实验原始测试数据手抄于自己的实验报告中，并计算实验结果，列出数据处理表。

（3）作出 $\dfrac{\Delta\theta}{\Delta V}$ 与 $\overline{V}$ 图线，求出 k、q_e、θ_e 值。

（4）实验装置Ⅱ，建议通过下面的提示计算出滤饼的可压缩性指数 S：

根据每个过滤压差 Δp，可以测得不同的 K 值。根据 K 值的定义式，两边取对数得到下式：

$$\lg K = (1-S)\lg(\Delta p) + B$$

在实验压差范围内，如果 B 为常数，则 $\lg K \sim \lg(\Delta p)$ 的关系在直角坐标系上应是一条直线，斜率为 $(1-S)$，可得到滤饼的可压缩性指数 S。

7.3.5 结果分析与讨论

（1）由实验中得到的 $\dfrac{\Delta\theta}{\Delta V}$ 与 $\overline{V}$ 的关系，求解得到 k，q，θ_e。

（2）装置Ⅱ中求得的 S 值，与实际的 S 值相比，结果偏大还是偏小？分析原因。

（3）在实验过程中通过对数据分析发现数据是否存在异常现象？若存在，请分析原因。

（4）对该实验提出改进的建议或设想。

7.3.6 思考题

（1）对于已定的板框式过滤机，若要增大它的生产能力，你认为采取哪些措施为好？

（2）比较你所测的过滤速率和洗涤速率，说明本压滤机的特点。

（3）观察刚开始过滤时出来的滤液的颜色与正常操作时有何不同，说明其原因。

（4）滤饼洗涤和吹气过程的操作目的是什么？它们对过滤的整个操作过程有何影响？

（5）若要进行恒压条件下的过滤操作，除实验中所采用的方法外，还可采取其他什么办法？

（6）本实验若要采用恒速过滤，你认为本实验装置在流程和设备上应作如何变动？

（7）分析过滤速度和过滤速率之间的区别。

（8）影响过滤速率的因素有哪些？

（9）如果滤液的黏度较大，可以采取什么措施来增大过滤的速率？

7.4 套管传热实验

7.4.1 实验目的与要求

（1）通过实验，加深对传热理论的理解，提高研究和解决传热实际问题的能力；

（2）学习并掌握传热系数和对流传热系数的测定方法；

（3）测定空气在圆形直管中作强制湍流传热的 K 值；整理出传热膜系数准数关系式，并将其在双对数坐标上绘出；

（4）用作图法回归处理求得 $Nu/Pr^{0.4} \sim Re$ 之间的关系式。

7.4.2 实验基本原理

在工业生产中，间壁换热是经常使用的换热方式。热流体借助于传热壁面，将热量传递给冷流体，以满足生产工艺的要求。影响换热器传热速率的参数有传热面积、平均温度差和传热系数三要素。为了合理选用或设计换热器，应对其性能有充分的了解。除了查阅文献外，实测换热器性能是重要的途径之一。传热系数是度量换热器性能的重要指标。如何提高能量的利用率，提高换热器的传热系数以强化传热过程，是生产实践中经常遇到的问题。

冷热液体间的传热过程是由热流体对壁面的对流传热、间壁的热传导以及壁面对冷流体的对流传热这三个传热子过程组成的，如 7-8 所示。在忽略了换热管内外两侧的污垢热阻后，以冷流体一侧传热面积为基准的传热系数计算式为

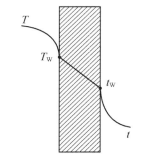

图 7-8 间壁式传热过程

$$K = \cfrac{1}{\cfrac{1}{\alpha_c} + \cfrac{\delta A_c}{\lambda A_m} + \cfrac{A_c}{\alpha_h A_h}} \qquad (7-34)$$

式中：K——以冷流体一侧传热面积为基准的总传热系数，$W/(m^2 \cdot ℃)$；

α_c——冷流体测的对流传热膜系数，$W/(m^2 \cdot ℃)$；

α_h——热流体测的对流传热膜系数，$W/(m^2 \cdot ℃)$；

λ——换热管材料的导热系数，$W/(m^2 \cdot ℃)$；

A_c——冷流体测的传热面积，m^2；

δ——换热管的壁厚，m；

A_m——换热管的对数平均面积，m^2；

传热系数 K 可借助于传热速率方程式和热量衡算方程式求取。热量衡算方程式为

$$Q = m_c C_{pc}(t_2 - t_1) \qquad (7-35)$$

式中：Q——传热量，J/s；

m_c——冷流体的质量流量，kg/s；

C_{pc}——冷流体的比热容，$J/(kg \cdot ℃)$；

t_1——冷流体的进口温度，$℃$；

t_2——冷流体的出口温度，$℃$。

传热速率方程式为

$$Q = KA \Delta t_m \qquad (7-36)$$

$$\Delta t_m = \frac{(T_2 - t_1) - (T_2 - t_2)}{\ln \dfrac{T_1 - t_1}{T_1 - t_2}} \qquad (7-37)$$

式中：Δt_m——冷热流体的对数平均温差，$℃$；

T_1——热流体的进口温度，℃；

T_2——热流体的出口温度，℃。

当流体在圆形直管内作强制湍流对流传热时，如果满足条件：$Re=1.0\times10^4\sim1.2\times10^5$，$Pr=0.7\sim120$，管长与管子的内径之比$\frac{l}{d}\geqslant60$，则传热准数经验式为

$$Nu=ARe^mPr^n \qquad\qquad (7-38)$$

$$Nu=\frac{\alpha d}{\lambda} \qquad\qquad (7-39)$$

$$Pr=\frac{C_p\mu}{\lambda} \qquad\qquad (7-40)$$

$$Re=\frac{du\rho}{\mu} \qquad\qquad (7-41)$$

式中：Nu——努赛尔准数，描述对流传热系数的大小；

Re——雷诺准数，表征流体流动状态；

Pr——普朗特准数，表征流体物性的影响；

α——流体与固体壁面的对流传热膜系数，$W/(m^2\cdot℃)$；

λ——流体的导热系数，$W/(m^2\cdot℃)$；

C_p——流体的比热容，$J/(kg\cdot℃)$；

u——流体在管内流动的平均速度，m/s；

d——换热管的内径，m；

μ——流体的黏度，$Pa\cdot s$；

ρ——流体的密度，kg/m^3。

7.4.3　实验装置、流程和数据测量

7.4.3.1　装置及流程

实验装置由一个套管换热器（有 4 套装置为三套管，2 套装置为二套管）、罗茨鼓风机、转子流量计、冷凝管收集器及 7.5kW 电蒸汽发生器所组成。

实验以饱和水蒸气加热空气，蒸汽由 7.5kW 电蒸汽发生器 14 产生，同时供给两台套管换热器 5 使用。为稳定蒸汽，同时去除其中水分，蒸汽经过分布器 8 后进入换热器管间，两个冷凝水收集器 20、18 分别收集了外套管和中套管中的冷凝水后将其排除。空气经罗茨鼓风机 23 输送到油气分离器 2，经转子流量计计量并测得其进口温度 t_1 后进入三套管换热气中的内套管，在此与内管外的蒸汽进行热交换而提高自身温度为 t_2 后离开，具体流程见图 7-9 所示。

7.4.3.2　数据测量

空气温度——用水银温度计测得空气进、出换热器的温度 t_1、t_2；

蒸汽压力——用弹簧压力计 7、10 测得；

空气流量——用转子流量计测得进入换热器前的流量，对流量计示数进行校正。

7.4.4　实验操作步骤

(1) 打开阀门 15 向电蒸汽发生器 14 灌水到液位计玻璃管 4/5 处，维持液位恒定，否则电

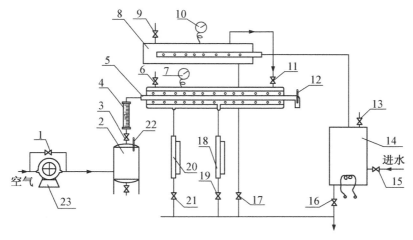

图 7 - 9　套管传热实验装置流程

1-旁通阀　2-气体缓冲罐　3-进气阀　4-转子流量计　5-套管换热器
6、9、13-不凝性气体排除阀　7、10-压力表　8-蒸汽分布器　11-蒸汽进气阀
12、22-温度计　14-电蒸汽发生器　15-进水阀　16-电蒸汽发生器排污阀
17、19、21-冷凝水排除阀　18-内套管冷凝水收集器　20-外套管冷凝水收集
器　23-罗茨鼓风机或旋涡气泵

加热器露出水面,将被烧坏。

(2) 检查罗茨鼓风机旁通阀 1 是否打开,只有打开阀门 1,才能启动罗茨鼓风机。调节流量主要用阀门 1,阀门 3 辅助调节流量。在任何情况下,不得同时关闭阀门 1 和阀门 3,否则,罗茨鼓风机出口风压不断升高而发生事故。**(注:如果使用的是旋涡气泵,则不存在旁路之说。)**

(3) 检查其他阀门启闭是否正常,检查完毕可合闸供电,使电蒸汽发生器升温,当不凝性气体排除阀 6、9、13 有水汽冒出时,关闭阀门 6、9、13,当压力表 10 表压上升到 0.08MPa 时,打开阀门 6、9、13 放不凝性气体,然后关掉这些阀门。压力表 10 由调压器控制在 0.08～0.1MPa。压力表 7 由针形阀 11 控制在 0.04～0.06MPa 之间的任一值,并维持这一恒值。

(4) 空气进、出口温度在改变空气流量后,要稳定一段时间再读数,然后记录其空气流量、温度和压强。

(5) 当电蒸汽发生器因供气过剩而使蒸汽压超过 0.1MPa 时,过压继电器自动跳闸而停止加热,此时应相应调小电加热器的电压和电流,过 3～5min,待蒸汽压下降到 0.08MPa 时,再手动开启电加热器。

(6) 在整个操作过程中,要注意冷凝水收集器的液位。若发现积液过多,应及时排除,但排除液时要保证传热套管内的蒸汽压维持恒定。

7.4.5　注意事项

(1) 在打开不凝性气体排除阀阀门时,不要站在放空的方向上。

(2) 要注意蒸汽总压强的大小,当压强小于 0.08MPa 时,要及时开启加热开关。

(3) 要及时排除冷凝水收集器中的液体。

7.4.6 实验原始数据记录表

表 7-8 套管传热实验原始数据表

班级 _____   日期 _____   设备号 _____
大气压强 _____ hPa   加热饱和蒸汽压强 _____ kPa
不锈钢外套管 ___∅60×25___ mm   不锈钢中套管 ___∅42×2.5___ mm
紫铜内管 ___∅19×2___ mm   传热管内有效长度 ___1100___ mm

次数＼项目	流量计读数 $V_{示}/\mathrm{m}^3 \cdot \mathrm{h}^{-1}$	U 型管压差计读数/cm			空气进口温度 t_1/℃	空气出口温度 t_2/℃
		左	右	R		
1						
2						
⋮						

同组实验者：   教师签名：

7.4.7 数据处理

（1）实验中，每一实验小组将实验数据记录在一份规整、标准的上述格式的记录表中，书写要认真。实验结束后，同组同学在此记录表上签名，指导教师检查数据后签名，将此签名原始数据带回，附于同组某一同学的实验报告后面上交。

（2）一组数据计算示例；

（3）打印上交数据处理结果表；

（4）在双对数坐标上作图，求取传热系数关联式 $\mathrm{Nu}/\mathrm{Pr}^{0.4}=A\mathrm{Re}^m$ 中的系数 A 与 m 的值。

7.4.8 结果分析与讨论

（1）分析冷流体流量的变化对 K 的影响；

（2）本实验中的控制步骤是什么？

（3）对实验数据和结果作误差分析，并分析产生原因。

7.4.9 思考题

（1）在本实验中，为什么可将 $\alpha \approx K$？

（2）如何强化传热？请结合本实验的实际情况进行分析。

（3）为什么要装不凝性气体排除阀？

（4）若要测空气-热水系统的对流传热膜系数 α 值，你认为应对装置作如何改造？

（5）如果将本实验所用的两种流体（空气和水蒸气）的流程相互调换，此时传热情况将发生如何变化？

（6）仔细观察并比较实验开始时及实验进行中的中、外套冷凝水收集器中水位升高快慢的情况，对此情况请你叙述自己的见解。

（7）将你所测得的气体出口温度的变化情况与所测得的 K 值变化情况加以比较，以此为依据，分析其变化的规律性。

7.4.10 数据处理过程

(1) 饱和蒸汽绝对压强：

$$p_{饱} = p_{表} + p_a \qquad (kPa)$$

式中：$p_{表}$——实验时加热饱和蒸汽压强，MPa(表压)；

p_a——实验时的大气压强，kPa。

(2) 饱和蒸汽的温度：

根据计算得到的 $p_{饱}$(kPa)，结合《化工原理》教材中的附录，查得加热饱和蒸汽温度 $T(℃)$。

(3) 实验中的 CCl_4 柱高度差：

$$R_i = R_{右i} - R_{左i} \qquad (mmCCl_4)$$

式中：i——实验数据第 i 组；

$R_{右i}$——U 型管压差计右侧的指示高度，$mmCCl_4$；

$R_{左i}$——U 型管压差计左侧的指示高度，$mmCCl_4$。

(4) 空气的压强 p_i：

$$p_i = p_a + \rho_{CCl_4} g R_i \qquad (Pa)$$

(5) 空气的实际密度 ρ_i：

$$\rho_i = \frac{p_i M}{R(273.15 + T_{1i})} = \frac{p_i}{(273.15 + T_{1i})} \times 3.49 \times 10^{-3} \qquad (kg/m^3)$$

式中：M——空气的摩尔质量，kg/mol；

p_i——空气的压强，Pa；

T_{1i}——空气的进口温度，℃。

(6) 空气的定性温度 t_i：

$$t_i = \frac{(t_{1i} + t_{2i})}{2} \qquad (℃)$$

式中：t_{1i}——空气的进口温度，℃；

t_{2i}——空气的出口温度，℃。

(7) 空气的物性常数：

由上面计算的定性温度，查《化工原理》教材，得到空气的物性常数.

C_{pi} 　　空气的定压比热容，kJ/(kg·K)；

λ_i 　　空气的导热系数，W/(m·K)；

μ_i 　　空气的黏度，μPa·s。

则空气的普兰德准数 Pr_i 为：

$$Pr_i = \frac{\mu_i C_{pi}}{\lambda_i}$$

(8) 空气的实际体积流量 $V_{实i}$：

$$V_{实i} = V_{示i} \left(\frac{\rho_{20℃}}{\rho_{实i}} \right)^{0.5} = V_{示i} \times \left(\frac{1.205}{\rho_{实i}} \right)^{0.5} \qquad (m^3/h)$$

（9）空气的实际质量流量 m_{si}：

$$m_{si} = V_{实i} \times \rho_{实i} \quad (\text{kg/h})$$

（10）传热量 Q_i：

$$Q_i = m_{si} C_{pi} (t_{2i} - t_{1i}) \times 1000/3600 \quad (\text{W})$$

（11）传热过程中的对数平均温差 Δt_{mi}：

$$\Delta t_{mi} = \frac{\Delta t_{1i} - \Delta t_{2i}}{\ln\left(\dfrac{\Delta t_{1i}}{\Delta t_{2i}}\right)} \quad (\text{℃})$$

式中：Δt_{1i}——进口温差，$\Delta t_{1i} = T - t_{1i}$，℃；

Δt_{2i}——出口温差，$\Delta t_{2i} = T - t_{2i}$，℃。

（12）传热系数 K_i：

$$K_i = \frac{Q_i}{A_i \Delta t_{mi}} = \frac{Q_i}{\pi d_{内} l \Delta t_{mi}} \quad [\text{W/(m}^2 \cdot \text{K)}]$$

式中：$d_{内} = 0.015\text{m}$；

$l = 1.1\text{m}$。

（13）雷诺数：

$$\text{Re}_i = \frac{d_i u_i \rho_{实i}}{\mu_i}$$

（14）努赛尔准数计算：

$$\frac{1}{K_i} = \frac{1}{\alpha_{空i}} + \frac{bd_{内}}{\lambda d_{均}} + \frac{d_{外}}{\alpha_{蒸i} d_{内}}$$

$\alpha_{空i}$ 的数量级为 10^2，$\alpha_{蒸i}$ 的数量级为 10^4，金属 λ 的数量级为 10^2，b 为厚度，单位为 mm，$d_{外}/d_{内} \approx 1$。

所以这两项的和远远小于第 1 项，因此有：

$$\frac{1}{K_i} \approx \frac{1}{\alpha_{空i}}$$

即 $\alpha_{空i} \approx K_i \quad [\text{W/(m}^2 \cdot \text{K)}]$

$$\text{Nu}_i = \frac{\alpha_{空i}}{\lambda_i} d_{内}$$

$$\text{Nu}_i / \text{Pr}_i^{0.4} = ?$$

（15）求解参数方法：

于是对 Re_i 和 $\text{Nu}_i/\text{Pr}_i^{0.4}$ 两项数据作图可得 $\text{Nu}_i/\text{Pr}_i^{0.4} \sim \text{Re}_i$ 的关系图，然后用最小二乘法进行回归成幂函数，便可以得到准数关联式的参数：

$$m = 0.6213, A = 0.11$$

手工作图法求算过程如下：

如图 7-10 所示，先在双对数坐标纸上作 $\text{Nu}/\text{Pr}^{0.4} - \text{Re}$ 的关系图，在所作的直线上取 A、B

两点的垂直距离 H，水平距离 L，则

$$m = H/L$$

然后在直线上取一点 C，读取 C 点的坐标（Re，Nu/Pr$^{0.4}$）后反代到准数关联式：

$$Nu/Pr^{0.4} = ARe^m$$

可以求得 A。

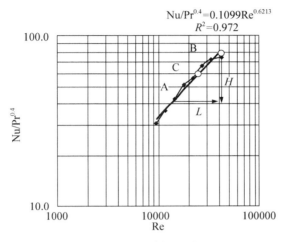

图 7 - 10　Nu/Pr$^{0.4}$-Re 的关系

7.4.11　数据处理结果表

表 7 - 9　套管传热实验数据处理结果

No	流量 V/m³·h^{-1}	压差计读数 R/mmCCl$_4$		进口温度 t_1/℃	出口温度 t_2/℃	蒸汽温度 T/℃	进口温差 Δt_1/℃	出口温差 Δt_2/℃	对数温差 Δt_m/K	体积流量 $V_{实}$/m³·h^{-1}	质量流量 m_s/kg·h^{-1}	换热量 Q/W	传热系数 $K(\alpha)$/W·m^{-2}·K^{-1}	Re	Nu	Nu/Pr$^{0.4}$
		左	右													
1																
2																
3																
4																
5																
6																
7																
8																
9																
10																
11																

7.5 吸收与解吸实验

7.5.1 实验目的与要求

（1）熟悉填料塔的构造与操作；

（2）观察气液两相在填料层内的流动；

（3）绘制压降与气速的关系曲线，了解液泛并测定泛点与压降之间的关系；

（4）掌握总体积传质系数 $K_x a$ 的测定方法并分析影响总体积传质系数的因素；

（5）学习气液连续接触式填料塔的操作，利用传质速率方程处理传质问题的方法。

7.5.2 实验基本原理

吸收操作是利用气相中各溶质组分在液相中的溶解度不同而分离气体混合物的单元操作，操作过程是一个相间传质过程，工业应用广泛，包括净化气体原料、回收气体中的有用组分、制取产品和治理废气等方面。解吸是吸收操作的逆操作。

吸收操作通常在填料塔内进行。填料塔的结构比较简单，通常由圆筒壳体、填料、支撑板、液体预分布装置、液体再分布装置、捕沫装置、进出口接管等，具有气液接触效果好、压降较小等优点。填料是气液接触的媒介，可以使得从塔顶流下的流体沿着填料表面散布成大面积的液膜，并使得从塔底上升的气体增强湍动，为气液接触传质提供良好的条件。填料应该具有很大的比表面积和良好的润湿性能，以有利于形成大面积的液膜，从而提供充足的相际接触面积。一方面，填料对下降的液膜具有支撑作用，另一方面，填料的几何结构使得填料床内的空隙不断改变方向，促使上升气流的湍动加强，使得传质阻力减小，传质速率得以提高。

填料是填料塔的重要组成部分。对于工业填料，按照其结构和形状来分，可以分为规整填料和散装填料两大类。散装填料是一颗颗的具有一定几何形状和尺寸的填料颗粒体，一般是以乱堆的方式堆积在塔内。常见的大颗粒填料有拉西环、鲍尔环、阶梯环、弧鞍环、矩鞍环等，填料的材质可以为金属、塑料、陶瓷等。规整填料是由许多具有相同几何形状的填料单元体组成，以整砌的方式安装在塔内。常见的规整填料有丝网波纹板填料、孔板波纹板填料等。

填料塔在操作时，液体经过液体分布装置从塔顶喷淋流下，沿着填料表面呈膜状向下流动，气体则沿着填料间的空隙上升，气液两相逆流接触。

在本实验中，先用吸收柱将水吸收纯氧形成富氧水后（并流操作）送入解吸塔顶，再用空气进行脱吸，实验需测定不同液量和气量下的解吸总体积传质系数 $K_x a$，并进行关联，得到 $K_x a = A L^a V^b$ 的关联式，同时对四种不同填料的传质效果及流体力学性能进行比较。本实验引入了计算机在线数据采集技术，加快了数据记录与处理的速度。

7.5.2.1 填料塔流体力学特性

填料塔的流体力学性能包括填料层的压降、载点气速和液泛气速等特性，它与填料的形状、大小及气液两相的物理性质和流量有关。

当气体通过没有液体喷淋的干填料层时，气体处于湍流状态，此时的压降主要用来克服流经填料层的形体阻力。压降 Δp 与空塔气速 u 之间的关系可以用 $\Delta p = u^m$ 来表示，通常情况下,指数 $m=1.8\sim2.0$,因此在双对数坐标系上压降 Δp 与空塔气速 u 呈直线关系,直线的斜率为 $1.8\sim2.0$,如图7-11中的 a-a线所示。

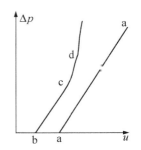

图 7-11　填料层压降 Δp 与空塔气速 u 的关系（双对数坐标）

若有一定的液体喷淋,当气速较小时,填料层内的部分空隙被液体充满,减小了气流通道截面,液体沿着填料表面流动受到逆向气流的牵制较小,单位体积填料所持有的液体体积（即持液量）基本上不变,Δp 与空塔气速 u 之间仍然遵循 $\Delta p = u^m$ 的关系,压降对气速的曲线与气流通过干填料层的曲线几乎平行,但是压降要比同等气速下时要大。当气速增加到某一数值时,液体的向下流动受到逆向气流的牵制开始明显,即两者之间的摩擦力增大,液体不能顺利地下流,导致填料层的持液量随着气速的增加而增加,这种现象为拦液现象,开始拦液时的空塔气速称为载点气速,如图中的 c 点。自 c 点开始,气流通道截面即随之减小,压降随着空塔气速有着更大的变化,$\Delta p - u$ 曲线的斜率增大,点 c 称为载点,代表填料塔操作中的一个转折点。进入载液区后,当空气速度继续增加时,填料层的持液量迅速增加,当到达某一气速时,气液之间的牵制作用即摩擦力完全阻止液体向下流动,导致液泛,此时气流通过填料层的压降迅速上升,并且压降有强烈的波动,$\Delta p - u$ 曲线的指数关系发生明显变化,出现第二个转折点 d,d 点称为液泛点,此时所对应的空气速度为液泛气速。液泛时,上升气流经过填料层的压降已经增加到使得下流的液体受到堵塞,不能按照原有的喷淋量流下而积聚在填料层上,这时可以看到在填料层内出现一层呈现连续相的液体,恒气体变成分散相而在液体里鼓泡。一旦液泛现象发生,如果再增加气速,鼓泡层就会迅速增加,从而将液泛发展到全塔。

正确确定流体通过填料层的压降,掌握液泛规律,对填料塔的操作和设计非常重要。

7.5.2.2　传质实验

填料塔与板式塔气液两相接触情况不同。在填料塔中,两相传质主要是在填料有效湿表面上进行,需要计算完成一定吸收任务所需填料高度,其计算方法有:传质系数法、传质单元法和等板高度法。

本实验是对富氧水进行解吸。由于富氧水浓度很小,可认为气液两相的平衡关系服从享利定律,即平衡线为直线,操作线也是直线,因此可以用对数平均浓度差计算填料层传质平均推动力。整理得到相应的传质速率公式为

$$G_A = K_x a \cdot V_p \cdot \Delta x_m \tag{7-42}$$

$$K_x a = \frac{G_A}{V_p \cdot \Delta x_m} \tag{7-43}$$

其中:

$$\Delta x_m = \frac{(x_1 - x_{e1}) - (x_2 - x_{e2})}{\ln\left(\dfrac{x_1 - x_{e1}}{x_2 - x_{e2}}\right)} \tag{7-44}$$

$$G_A = L(x_1 - x_2) \tag{7-45}$$

$$V_p = Z \cdot \Omega \tag{7-46}$$

相关的填料层高度的基本计算式为

$$Z = \frac{L}{K_x a \cdot \Omega} \int_{x_2}^{x_1} \frac{\mathrm{d}x}{x_e - x} = H_{OL} \cdot N_{OL} \qquad (7-47)$$

即 $$H_{OL} = \frac{Z}{N_{OL}} \qquad (7-48)$$

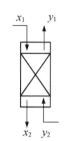

图 7-12　吸收过程模拟

式中：G_A——单位时间内氧的解吸量，kmol/h；

$\quad\quad K_x a$——总体积传质系数，kmol/(m³·h·Δx)；

$\quad\quad V_p$——填料层体积，m³；

$\quad\quad \Delta x_m$——液相对数平均浓度差；

$\quad\quad x_1$——液相进塔时的摩尔分数(塔顶)(图 7-12)；

$\quad\quad x_{e1}$——与出塔气相 y_1 平衡的液相摩尔分数(塔顶)；

$\quad\quad x_2$——液相出塔时的摩尔分数(塔底)；

$\quad\quad x_{e2}$——与进塔气相 y_2 平衡的液相摩尔分数(塔底)；

$\quad\quad Z$——填料层高度，m；

$\quad\quad \Omega$——填料塔截面积，m²；

$\quad\quad L$——解吸液流量，kmol/h；

$\quad\quad H_{OL}$——以液相为推动力的传质单元高度；

$\quad\quad N_{OL}$——以液相为推动力的传质单元数。

由于氧气为难溶性气体，在水中的溶解度很小，所以传质阻力几乎全部集中于液膜中。因此，此过程属液膜控制过程，要提高总体积传质系数 $K_x a$，应增大液相的湍动程度。

在 $y-x$ 图中，解吸过程的操作线在平衡线下方，本实验中还是一条平行于横坐标的水平线(因氧在水中浓度很小)。

备注：本实验在计算时，气液相浓度的单位用摩尔分数而不用摩尔比，这是因为 $y-x$ 图中，平衡线为直线，操作线也是直线，计算比较简单。

7.5.3　实验装置及工艺流程

7.5.3.1　基本数据

解吸塔径 $\varnothing = 0.1m$，吸收塔径 $\varnothing = 0.032m$，填料层高请同学实测并记录，其中 5♯、6♯ 装置塔径 $\varnothing = 0.104m$。

表 7-10　填料规格参数

名称 参数	瓷拉西环	金属 θ 环	金属波纹丝网	新型填料(塑料)
规格	12mm×12mm× 1.3mm	10mm×10mm× 0.1mm	CY 型	未测
比表面积 a_t	403m²/m³	540m⁻¹	700m⁻¹	/
空隙率 ε	0.764m³/m³	0.97m²/m³	0.85m³/m³	/
干填料因子 a_t/ε^3	903m²/m³	592m²/m³	1140m²/m³	/

7.5.3.2　实验工艺流程

图 7-13 是氧气吸收解吸装置流程图。氧气由氧气钢瓶供给，经减压阀 2 进入氧气缓冲罐 4，稳压在 0.03~0.04MPa，为确保安全，缓冲罐上装有安全阀 6，由阀 7 调节氧气流量，并经

转子流量计 8 计量,进入吸收塔 9 中,与水并流吸收成富氧水。富氧水经管道引出到解吸塔的顶部喷淋。空气由风机 13 供给,经缓冲罐 14,由阀 16 调节流量经转子流量计 17 计量,通入解吸塔底部解吸富氧水,解吸后的尾气从塔顶排出,贫氧水经塔底液封从液位平衡罐 19 排出。

自来水经调节阀 10,由转子流量计 11 计量后进入吸收塔 9。

因气体的流量与气体状态有关,所以气体流量计前应装表压计和温度计。空气流量计前装有表压计 23 和温度计 15。为了测量填料层压降,解吸塔装有压差计 22。

在解吸塔入口设有富氧水取样阀 12,用于采集入口水样,出口水样在塔底液位平衡罐上的贫氧水取样阀 20 取样。

两水样液相氧浓度由 9070 型溶氧仪测量。

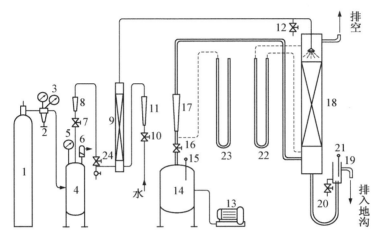

图 7 - 13　氧气吸收与解吸实验流程

1-氧气钢瓶　2-氧减压阀　3-氧压力表　4-氧缓冲罐　5-氧压力表
6-安全阀　7-氧气流量调节阀　8-氧转子流量计　9-吸收塔　10-水
流量调节阀　11-水转子流量计　12-富氧水取样阀　13-风机　14-空
气缓冲罐　15-温度计　16-空气流量调节阀　17-空气转子流量计
18-解吸塔　19-液位平衡罐　20-贫氧水取样阀　21-温度计　22-压
差计　23-流量计前表压计　24-防水倒灌阀

7.5.4　实验操作步骤及注意事项

7.5.4.1　流体力学性能测定

(1)测定干填料压降

干填料压降在测定之前,首先应将塔内填料用空气吹干 10min,具体操作步骤如下:

1)在熟悉流程及各实验数据测量点的位置后,同时检查电源、风机、测量仪表是否在良好状态下,若处于良好状态,则启动风机。

2)在最大和最小气量范围内调节气速,测量气体通过干填料的压降,要求在整个测量范围内测量 10 点以上数据,并重复一次。

(2)测定湿填料压降

1)测定前要进行喷淋 10min,使填料表面充分润湿。

2)稳定水喷淋密度在 $10\sim15\text{m}^3/(\text{m}^2\cdot\text{h})$ 之间某一值。根据气量的分割参数值,由小到大进行数据测定。

3) 当实验接近液泛时,进塔气体的增加量要减小且调节要缓慢,否则图中泛点不容易找到。密切观察填料表面气液接触状况,并注意填料层压降变化的幅度,一定要让各参数稳定后再读数据,液泛后填料层压降在几乎不变气速下明显上升,务必要掌握这个特点。稍稍增加气量,再取一两个点即可。注意不要使气速过分超过泛点,以避免冲破和冲跑填料。

（3）注意事项

1) 空气转子流量计的调节阀要缓慢开启和关闭,以免撞破玻璃管。

2) 测定填料塔流体力学性能时,不可开启氧气流量计后面的防水倒灌阀 24。

7.5.4.2　传质实验

（1）氧气减压后进入缓冲罐,罐内压强保持在 0.03～0.04MPa 之间,不要过高,并注意减压阀使用方法。为防止水倒灌进入氧气转子流量计中,开水前要关闭防水倒灌阀 24。

（2）传质实验操作条件选取:水喷淋密度取 $10～15m^3/(m^2 \cdot h)$,空塔气速 0.5～0.8 m/s,氧气入塔流量为 0.17～0.32L/min,适当调节氧气流量,使吸收后的富氧水浓度控制在 $\leqslant 19.9mg/L$。

（3）塔顶和塔底液相氧浓度测定:分别从塔顶与塔底取出富氧水和贫氧水,用溶氧仪分析各自氧的含量。（溶氧仪的使用见附录六）

（4）数据审核:每组整理出一份原始数据,每组成员在原始数据记录表上签名,将原始数据交于实验指导老师审核,审核通过后老师签字,将此签名原始数据带回,附于同组某一同学的实验报告后面上交。

（5）实验数据通过教师签字后,准备结束实验:关闭防水倒灌阀 24 后才能关闭氧气进口阀。氧气钢瓶总阀由指导教师统一关闭。检查本实验装置电源、水阀及各管路阀门,确定安全后方可离开。

7.5.5　实验原始数据记录

7.5.5.1　填料塔流体力学性能测定原始数据记录表

表 7－11　填料塔流体力学性能测定原始数据记录表

班级:_____　　实验日期:_____　　设备号:_____

塔内径:_____m　　填料层高度 h_0:_____m

项目 次数	干填料液体喷淋量 $L=0m^3/h$		
	流量计读数 $V_示/m^3 \cdot h^{-1}$	填料塔压降/mmH₂O 柱	
		左	右
1			
2			
⋮			
湿填料液体喷淋量 $L=$_____ m^3/h			
1			
2			
⋮			

同组实验者:　　　　　　　　　　　教师签名:

7.5.5.2 总传质系数测定原始数据记录表

表 7－12 总传质系数测定原始数据记录表

班级：_____　　　实验日期：_____　　　设备号：_____
塔内径：_____ m　　填料层高度 h_0：_____ m　　大气压强：_____ kPa
氧气不同温度下的享利系数 E 可用下式求取：

$$E=(-8.5694\times10^{-5}t^2+0.07714t+2.56)\times10^6 \quad (kPa)$$

次 数　　项 目		1	2
空 气	流量计示数/$m^3 \cdot h^{-1}$		
	压差计左读数/mmH_2O 柱		
	压差计右读数/mmH_2O 柱		
	空气温度/℃		
氧 气	流量计示数/$L \cdot min^{-1}$		
	压力表读数/MPa		
喷水量	流量计示数/$L \cdot h^{-1}$		
填料塔 压 降	压差计左读数/Pa 或 mmH_2O 柱		
	压差计右读数/Pa 或 mmH_2O 柱		
贫氧水	温度/℃		
	含氧量 X_2/$mg \cdot L^{-1}$		
富氧水	含氧量 X_1/$mg \cdot L^{-1}$		

同组实验者：　　　　　　　　　　　　　教师签名：

7.5.6 实验数据处理

（1）一组数据计算示例；
（2）列出数据处理表；
（3）在双对数坐标纸上绘制出填料层压降与空塔气速的关系图。

7.5.7 结果分析与讨论

（1）得到填料层压降与空塔气速之间的关系式,实验条件下的载点气速和液泛气速。
（2）分析测试填料塔流体力学性能的工程实际意义。
（3）从传质阻力的角度出发,讨论传质过程中阻力控制步骤。

7.5.8 思考题

（1）填料塔在一定喷淋量时,填料塔的气相负荷应控制在哪个范围内进行操作？为什么？
（2）填料塔在液泛时,会出现哪些现象？在接近液泛点操作时,又会出现什么现象？
（3）在测定湿填料压降时,请认真观察塔内液泛首先从哪一部位开始？为什么？

（4）若要提高 $K_x a$ 值,你认为可采取哪些措施?

（5）请阐明解吸与吸收两个操作过程之间的相互依赖关系以及要使它们作互相变换时的操作条件。

7.5.9 总体积传质系数 $K_x a$ 及液相总传质单元高度 H_{OL} 整理步骤

（1）使用状态下的空气流量 V_2:

$$V_2 = V_1 \sqrt{\frac{p_1 \cdot T_2}{p_2 \cdot T_1}} \qquad (\mathrm{m^3/h})$$

V_1——空气转子流量计示值,$\mathrm{m^3/h}$;

T_1、p_1——标定状态下空气的温度和压强,K、kPa;

T_2、p_2——使用状态下空气的温度和压强,K、kPa。

（2）液相进塔摩尔分数 x_1、出塔摩尔分数 x_2:

$$x_1 = \frac{\dfrac{X_1}{32} \times 10^{-3}}{\dfrac{X_1}{32} \times 10^{-3} + \dfrac{1000}{18}}$$

$$x_2 = \frac{\dfrac{X_2}{32} \times 10^{-3}}{\dfrac{X_2}{32} \times 10^{-3} + \dfrac{1000}{18}}$$

式中: X_1——液相进塔的含氧量,$\mathrm{mg/L}$;

　　　X_2——液相出塔的含氧量,$\mathrm{mg/L}$。

（3）单位时间内氧的解吸量 G_A:

$$G_A = L(x_1 - x_2) \qquad (\mathrm{kmol/h})$$

式中: L——液体流量,$\mathrm{kmol/h}$;

　　　x_1、x_2——液相进塔、出塔的摩尔分数。

（4）进塔气相浓度 y_2,出塔气相浓度 y_1:

$$y_1 = y_2 = 0.21$$

（5）对数平均浓度差 Δx_m:

$$\Delta x_m = \frac{(x_1 - x_{e1}) - (x_2 - x_{e2})}{\ln\left(\dfrac{x_1 - x_{e1}}{x_2 - x_{e2}}\right)}$$

$$x_{e1} = \frac{y_1}{m}$$

$$x_{e2} = \frac{y_2}{m}$$

式中: m——相平衡常数,$m = E/p$;

　　　E——亨利常数;

　　　p——系统总压强,kPa;

$$p = 大气压 + \frac{\Delta p}{2} \quad （填料层压差）$$

（6）液相总体积传质系数 $K_x a$：

$$K_x a = \frac{G_A}{V_p \cdot \Delta x_m} \qquad [kmol/(m^3 \cdot h \cdot \Delta x)]$$

式中：V_p——填料层体积，m^3。

（7）液相总传质单元高度 H_{OL}：

$$H_{OL} = \frac{L}{K_x a \cdot \Omega} \qquad (m)$$

式中：L——解吸液流量，$kmol/h$；

　　　Ω——填料塔截面积，m^2。

7.6　筛板塔全回流精馏实验

7.6.1　实验目的与要求

（1）了解精馏塔的结构及精馏操作的流程。
（2）掌握精馏塔的操作方法及基本技能。
（3）掌握溶液浓度的测定方法。
（4）测定精馏塔在全回流条件下的全塔效率及单板效率。
（5）通过实验，观察漏液、液泛等现象及其所引起的后果。

7.6.2　实验基本原理

精馏操作是分离工程中最基本、最重要的单元之一，其基本原理是利用互溶液相各组分的不同挥发度来达到分离各组分的目的。若对于二元物系来说，在已知其气液相平衡数据时，可根据馏出液组成 x_D 和釜液组成 x_W，求出其所需要的理论塔板数。

7.6.2.1　全塔效率 E_T

精馏塔的全塔效率又称为总板效率，是指在一定的操作状况下，将组分 x_f 分离为 x_D 与 x_W 时所需要的理论塔板数与全塔的实际数之比。本实验的全塔效率是在全回流下进行测定的，这样的操作过程，把釜液浓度 x_W 增浓到 x_D 所需要的理论塔板数与操作的实际塔板数的比值看作该塔在此操作条件下的全塔效率。

本实验中，考虑到塔釜对操作的影响，可视塔釜为一块理论塔板，则全塔效率计算如下：

$$E_T = \frac{N_T - 1}{N_E} \tag{7-49}$$

式中：N_T——完成一定分离任务时所需要的理论塔板数，包含蒸馏釜；

　　　N_E——完成一定分离任务所需要的实际塔板数。

全塔效率简单地反映了整个塔内塔板的平均效率，说明了塔板结构、物性系数、操作状况对塔的分离能力的影响。对于塔内所需要的理论塔板数 N_T，可以由已经知道的双组分物系平衡关系，以及实验中测得的 x_D、x_W 的组成，回流比 R 和热状况 q 等用图解法求得。

7.6.2.2 单板效率 E_M

塔的单板效率是指塔内进入任意一块板（从塔顶**自上而下**数，称为第 n 块）的蒸汽组分 y_{n+1} 与离开该板的蒸汽组分 y_n 之间的浓度差和这块塔板上气液相应达到的平衡浓度 y_n^* 与实际进入的气相浓度 y_{n+1} 之间浓度差的比值，见图 7－14 所示。

按照气相组成变化表示的单板效率为

$$E_{MV}^n = \frac{y_n - y_{n+1}}{y_n^* - y_{n+1}} \tag{7-50}$$

式中：y_n——离开第 n 块塔板的气相组成，摩尔分数；

　　　y_{n+1}——进入第 $n+1$ 块塔板的气相组成，摩尔分数；

　　　y_n^*——与 x_n 成平衡的气相组成，摩尔分数。

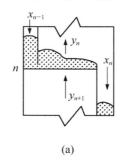

(a)

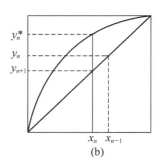

(b)

图 7－14　莫弗里单板效率示意图

在本实验中，采用全回流操作，此时回流比 R 为无穷大，操作线方程为

$$y_{n+1} = x_n \tag{7-51}$$

操作线与对角线重合，在这种情况下，存在下面的关系式：

$$y_n = x_{n-1} \tag{7-52}$$

因此，欲要测定第 n 块塔板的单板效率，只要测出该板与其上方一块塔板的液相组成 x_n 及 x_{n-1}，则第 n 块塔板的单板效率可以改为

$$E_{MV}^n = \frac{x_{n-1} - x_n}{y_n^* - x_n} \tag{7-53}$$

y_n^* 可以由 x_n 值在平衡曲线上找出。

7.6.2.3　理论塔板数 N_T 的求取

本实验采用图解法求取理论塔板数 N_T。图解法又称麦卡勃-蒂列（McCabe-Thiele）法，简称 M－T 法，其原理与逐板计算法完全相同，只是将逐板计算过程在 y-x 图上直观地表示出来。

在全回流操作状态下，操作线在 y-x 图上为对角线，根据塔顶的组成 x_D、塔釜的组成 x_W，在操作线和平衡线之间做梯级，即可得到理论塔板数 N_T，如图 7－15 所示。

乙醇和水在常压下的相平衡数据列在附录五中，可以根据相应的数据绘出本体系的平衡线。

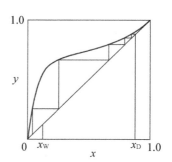

**图 7－15　全回流时理论
塔板数的确定**

7.6.2.4　物料组成的分析

物料组成由液体比重天平来测定，液体比重天平的使用在附录七中详细说明。可以测得

物料在某温度下的比重值,从而转化得到物料的质量分数 W_a。

物料的摩尔分数 x:

$$x = \cfrac{\dfrac{W_a}{M_a}}{\dfrac{W_a}{M_a} + \dfrac{1-W_a}{M_w}} \tag{7-54}$$

式中: M_a——乙醇的相对分子质量,数值为 46;

　　　M_w——水的相对分子质量,数值为 18;

　　　x——乙醇的摩尔分数。

7.6.3　实验装置及流程

实验流程如图 7-16 所示,料液由储槽经泵输送到高位槽,高位槽下来的冷料,流经转子流量计进行计量后进入塔体的加料塔板上,这样,从有加料液进入的那层塔板开始,把塔体分为上下两段:精馏段和提馏段。值得注意的是:料液进入时的状态对塔的操作有一定的影响。加热器一般设置在塔釜中。在精馏开车前,塔釜内必须储存一定量的釜液,经加热后所产生的一定浓度的蒸汽逐层由下向上升,并与塔板上所存有的液相进行传热而同时进行传质,从而实现精馏操作;最上面一层塔板所产生的蒸汽(其易挥发组分浓度最高)经升气管进入冷凝器后被水冷凝成为 x_D 浓度的液相。在正常操作时,冷凝后的液相分成两部分:一部分作为回流液,经转子流量计计量后进入塔顶,另一部分作为产品经转子流量计计量后流入冷凝器,控制这两个转子流量计的读数,也就是控制了本装置操作中的回流比,产品从冷却器出来后温度基本接近常温,然后在计量储槽中积累,在实验结束后作为计算产品量的依据。本次实验因是全回流操作状态,所以不存在产品量的控制问题。

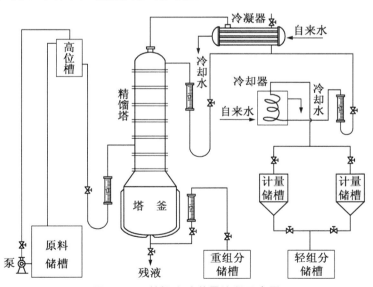

图 7-16　精馏实验装置流程示意图

7.6.4　实验操作步骤

(1) 结合实验现场的装置,了解精馏操作的流程,熟悉连接各设备之间的管道布置情况及其作用,检查各种阀门的启闭位置是否适合。

（2）检查蒸馏釜、高位槽和储槽中的料液情况和数量,尤其是釜液的液面高度应控制在液位计的规定范围之内。

（3）检查各种仪器、仪表的情况,在老师的指导下,明白并掌握这些仪器、仪表所控制的对象,熟悉它们的调节原理。

（4）实验数据的测定:在达到了某种稳定操作后,对塔顶、塔底及要测定的某块塔板（第 n 块）和其上方的一块塔板取样,取样前必须放引流管中残液,取样时要求动作稳重小心,取样后的瓶子要予以冷却,待料液冷到 30℃ 以下,拿去分析其浓度。取样后分别记录该状态下各种原始数据。

（5）改变加热电压和电流,重新调节操作状况,待新的状况达到稳定时,再次测定各种数据,本实验要求有两个以上状况的数据（希望其中之一状况为不正常操作状况）以便分析比较这两种不同状况下的不同结果。对这后一种状态,只要求测定全塔效率即可。

（6）审核实验数据:将整理的实验数据交于指导老师审核,审核通过,老师签字后方可结束实验。

（7）实验结束时,整理好现场,检查各仪器及玻璃器具,关闭加热电源,但不必关闭冷凝器的阀门。

7.6.5　注意事项

（1）本实验物系中有易燃、易爆物——酒精存在,因此在整个实验过程中,要注意安全,不准使用明火。

（2）为了使实验数据测得准确,操作时尽量控制在稳定操作的条件下,因此要求实验者耐心操作,细心调节各种状态的控制。

（3）本实验装置上有许多玻璃器皿和仪器,要求实验者在实验过程中小心,不要损坏仪器。

（4）取样的准确与否,直接影响到样品的质量分数,也就是实验结果。因此,能否正确、合理地取样,也是决定本实验成败的一个重要原因。

7.6.6　实验原始数据记录表

表 7-13　全回流精馏实验原始数据记录表

班级＿＿＿＿＿＿　日期＿＿＿＿＿＿　设备号＿＿＿＿＿＿

		1	2
塔　顶	料液比重值		
	料液温度/℃		
塔　底	料液比重值		
	料液温度/℃		
第（　）节	料液比重值		
	料液温度/℃		

续　表

		1	2
第（　）节	料液比重值		
	料液温度/℃		
第（　）节	料液比重值		
	料液温度/℃		

同组实验者：　　　　　　　　　　教师签名：

7.6.7　数据处理

（1）一组数据计算示例；

（2）列出数据处理表。

7.6.8　结果分析与讨论

（1）计算理论塔板数 N_T、全塔效率 E_T、2 块单板的效率。

（2）比较本实验中所得到的效率与理论教材中给出的精馏塔效率的差别，并分析原因。

（3）对实验过程中的操作现象进行分析。

（4）分析实验中计算得到的单板效率超过 100% 的原因。

7.6.9　思考题

（1）什么是最小回流比？精馏塔能否在最小回流比时操作？

（2）在全回流下所测得的全塔效率能否直接用于塔的设计中？

（3）在全回流操作开始前，釜液尚未加热时，测得釜中料液的浓度为 X'_w；在全回流操作正常后，测得釜液的浓度为 X_w。请定性比较哪一个浓度高？为什么？

（4）请比较一下本实验流程中的冷凝器和冷却器的结构形式，指出它们分别属于哪种类型的热交换器。

（5）高位槽溢流管的作用是什么，其直径如何确定？

（6）冷凝器上部为什么要装放空阀？

（7）精馏塔在正常操作时，如发现塔顶浓度在下降，你认为是由哪些原因引起的？应采取什么措施？

（8）取样时，料液的数量多少、相隔时间的长短及残液的去除与否对实验测定值有什么影响？

7.7　厢式干燥实验

7.7.1　实验目的与要求

（1）了解对流厢式干燥器的基本结构、工艺流程及操作方法；

（2）掌握物料干燥速率的测定方法，并作出恒定干燥条件下的干燥速率曲线：U_i-$\overline{X}_i$ 图；

（3）掌握根据实验干燥曲线求取干燥速率曲线以及恒速阶段干燥速率、临界含水量、平衡含水量的实验分析方法。

（4）了解影响干燥速率曲线的因素。

7.7.2 实验基本原理

在化工及相关行业的生产和实验中，为了方便储藏、运输、使用或者进一步的加工，常需要从湿的固体物料中除去水或者有机溶剂等湿分，这种操作过程称为"去湿"。去湿的方法很多，主要包括机械去湿法、吸附去湿法、热能去湿法等，其中，热能去湿法又称为干燥。根据热能传导方式的不同，干燥可以分为传导干燥、对流干燥、辐射干燥和介电干燥。

干燥操作是采用某种方式将热量传给含水物料，使含水物料中的水分蒸发分离的操作。干燥操作同时伴有传热和传质，过程比较复杂，目前仍依赖于实验解决干燥问题。

干燥物料在特定干燥条件下的干燥速率、临界湿含量和平衡湿含量等干燥特性数据是最基本的技术参数，用于设计干燥设备的尺寸或者确定干燥设备的生产能力。在实际生产中经常遇到已知干燥要求，当干燥面积一定时，确定所需干燥时间，或当干燥时间一定时，确定所需干燥面积等问题。因此必须掌握干燥速率曲线，即将湿物料置于一定的干燥条件下，测定被干燥物料的质量和温度随时间的变化。

按照干燥过程中空气状态参数是否变化，可将干燥过程分为恒定干燥条件和非恒定干燥条件两大类。如果用大量空气来干燥少量的物料，就可以认为湿空气在干燥过程中温度、湿度都不发生变化，气流的速度、湿空气与物料的接触方式也不变，则这种条件下的操作称为恒定干燥条件下的干燥操作。

7.7.2.1 干燥速率

干燥速率是指单位干燥面积（提供湿分汽化的面积）所除去的湿分质量，即

$$U = \frac{\mathrm{d}W}{A\,\mathrm{d}\theta} = -\frac{G_c\,\mathrm{d}X}{A\,\mathrm{d}\theta} \tag{7-55}$$

式中：U——干燥速率，也称为干燥通量，$g/(m^2 \cdot s)$；

　　　A——干燥面积，m^2；

　　　W——汽化的湿分质量，g；

　　　θ——干燥时间，s；

　　　G_c——绝干物料的质量，是将物料放在恒温干燥箱中在指定的温度下，干燥到恒重后称出的质量，g；

　　　X——以绝干物料为基准的物料湿含量，$g_{湿分}/g_{绝干物料}$。

式中的符号表示物料的湿含量 X 随着干燥时间 θ 的增加而减小。

由于物料的含水性质和物料的形状及内部结构不同，干燥速率要受到物料性质、含水量、含水性质、热介质性质和设备类型等各种因素的影响。

7.7.2.2 干燥速率曲线

干燥速率曲线是指物料的干基湿含量与干燥时间之间的关系曲线，它表明物料在干燥过程中，干基湿含量随干燥时间变化的关系。物料干燥曲线的具体形状因物料及干燥条件而变。

在空气的温度、湿度及速度恒定的情况下，对于同类的物料，当厚度和形状一定时，干燥速率 U 是物料湿含量 X 的函数。

7.7.2.3 干燥速率的测定方法

将湿物料样品置于恒定空气流中进行干燥，随着干燥时间的延长，水分不断汽化，湿物料

的质量不断减少。记录物料在不同时间时的 G,直到物料质量不变为止,也就是物料在该干燥条件下达到了干燥极限,此时仍然在物料内的水分就是平衡水分 X^*,再将物料烘干后称量得到绝干物料质量 G_c,则物料中瞬间的湿含量 X 为

$$X = \frac{G - G_c}{G_c} \qquad\qquad\qquad (7-56)$$

计算出每一时刻的瞬间湿含量 X,然后将 X 对干燥时间 θ 作图,可以得到干燥曲线,如图 7-17 所示。

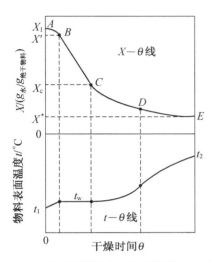

图 7-17　恒定干燥条件下物料干燥实验曲线

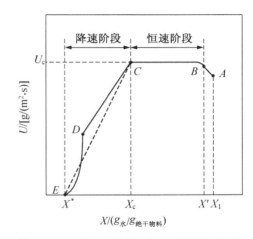

图 7-18　恒定干燥条件下的干燥速率曲线

对 X 对干燥时间 θ 的干燥曲线进行变换可以得到干燥速率曲线,由已经测得的干燥曲线得出不同 X 下的斜率 $\dfrac{\mathrm{d}X}{\mathrm{d}\theta}$,由式(7-55)计算得到干燥速率 U,将 U 对 X 作图得到干燥速率曲线,如图 7-18 所示。

7.7.2.4　干燥过程分析

如图 7-17 和图 7-18 所示,干燥过程可分为三个阶段:AB 为物料预热阶段;BC 为恒速干燥阶段;CDE 为降速干燥阶段。

(1) 预热阶段:热空气向物料传递热量,物料的湿含量略有下降,温度则上升至湿球温度 t_w,干燥速率的变化趋势不确定,可能上升,也可能下降。预热时间短,在干燥计算中经常忽略不计,有些干燥过程甚至没有预热阶段。

(2) 恒速干燥阶段:该阶段,物料的水分不断汽化,湿含量不断下降。但是,由于这一阶段去除的是物料表面附着的非结合水,水分的去除机理与去除纯水的机理相同,所以在恒定的干燥条件下,物料表面的温度始终为湿球温度 t_w,传质推动力保持不变,因而干燥速率也不发生改变,所以在图 7-18 中,BC 段为水平线。

只要物料的表面是足够湿润的,物料的干燥过程中就会有恒速阶段。而该段的干燥速率大小取决于物料表面水分的汽化速率,即取决于物料外部的空气干燥条件,所以也将该阶段称为表面汽化控制阶段。

(3) 降速干燥阶段:随着干燥过程的进行,物料内部的水分移动到表面的速度不及表面上水分的汽化速率,物料表面的局部不再有附着的非结合水,尽管这时物料其余表面的平衡蒸

汽压仍然与纯水的饱和蒸汽压相同,此时的传质推动力仍然为湿度差,但是以物料全部外表面计算的干燥速率因为无非结合水区域的出现而降低,此时物料中的湿含量称为临界湿含量,用 X_c 来表示,对应着图 7-18 中的 C 点,称为临界点。过了 C 点以后,干燥速率逐渐降到 D 点,C 至 D 的阶段称为降速的第 1 阶段。

干燥至 D 点时,物料全部表面都不再附着非结合水,汽化面逐步向物料的内部推移,汽化所需要的热量必须通过已经被干燥的固体层才能传递到汽化面,从物料中汽化的水分也必须通过这层干燥层后才能传递到空气主流中,干燥速率因为传热和传质途径的加长而减小,另外,在 D 点以后,物料中的非结合水已经被去除完毕,接下来去除的是各种形式的结合水,因而平衡蒸汽压将逐渐下降,传质推动力减小,干燥速率也随之降低较快,直至到达 E 点,此时速率降为零,这是降速的第 2 阶段。

降速阶段的干燥速率曲线的形状随物料内部的结构而异。与恒速阶段相比,降速阶段从物料中去除的水分含量要少,但是干燥时间却长很多。总而言之,降速阶段的干燥速率取决于物料本身的结构、形状和尺寸,与干燥介质的状况关系不大,所以降速干燥阶段又称为物料内部迁移控制阶段。

在本厢式干燥实验中,某干燥时刻 θ 所对应的瞬时湿含量 X_i 用下式表示:

$$X_i = \frac{G_i - G_{框} - G_c}{G_c} \qquad (g_水/g_{绝干物料}) \tag{7-57}$$

式中:G_i——总重,湿物料加框的质量,g;

    G_c——绝对干物料的质量,g;

    $G_框$——框的质量,g。

干燥速率计算采用增量来代替导数:

$$U_i = -\frac{G_c \cdot \Delta X_i}{A \cdot \Delta \theta_i} = \frac{\Delta W_i}{A \cdot \Delta \theta_i} \qquad [g/(m^2 \cdot s)] \tag{7-58}$$

式中:$\Delta \theta_i$——干燥时间,即第 i 次与第 $i-1$ 次之间的时间间隔,$\Delta \theta_i = \theta_i - \theta_{i-1}$,s;

    ΔX_i——第 i 次与第 $i-1$ 次之间物料湿含量的变化,$\Delta X_i = X_i - X_{i-1}$,$g_水/g_{绝干物料}$;

    ΔW_i——汽化水分的质量,$\Delta W_i = G_{i-1} - G_i$,g;

本实验中采用 U_i 对 $\overline{X_i}$ 作干燥速率曲线,其中 $\overline{X_i}$ 为平均物料湿含量:

$$\overline{X_i} = \frac{X_{i-1} + X_i}{2} \qquad (g_水/g_{绝干物料}) \tag{7-59}$$

7.7.3 实验装置及流程

在本实验室内,设有两种类型的厢式干燥(洞道)实验装置,所采用的基本原理相同,但在具体操作上略有差异。两种类型的干燥实验装置分别称为装置Ⅰ和装置Ⅱ,具体的装置、流程及操作过程详述如下。

7.7.3.1 装置Ⅰ

(1)实验装置及流程:本实验装置见图 7-19 所示。空气由风机 1 输送,经孔板流量计 4、空气电加热器 6 流入厢式干燥室 8,然后返回风机,循环使用。由风机出口管上的气阀放出一部分循环空气,以保证系统湿度恒定。空气电加热器由控温仪控制,使进入干燥室的空气保持恒定的温度。干燥室前方装有干球温度计、湿球温度计。空气流量由蝶阀调节。

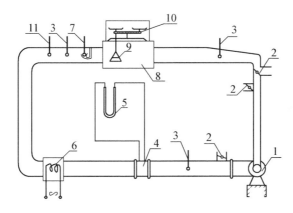

图 7-19　厢式干燥实验装置 I 流程
1-风机　2-蝶阀　3-干球温度计　4-孔板　5-U 型
管压差计　6-加热器　7-湿球温度计　8-干燥室
9-物料盘　10-天平　11-电接触温度计

（2）实验步骤

1）对照实验装置，熟悉对流厢式干燥器的基本结构及其流程，明了各有关测量仪表的功能。

2）将被干燥物料（青砖片或红砖片）放在水中浸湿。

3）征得指导老师同意，按电源启动按钮，启动风机，调节蝶阀至预定风量，即孔板差压值控制在 $30\sim50mmH_2O$。

4）检查天平是否灵活，并记录有空气流动时物料框质量 $G_{框}$。

5）开启两组加热器电源，调节电接触温度计温度 $50\sim70℃$，等温度达到预定值，关闭一组加热器电源。

6）待装置运行正常并趋于稳定后，打开干燥室门将浸湿的湿砖片放入。

7）立即加砝码，使天平接近平衡，但砝码要比物料侧略轻，天平指针略向物料侧偏指，等水分干燥至天平指针指到平衡位置时启动第一只秒表。

8）减去 2g 砝码，等水分再干燥至天平指针指到平衡位置时，停第一只秒表，同时立即启动第二只秒表，以后再减少 2g 砝码，如此反复进行。随着干燥的进行，干燥的时间越来越长，可逐渐减少干燥的重量，比如干燥减少的重量可调至 1g,0.5g,0.2g,0.1g 等，记录每减少一定的水分量 ΔW 所需要的时间 $\Delta\theta$，直至砖片接近平衡水分为止。

9）实验结束后，先关闭加热器；待气体温度下降至室温后，再关闭风机。

10）将砖片从干燥室取出，放在烘箱内用 $120℃$ 左右的温度烘约 $20min$，再取出称重。

（3）实验中应注意的事项

1）必须先开风机，再开启加热器，否则加热器可能会被烧坏。

2）在操作过程中，在尽可能保持装置稳定条件下工作，才能把砖块放入箱内开始数据测定。

3）准备湿物料时，只要将砖片浸入水中几分钟即可。当砖块从水中拿出时，用干毛巾吸去表面的游离水。

4）实验分工明确，各数据的测定要求同时进行。

5）实验完毕后，清理打扫实验室。

（4）实验原始数据纪录表

表 7 - 14　厢式干燥实验原始数据记录表

班级_____　　　　　　日期_____　　　　　　　设备号_____

框质量_____g　　　　　绝对干物料的质量_____g　　热风进口温度_____℃

物料尺寸：长_____mm，宽_____mm，高_____mm

次　　数＼项　　目	物料总量 $G_{总}$/g	脱除水量 ΔW/g	干燥时间 $\Delta\theta$/s
0		/	/
1			
2			
⋮			

同组实验者：　　　　　　　　　　教师签名：

7.7.3.2　装置Ⅱ

（1）实验装置及流程：本装置流程如图 7 - 20 所示。空气由风机送入电加热器，经加热后流入干燥室，加热干燥室物料盘中的湿物料后，经排出管道进入大气中。随着干燥实验的进行，物料失去的水分量由称重传感器转化为电信号，并由智能数显仪表记录下来（或通过固定间隔时间，读取该时刻的湿物料重量）。

（2）主要设备及仪器

1）风机：BYF7122,370W；

2）电加热器：额定功率 4.5kW；

3）干燥室：180mm×180mm×1250mm；

4）干燥物料：湿毛毡或湿砂；

5）称重传感器：CZ300 型，0～300g。

（3）实验步骤

1）放置托盘，开启总电源，开启风机电源。

2）打开仪表电源开关，加热器通电加热，旋转加热按钮至加热电流 4.8A。在 U 型湿漏斗中加入一定量的水，并关注干球温度，干燥室温度（干球温度）要求达到恒定温度（例如 70℃）。

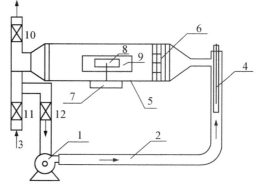

图 7 - 20　厢式干燥实验装置Ⅱ及流程

1-风机　2-管道　3-进风口　4-加热器　5-厢式干燥器　6-气流分布器　7-称重传感器　8-湿毛毡　9-玻璃视镜门　10、11、12-蝶阀

3）将毛毡加入一定量的水并使其湿润均匀，注意水量不能过多或过少。

4）当干燥室温度恒定在 70℃时，将湿毛毡十分小心地放置于称重传感器上。放置毛毡时应特别注意不能用力下压，因称重传感器的测量上限仅为 300g，用力过大容易损坏称重传感器。

5）记录时间和脱水量，每分钟记录一次质量数据；每两分钟记录一次干球温度和湿球温度。

6）待毛毡恒重时，即为实验终了时，关闭仪表电源，注意保护称重传感器，非常小心地取下毛毡。

7）先关加热器，待气体温度下降后，再关闭风机，切断总电源，清理实验设备。

（4）注意事项

1）实验开始时，必须先开风机，后开加热器；实验结束后，必须先关加热器，再关风机，否则加热管可能会被烧坏。

2）特别注意传感器的负荷量仅为 300g，放取毛毡时必须十分小心，绝对不能下压，以免损坏称重传感器。

3）实验过程中，不要拍打、碰扣装置面板，以免引起物料盘晃动，影响结果。

（5）实验原始数据记录表

表 7-15　厢式干燥实验原始数据记录表

次　数＼　项　目	干燥时间 $\Delta\theta/s$	物料总量 $G_\text{总}/g$	脱除水量 $\Delta W/g$
0	/		/
1	120		
2	120		
⋮			

同组实验者：　　　　　　　　　　教师签名：

7.7.4　数据处理

（1）列出一组数据计算示例；

（2）列出数据处理表；

（3）作图：画出恒定干燥条件下干燥速率曲线（U_i-$\overline{X}_i$ 图）。

7.7.5　结果分析与讨论

（1）给出实验中得到的临界湿含量，对比所得到的干燥速率曲线与理论干燥曲线，分析存在区别的原因。

（2）分析和讨论实验结果，论述所得实验结果的工程意义。

（3）讨论实验数据的误差情况，并分析原因。

（4）对实验内容和装置提出改进建议。

7.7.6　思考题

（1）空气经加热器加热后，其湿度是否有减少？为什么？

（2）空气经加热后，为什么能增加其吸收水汽的能力？

（3）风机的位置装在加热器前好，还是装在加热器后好？为什么？

（4）空气在干燥过程中是否等焓？为什么？请定量描述一下。

（5）在本实验中，为什么干燥刚开始时所测的干燥速率偏低？

（6）什么是恒定干燥条件？本实验装置中采用了哪些措施来确保干燥过程在恒定干燥条件下进行？

（7）控制恒速干燥阶段干燥速率的因素是什么？控制降速干燥阶段干燥速率的因素又是什么？

（8）为什么要在实验时先启动风机，然后才启动加热器？

（9）如何判断实验已经结束？

（10）如果加大热空气流量，干燥速率曲线会有何变化？恒速干燥速率、临界湿含量又如何变化？为什么？

7.8　流化床干燥实验

7.8.1　实验目的与要求

（1）了解流化床干燥的基本结构及流程，分析其操作特点。

（2）掌握物料干燥速率的测定方法，并作出恒定干燥条件下的干燥速率曲线（作图）：U_i - $\overline{X}_i$ 图。

（3）掌握根据实验干燥曲线求取干燥速率曲线以及恒速阶段干燥速率、临界含水量、平衡含水量的实验分析方法。

（4）了解影响干燥速率曲线的因素。

（5）观察固体流态化的基本过程及其现象。

7.8.2　实验基本原理

流化床干燥实验中的干燥速率是指一定时间内被干燥物料中除去的水分量，它与"7.7 厢式干燥实验"中的干燥速率意义有所不同：由于被干燥的固体颗粒在流化床内的热气中上、下翻滚，并与热气相混合和碰撞的过程中失去水分而达到干燥的目的。固体颗粒在干燥过程中没有固定的相界面，因而其干燥面积无法准确测量，故其干燥速率 U_i 表示如下：

$$U_i = -\frac{G \cdot \Delta X_i}{\Delta \theta_i} \qquad (g/s) \tag{7-60}$$

式中：G——取样计算基准干物料质量，选取 1000g；

　　　　$\Delta \theta_i$——干燥时间，即第 i 次与第 $i-1$ 次之间的时间间隔，$\Delta \theta_i = \theta_i - \theta_{i-1}$，s；

　　　　ΔX_i——第 i 次与第 $i-1$ 次之间物料湿含量的变化，$\Delta X_i = X_i - X_{i-1}$，$g_水/g_{绝干物料}$。

物料中湿含量 X_i 为

$$X_i = \frac{G_{总i} - G_{干总i}}{G_{干总i} - G_{瓶i}} \qquad (g_水/g_{绝干物料}) \tag{7-61}$$

式中：$G_{总i} = G_{湿料i} + G_{瓶i}$；

　　　　$G_{干总i}$——烘干后绝干料加瓶质量，g；

　　　　$G_{瓶i}$——称量瓶的质量，g。

本实验中采用 U_i 对 $\overline{X}_i$ 作干燥速率曲线，其中 $\overline{X}_i$ 为平均物料湿含量：

$$\overline{X}_i = \frac{X_{i-1} + X_i}{2} \qquad (g_水/g_{绝干物料}) \tag{7-62}$$

7.8.3　实验装置和流程

本实验由流化床、旋风分离器、袋式过滤器、空气加热器、转子流量计及罗茨风机（或者旋涡气泵）及缓冲器组成，空气由罗茨风机或者旋涡气泵输送过来，经转子流量计计量及电加热器预热后进入流化床下部，为使空气在加热阶段不进入流化床，故在加热器后面的管道上装一旁路并安装一控制阀 16,在空气加热阶段将此阀打开让空气走短路,只有当空气温度达到某一控制值后才将阀 16 关闭,让热空气流入流体床下部。之后,空气穿过气体分布板,与床层中的颗粒状湿物料进行流态接触而去除其中的水分。废气上升到装在干燥器顶部的旋风分离器和袋式过滤器,将固体颗粒分离后排出。空气的流速和温度,分别由进口阀和自耦变压器调节。本实验的流程见图 7-23 所示。

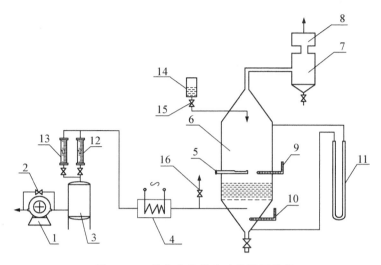

图 7-23　流化床干燥实验装置及流程

1-罗茨风机(旋涡气泵)　2-旁通阀　3-气体缓冲罐　4-电加热器　5-取样器　6-流化床干燥器　7-旋风分离器　8-袋式过滤器　9、10-温度计　11-压差计　12、18-转子流量计　14-加水器　15-加水阀　16-旁路阀

7.8.4　实验操作步骤

(1) 对照流程图,熟悉装置结构情况及流程,明确各有关测量仪表的性能和调节的方法。

(2) 先打开旁路阀 16,再开启风机,之后再开启电加热器,调节电流、电压,开始加热电流 9A,等温度达到预定值时电流调到 7.5A;调节电触温度计温度在 50～70℃ 之间。

(3) 当空气的温度达到规定值时(由加热继电器中得知),关闭阀门 16,使热空气进入流化床。此时请同学们注意床身内固体颗粒运动情况的变化过程。稳定后,每隔 5min 记录床层温度一次,每隔 5～7min 取样分析一次,直到变色硅胶变成蓝色为止,试验结束。在此前后两次所测的时间之差值,即为 $\Delta\theta$。

(4) 固体物取样时只要把取样器 5 推入,随即拉出即可。

(5) 每个样品取出时,盛样瓶必须自然地盖紧,称重后取下盖子放入 120℃ 左右烘箱中烘约 20min 使之成绝干物料,再盖紧盖子去称重,前后称得的重量之差即为失水量。

(6) 实验结束时,先关闭加热器电源,但仍让风机继续运行,待完成 6 步骤后才可停机。

(7) 为下次实验做准备,把加水器 14 灌上水,并把风机的风量适当关小,缓慢打开阀 15,一滴一滴加水,不能快,否则硅胶要结块。加水时风机不能停。

7.8.5　注意事项

(1) 样品的取样过程与称重过程的操作要按规定,不能使它失去水或吸水,更不能损坏有关仪器。

（2）本套设备以玻璃制品为主,操作时要小心谨慎,不能损坏。

（3）在称重和烘干时,盛硅胶的瓶子盖和瓶子的编号都是一一对应的,千万不能调错。

7.8.6 实验原始数据记录表

表 7 - 16 流化床干燥实验原始数据记录表

班级_____   日期_____   设备号_____
空气流量_____m³/h   热风进口温度_____℃
加热电流_____A   加热电压_____V

次数 \ 项目	$G_总$/g	$G_瓶$/g	$G_{干总}$/g	取样时间: 时:分:秒	干燥时间 $\Delta\theta$/s
0					
1					
2					
⋮					

同组实验者: 教师签名:

7.8.7 数据处理

（1）一组数据计算示例;

（2）列出数据处理表;

（3）作图:画出恒定干燥条件下的干燥速率曲线($U_i - \overline{X}_i$ 图)。

7.8.8 结果分析与讨论

（1）给出实验中得到的临界湿含量,对比所得到的干燥速率曲线与理论干燥速率曲线,分析存在区别的原因。

（2）分析和讨论实验结果,论述所得实验结果的工程意义。

（3）讨论实验数据误差情况,并分析原因。

（4）对实验装置提出改进建议。

7.8.9 思考题

（1）流化床干燥实验和厢式干燥实验比较,有些什么不同?

（2）从本实验的操作现象中,你可看到流态化中的一些什么现象?

（3）在本实验中,若要提高干燥速率,你认为可从哪些方面入手?

（4）在本实验的过程中(指稳定状态),空气进入流化床前、后的焓值是否发生变化? 为什么?

（5）注意观察实验开始时流化床内固体颗粒的运动情况,并将所见到的现象加以分析。

（6）什么是恒定干燥条件? 本实验装置中采用了哪些措施来确保干燥过程是在恒定干燥条件下进行的?

（7）控制恒速干燥阶段干燥速率的因素是什么? 控制降速干燥阶段干燥速率的因素又是

什么?

（8）为什么要在实验时先启动风机,然后再启动加热器?

（9）请判断"干燥中空气的进口温度越高越好"是否正确?

（10）为什么在干燥过程中,不同的物料对湿空气的湿度要求不同,有的要求相对湿度小,有的却要求相对湿度大?

第8章 提高和研究型实验

8.1 化工单元设备的设计、安装与性能测试

8.1.1 实验目的与要求

化工生产或单元操作中,经常会遇到诸如下列问题:对于某些设备的性能进行测试;有些因生产条件发生了变化,从而对所使用的设备要进行改造;新技术、新工艺的采用,使原有的较为陈旧的设备为新设备所代替⋯⋯这些工程实际问题,都涉及设备设计、性能测试和安装等方面的综合因素:测试条件的选取,测试仪器、仪表的选择与安装,测试点的定位以及同这些实际工程有关的设备与管道的安装等基本知识。为使同学们在今后对上述问题有一定的了解,掌握设备的性能测试和设计、安装方面的一些必要的基本技能和知识,特设本内容的实验。本次实验以板式塔和流化床为测试和安装的典型设备,根据实验室的现有条件,提出如下要求:

(1)设计一个测定塔板性能和流化床特性的实验方案,此方案主要应包括:需测定的原始数据、实验设备、测试仪器、仪表、测定点的位置、实验装置的流程等;

(2)较完整地绘出本实验的工艺流程图;

(3)掌握有关管道安装的基本技能:管道的选择及其布置原则、管道与管件的连接与安装、管子的切割与管螺纹的铰制方法、管道安装施工中常用工具的使用方法;

(4)测定塔板压降和板上清液层高度,或测定流化气速与流化床压降的关系;

(5)记录该塔板在不同气、液量下各有关数据,观察并叙述该塔的不同操作状况及气、液在塔内流动情况等(要求有选择性地调节3~5次气、液量)

8.1.2 实验基础知识

工艺管道,也称为工艺管路或者工艺管线,是指由管子和管件、阀门、紧固件、支撑件等管子组合件按照一定的方法组合而成的介质输送构件。

8.1.2.1 管材的类型及用途

管材是管道在安装过程中最主要的施工材料,用来输送、分配、混合、分离、排放介质,以达到完成生产的需求。管材的材质根据生产工艺所用的介质及其参数而异。管材的类型较多,一般情况下管材的分类如表8-1所示。

8.1.2.2 金属管材

金属管材可以分为黑色金属管材和有色金属管材。

黑色金属管材是指由优质碳素钢、合金钢及生铁等黑色金属为主要原料制成的管材。其分类方法也有多种:按照制造管材使用的原料来分,分为碳素钢管和铸铁管;按照管材的制造方法来分,可分为无缝钢管和焊接钢管。

(1)无缝钢管:无缝钢管是化工工艺管路中最常用、也是用量最大、品种规格最多的管

材。根据不同的分类标准,有多种分类方法:根据制造其使用的原料来分,分为碳素钢管、优质碳素钢管、低合金钢管和合金钢管;根据其用途来分,可分为普通无缝钢管(工艺管道中最常用的钢管)和具有专门用途的无缝钢管(如锅炉用无缝钢管、热交换器用无缝钢管和化肥设备用无缝钢管等);根据其公称压力来分,分为 $0\sim16$ MPa 的低压钢管、$1.6\sim10$ MPa 的中压钢管和大于 10 MPa 的高压钢管。

表 8 - 1　管材的一般分类方法

管材	金属管材	钢管	无缝钢管	
			焊接钢管	对缝焊接管
				叠边焊接管
				螺旋焊接管
		有色金属管		
		铸铁管		
	非金属管材	塑料管		
		橡胶管	输送胶管	
			吸引胶管	
		陶瓷管	普通陶瓷管	
			耐酸陶瓷管	
		混凝土管		

1) 碳素钢无缝钢管

碳素钢无缝钢管又称为普通无缝钢管,简称无缝钢管。

材质:优质碳素钢 $10^\#$、$20^\#$、$35^\#$ 钢。

制造方法:热轧(挤压)和冷拔(轧)。

适用温度范围:$-40\sim450℃$。

规格型号分为两种:① 热轧无缝钢管,外径为 $32\sim630$ mm,壁厚为 $2.5\sim75$ mm,长度为 $3\sim12$ m/根;② 冷拔无缝钢管,外径为 $6\sim200$ mm,壁厚为 $0.25\sim14$ mm,长度为 $2\sim10.5$ m/根。

主要特点:强度高、韧性强、管段长、适用温度范围宽等。

应用范围:热力管道、压缩空气管道、氧气管道、乙炔管道、氨制冷管道以及除了强腐蚀性介质以外的各种工业管道和化工、石化生产管道。

2) 合金刚无缝钢管

材质:碳素钢中加入 16Mn、12CrMo、15CrMo 等金属元素。

规格型号:与碳素钢无缝钢管大体相同。

主要特点:高强耐热,具有一定的耐腐蚀性。

分类:根据合金元素总含量的多少,分为低合金钢管、中合金钢管和高合金钢管。

应用范围:一般用于温度比较高、压力比较大、腐蚀性强的生产工艺输送管道。

3) 不锈钢无缝钢管

材质:高合金钢,因合金内 Cr、Ni 和 Ti 等金属元素的含量不同,高合金钢有多种类型,常用钢号有 1Cr13、1Cr17Ti、1Cr18Ni9Ti、1Cr18Ni12Mo2Ti 等,其中 1Cr18Ni9Ti 最为常用。

制造方法:热轧、热挤压或者冷轧。

主要特点：焊接性能好，焊接后不经过热处理仍然有良好的耐腐蚀性能，尤其能抵抗各种酸类介质的腐蚀，又称为耐酸无缝钢管。

应用范围：化肥、化纤、医药、炼油等工业企业。

（2）焊接钢管

根据焊接钢管的制造条件来分，分为低压流体输送用焊接钢管、直缝电焊钢管、螺旋缝焊接钢管以及钢板卷电焊管。

1）低压流体输送用焊接钢管

材质：通常为 A3 普通碳素钢。

特点：工程中最常用，直径较小的管材。

分类：① 根据管材表面处理形式可分为镀锌（白铁管）和不镀锌（黑铁管）两种；② 根据管材有无螺纹可分为带螺纹（锥形或者圆柱形螺纹）钢管和不带螺纹（光管）钢管两种；③ 根据壁厚可分为普通钢管、加厚钢管和薄壁钢管三种。

2）直缝电焊钢管

直缝电焊钢管也称为电焊薄壁钢管。

材质：A2、A3、A4 普通碳素钢和 $08^{\#}$、$10^{\#}$、$15^{\#}$、$20^{\#}$ 等优质钢。

应用范围：由于壁薄，所以在工程生产中使用较少，多用于 $\leqslant 1.6\text{MPa}$ 的低压、$\leqslant 200℃$ 低温流体介质的输送管道中，如地下循环水管道、废气管道等。

3）螺旋缝焊接钢管

此类钢管分为自动埋弧焊接钢管和高频焊接钢管两种。这两种钢管按输送介质的压强高低又可分为甲类管和乙类管。

① 螺旋自动埋弧焊接钢管：此类钢管中的甲类管一般用普通碳素钢 Q235、Q235F 及普通低合金结构钢 16Mn 制造，工作压强为 2.5MPa，通常长度为 8～18m，主要用于长距离输送石油、天然气等腐蚀性不强的高压介质。此类钢管中的乙类采用 Q235、Q235F、B_2、B_3 及 B_3F 等钢材制造，用作低压强的流体输送管材，如室外低压蒸汽、煤气、天然气及冷凝水输送管道。

② 螺旋缝高频焊接钢管：这类钢管一般采用普通碳素钢 Q235、Q235F 等钢材制造，工作压强 $p_g \leqslant 2.0\text{MPa}$，工作温度 $T_g \leqslant 200℃$。

4）钢板卷电焊管

这类钢管由普通碳素钢板卷制焊接而成，多用于输送介质要求不高的工业管道，如物料管道以及民用室外给水的主管、回水管以及低压蒸汽管等。

（3）铸铁管

铸铁管也称生铁管。铸铁（生铁）是一种含碳量在 1.7％ 以上的铁碳合金，同时还含有少量的其他元素。铸铁管一般由灰口铁制造而成，也有用球墨铁制造的。

按其制造方法可分为砂型离心承插直管、连续铸铁直管、砂型铸铁管。

按其材质可分为灰口铸铁管、球墨铸铁管、高硅铸铁管（由含硅量最高为 10％～17％ 的铁硅合金制成）。

按其工作压强可分为低压管（$p_g \leqslant 0.45\text{MPa}$）、普压管（$p_g \leqslant 0.75\text{MPa}$）、高压管（$p_g \leqslant 1.0\text{MPa}$）。

工作特点：经久耐用，抗腐蚀性强；不足之处是质脆，耐压性能低。

适用范围：① 承插铸铁管一般多用于给排水和煤气输送等管道工程；② 法兰铸铁管多用

于工业上输送酸、碱等腐蚀性强的介质的管道工程;③ 高硅铸铁管随着硅含量的增加,耐腐蚀性也随之增加,可用于输送卤酸和强碱。

（4）有色金属管材

有色金属管材主要为铝管、铝合金管、铅管、铅合金管、铜管、铜合金管以及钛管和镍管等。

8.1.2.3　非金属管材

（1）塑料管材

塑料是以高分子合成树脂为基本原料,在一定的温度和压力等条件下塑制成一定形状且在常温下保持形状不变的材料。塑料具有质量比较小、容易成型加工、耐腐蚀性好、不导电、不传热等特性,而且具有一定的机械强度、摩擦系数低等。

塑料管的品种较多,在化学工艺管道安装工程中使用较普遍,常用塑料管有硬聚氯乙烯塑料管、软聚氯乙烯塑料管、聚乙烯塑料管、聚丙烯塑料管、塑料波纹管、耐酸酚醛塑料管、ABS塑料管、玻璃钢管等。

（2）橡胶管及耐酸橡胶管

橡胶管简称为胶管。胶管的种类也很多,按结构可以分为全胶管、夹布胶管、钢丝编织胶管等等;按用途可以分为空气胶管、吸水胶管、输水胶管、耐热胶管、耐酸（碱）胶管、耐油胶管和专用胶管等等。

（3）陶瓷管及耐酸陶瓷管

陶瓷管又称"陶土管",是用黏土加工成型,再在工业炉内经高温焙烧而成。管子内、外表面都涂着陶釉,因而表面光滑,不易堵塞,且耐化学腐蚀;但管材强度低、质脆、单根长度短（300～1000mm）。

陶土管分为普通陶土管和耐酸陶土管两种。普通陶土管多用于民用建筑的室外排水管道,耐酸陶土管一般用于化工和石油化工企业输送酸性介质的工艺管道和排水管道,其使用温度为小于 100℃,不耐压。

（4）混凝土管

混凝土管通常用于工业与民用室外排水管道和市政排水管道。

1）混凝土和钢筋混凝土排水管:按所用材料及荷载可以分为混凝土管、轻型钢筋混凝土管和重型钢筋混凝土管三种。适用于雨水、污水、废水以及农田灌溉的无内压水道上,但不能用于严重侵蚀性的污水和废水。

2）自应力钢筋混凝土管:自应力钢筋混凝土管可代替铸铁管和钢管,用于输送水、气、盐卤和农田水利工程等管道。

3）预应力钢筋混凝土管:预应力钢筋混凝土管适用于市政及长距离输水管道上。

除上述几种常用非金属管材外,还有石棉管、铸石管、石墨管和玻璃管。

8.1.2.4　管件

管件是一个统称,指的是在管道安装工程中用以连接、分支、转弯和改变管径大小的接头零件。管件包括弯头、三通、四通、异径管接头、活接头、丝堵、螺纹短管、封头、凸台（管嘴）、盲板等等。它们的作用主要是改变管道走向、分支、变径、管口堵塞、封闭等。管件的种类很多,按压力可分为低压、中压、高压;按其连接方式可分为丝接、焊接、法兰接;按其制造材质可分为金属和非金属,金属管件又可分为钢制和铸铁制两类。

管件按照用途分类见表 8－2 所示。

表 8-2　管件按用途分类

用　途	管 件 名 称	用　途	管 件 名 称
直接连接	法兰、活接头、管接头(管箍)	变径连接	异径管接头、补心
拐　弯	弯头、弯管	管端封闭	法兰盖、管帽、堵头、封头
分支连接	三通、四通、单头螺纹管接头等	其　他	螺纹短节(管)、翻边管接头、加强管嘴、高压管嘴、鞍形管嘴

(1)黑色金属管件

1)弯头:弯头在管道中起着改变管道走向的作用,按照弯曲的角度可分为 45°、90°、180° 三种。①钢制弯头:钢制弯头是采用优质碳素钢为材质由专业制造厂制造的弯头,根据其制造的工艺,可以分为压制弯头、冲压焊接弯头、焊接弯头等。②铸铁弯头:铸铁弯头的材质和种类与铸铁管基本相同,按其连接方式可分为两种:一种是承插口铸铁弯头,另一种是法兰铸铁弯头。承插口铸铁弯头除了一端是承口,一端是插口以外,还有两端都是承口的。法兰铸铁弯头,除两端都是法兰接口以外,还有一端是法兰,另一端是插口的。③可锻铸铁弯头。

2)三通:三通俗称"丁"字管或"丁"字短管,是在管路上接出或连接分支管线所用的管件。根据其制造材质,三通的种类有很多种划分方法,如金属三通和非金属三通,金属三通分为黑色金属三通与有色金属三通,黑色金属三通又可分为钢制、铁制等;按照其规格,可以分为同径三通和异径三通,其中,同径三通是指分支接管的直径与主管的直径相同,异径三通是指分支接管的直径小于主管直径。

3)异径管:异径管是两端管径大小不同的一种管件,在管路上起着改变管径大小的作用,包括由大变小或由小变大,所以异径管也俗称为大小头或渐缩(由大变小)管、渐扩(由小变大)管等。异径管还有同心异径管和偏心异径管之分。

(2)非金属管件:与黑色金属管件一样,它主要包括非金属弯头、三通、异径管接头等。其材质类别与前述管件材质相对应。

8.1.2.5　阀门

阀门或阀件一般是指装在管道上用于调节、控制管内介质流量的机械产品部件。

(1)黑色金属阀件的种类

阀门的种类很多,目前大致可以归纳为如表 8-3 所示的几种。

表 8-3　阀门分类和使用范围

分类依据	阀门名称	材质、作用或使用范围
制造材质	铸铁阀	用灰铸铁、可锻铸铁、球墨铸铁和高硅铸铁等制成
	铸钢阀	用碳素钢、合金钢和不锈钢等制成
	锻钢阀	用碳素钢、合金钢和不锈钢等制成
	铸铜阀	用紫铜或黄铜制成
	不锈钢耐酸阀	用耐酸不锈钢制成
	铬铜合金阀及钛阀	用铬铜合金阀及钛和钛合金制成
	非金属阀	用塑料、陶瓷黏土等制成

分类依据	阀门名称	材质、作用或使用范围
功能作用	切断阀	用来切断或截断管路中的介质,如闸阀、截止阀、球阀、蝶阀、隔膜阀
	调节阀	用来调节管路中的介质流量及压力等参数,如调节阀、节流阀和减压阀
	止逆阀	用来防止管路中的介质倒流,如止逆阀和底阀
	分流阀	用来分配、分离或混合管路中的介质,如旋塞阀、球阀和疏水阀
	安全阀	用来防止装置中的介质压力超过规定值,对管路或设备提供超压安全保护,如各种形式的安全阀
驱动形式	手动阀	靠人力操作手柄、手轮或链轮来驱动阀门
	动力驱动阀	以动力(如电、气、汽等)来驱动阀门,如电磁阀、气(汽)动阀、液动阀、电动阀等
	自动阀	不需外力驱动,而是凭借管路中的介质自身的能量来使阀门动作,如止逆阀、安全阀、减压阀、疏水阀和各种自力式的调节阀
公称压力	真空阀	工作压力低于标准大气压
	低压阀	公称压力 $P_N \leqslant 1.6\text{MPa}$
	中压阀	公称压力 $1.6\text{MPa} < P_N < 10\text{MPa}$
	高压阀	公称压力 $10\text{MPa} < P_N < 100\text{MPa}$
	超高压阀	公称压力 $P_N > 100\text{MPa}$
工作温度	高温阀	工作温度 $t > 450℃$
	中温阀	工作温度 $120℃ < t \leqslant 450℃$
	常温阀	工作温度 $-40℃ \leqslant t \leqslant 120℃$
	低温阀	工作温度 $-80℃ \leqslant t < -40℃$
	超低温阀	工作温度 $t < -80℃$

（2）阀门产品标志及识别涂漆

阀门可以通过阀体上铸造、打印文字、符号、铭牌、外部形状以及在阀体、手轮及法兰外沿上的涂漆颜色来识别。

1）阀体标志类型见表 8-4 所示。

表 8-4　阀体的标志类型

产品标志	公称直径	公称压力	阀门形式	介质流动方向
$\dfrac{\text{PN40}}{50}$ →	50mm	4.0MPa	直通式	介质的进口与出口的流动方向在同一或相平行的中心线上
$\dfrac{\text{PN}_{51}10}{100}$ →	100mm	10MPa 介质温度510℃	直通式	介质的进口与出口的流动方向在同一或相平行的中心线上

续　表

产品标志	公称直径	公称压力	阀门形式	介质流动方向
$\dfrac{PN40}{50\downarrow}$	50mm	4.0MPa	直角式	介质的进口与出口的流动方向成90°角,介质作用在关闭件下
$\dfrac{PN_{51}10}{100\downarrow}$	100mm	10MPa 介质温度510℃	直角式	介质的进口与出口的流动方向成90°角,介质作用在关闭件下
$\dfrac{\leftarrow PN40\rightarrow}{50}$	50mm	4.0MPa	三通式	介质具有多个方向
$\dfrac{\leftarrow PN_{51}10\rightarrow}{100}$	100mm	10MPa 介质温度510℃	三通式	介质具有多个方向

2)识别涂漆

① 阀体材料涂色规定见表8-5所示。

表8-5　阀体材料涂色规定

阀体材料	涂漆颜色	阀体材料	涂漆颜色
灰铸铁、可锻铸铁	红	耐酸钢或不锈钢	浅蓝
球墨铸铁	黄	合金钢	淡紫
碳素钢	铝白		

② 阀体密封面材料涂色规定见表8-6所示。

表8-6　阀体密封面材料涂色规定

密封面材料	涂漆颜色	密封面材料	涂漆颜色
青铜或黄铜	红	硬质合金	灰色周边带红色条
巴氏合金	黄	塑料	灰色周边带蓝色条
铝	铝白	皮革或橡皮	棕
耐酸钢或不锈钢	浅蓝	硬橡皮	绿
渗氮钢	浅紫	直接在阀体上制造密封面	同阀体色

（3）非金属阀门

1)硬聚乙烯塑料阀:硬聚乙烯塑料阀有旋塞、球阀和截止阀三种结构形式。使用于温度在 $-10\sim60℃$,公称压力 $P_N\leqslant0.3MPa$ 的场合,有时可替代合金钢阀门使用,适用于输送一般的酸性或碱性物质的管道上,具有体轻、耐腐蚀、易加工等优点,但是受到温度的限制,不适宜室外使用。

2)陶瓷阀:陶瓷阀适用于所输送介质腐蚀性较强的管道上,多用于化工生产中输送氯气、液氯和盐酸等介质,可替代不锈耐酸钢。此种阀门的密封性能差,不适用于压力较高的管道上。另外,安装、检修时要特别注意,避免受到冲击而破裂。

8.1.2.6　管道连接方式和种类

管道连接是按照设计图纸和有关规范、规程的要求,将管子与管子或管子与管件、阀件连接起来,使之形成一个严密的整体,以达到使用的目的。

管道的连接方式有很多种,常用的连接方式有螺纹连接、焊接连接、法兰连接、承插连接和胀管连接五种。

　　(1) 螺纹连接

　　通过管子上的外螺纹将管子与带内螺纹的管件、阀件和设备连接起来的方法称为螺纹连接,简称"丝接"。为了增加丝接的严密性,在连接前应在带有外螺纹的管头或配件上按螺纹方向缠以适量的麻丝。螺纹连接在管道安装中应用最广泛。

　　(2) 焊接连接

　　1) 管道焊接工艺的类别和应用

　　① 焊接工艺有气焊、手工电弧焊、手工氩弧焊、埋弧自动焊、钎焊等多种焊接方法。

　　② 各种有缝钢管、无缝钢管、铜管、铝管和塑料管都可采用焊接连接。

　　③ 镀锌管不能采用焊接连接方式,以免镀锌层被破坏。

　　④ 外径 $D_w \leq 57$mm,壁厚 $\delta \leq 3.5$mm 的铜管、铝管的连接,可采用电焊、气焊、钎焊等焊接方式。

　　⑤ 塑料管的连接方式有电熔连接、热熔连接和塑料过渡接头连接。

　　2) 管道焊接连接的优缺点

　　优点:焊口牢固,强度大;安全可靠,经久耐用;接口严密性好,不易跑、漏、冒;不需要接头配件,造价相对较低;维修费用也较低。

　　缺点:接口固定,检修、更换管子等不方便。

　　(3) 法兰连接

　　管路法兰连接是指将垫片放入一对固定在两个管口上的法兰或一个管口法兰和一个带法兰阀门的中间,用螺栓拉紧使其紧密结合起来的一种可以拆卸的接头,主要用于管子与管子、管子与法兰的配件(如阀门)或设备的连接,以及管子需经常拆卸的管件的连接。

　　法兰连接是工艺管道安装中常用的连接方式之一,其优点是结合强度大,结合面严密性好,易于加工,便于拆卸。法兰连接适用于明设和易于拆装的沟设或井设管道上,不宜用于埋地管道上,以免螺栓腐蚀,拆卸困难。

　　(4) 承插连接

　　在工业与民用管道安装工程中带承插口的铸铁管、混凝土管、陶瓷(土)管、塑料管等管材,采用承插连接,主要用于给水、排水、城市煤气、石油化工等工程。

　　承插接口所用接口材料有石棉水泥、青铅、自应力水泥、橡胶圈、水泥砂浆和氯化钙石膏水泥等。其中使用最多的是石棉水泥,这种接口操作简便,质量可靠。

8.1.3　实验的设备、仪器及工具

　　(1) 有机玻璃塔 1 座;

　　(2) 罗茨鼓风机 1 台;

　　(3) 气体缓冲器 1 只;

　　(4) 气体流量计 1 只;

　　(5) 液体流量计 1 只;

　　(6) 压差计、温度计各 1 只;

　　(7) 管工工具一套(专放于钳工箱内,实验时按清单清点);

　　(8) 必要的管道及管件若干。

8.1.4　注意事项

（1）本次实验的重点在于掌握实际操作和基本技能,在实验的全过程中自始至终要注意安全。

（2）进行本次实验时,任何同学不准穿拖鞋,女同学不准穿裙子。铰制管螺纹和安装管道时,必须戴手套。

（3）在设备和管道安装完毕后,在将要进行测试前,必须和指导老师联系,在得到老师的同意后,方可开风机。

（4）有关数据的读取要仔细,尤其是压差计的读数变化较为缓慢,不能过急。

（5）数据审核：每组整理出一份原始数据,每组成员在原始数据记录表上签名,将原始数据交于实验指导老师审核,审核通过后老师签字,将此签名原始数据带回,附于同组某一同学的实验报告后面上交。

（6）数据通过指导老师的审核后,将安装的管路拆卸,并放回原来的位置,摆放好所用的器械,打扫好实验场所的卫生,结束本次实验。

8.1.5　数据处理

本次实验的数据处理较为简单,但仍需仔细处理,尤其在报告中要仔细绘制流程图。

8.1.6　实验小结与体会

（1）给出实验中所得结果。

（2）简述本实验的工程实际意义。

（3）对实验内容和装置提出改进建议。

8.1.7　思考题

（1）流体流量的测定,根据你所掌握的知识,你认为有哪几种流量计可采用? 叙述这些流量计的使用特点。

（2）本实验所用的风机流量是如何调节的? 为什么要这样调节?

（3）塔底部液体出口为什么要装液封? 液封的高度如何确定?

（4）在本次实验中,有哪些部件或仪器仪表在安装过程中要注意其方向性?

（5）在本实验过程中,气体缓冲罐能否省略? 为什么?

8.2　筛板塔部分回流精馏实验

8.2.1　实验目的与要求

（1）熟悉精馏装置的流程和精馏塔各部分,尤其是塔板的结构情况;

（2）掌握精馏塔启动和停车操作的程序,学习精馏塔的调节操作技能;

（3）学会精馏在部分回流操作时的全塔效率测定方法。

8.2.2　实验任务

（1）在一定的进料浓度 x_f 下实现稳定操作,得到规定的产量 D 为 $1\sim3L/h$ 和产品浓度

x_D（质量分数）为 88％以上，每隔半小时记录一次相关数据。如果达不到要求，调节一次操作条件，等待操作稳定。规定每隔半小时记录数据一次，直到一小时后两次记录的 D、x_D 均符合要求时结束实验。

（2）在达到要求的指标值后，取塔顶、塔底料液样品，分析其浓度并计算出此时的全塔效率。

8.2.3　实验基本原理

部分回流精馏实验是在全回流精馏实验基础上的深化，基础知识可参考 7.5 的全回流实验内容。部分回流时的操作要比全回流时操作要复杂得多。在计算全塔效率时，仍然涉及理论塔板数 N_T，下面介绍部分回流实验中 N_T 的求取方法。

本实验中仍然采用图解法求取理论塔板数 N_T。

精馏段的操作线方程为

$$y_{n+1} = \frac{R}{R+1}x_n + \frac{x_D}{R+1} \tag{8-1}$$

式中：y_{n+1}——精馏段第 $n+1$ 块塔板上升的蒸汽组成，摩尔分数；

x_n——精馏段第 n 块塔板流下的液体组成，摩尔分数；

x_D——塔顶馏出液的液体组成，摩尔分数；

R——泡点回流下的回流比。

提馏段的操作线方程为

$$y_{m+1} = \frac{L'}{L'-W}x_m - \frac{W}{L'-W}x_W \tag{8-2}$$

式中：y_{m+1}——提馏段第 $m+1$ 块塔板上升的蒸汽组成，摩尔分数；

x_m——提馏段第 m 块塔板流下的液体组成，摩尔分数；

x_W——塔底釜液的液体组成，摩尔分数；

L'——提馏段内流下的液体量，kmol/s；

W——釜液流量，kmol/s。

加料线（q 线）方程可以表示为

$$y = \frac{q}{q-1}x - \frac{x_F}{q-1} \tag{8-3}$$

其中，q 为进料热状况参数，表达式为

$$q = \frac{r_F + C_{PF}(t_B - t_F)}{r_F} \tag{8-4}$$

$$C_{PF} = M_a x_F C_{Pa} + M_w(1 - x_F)C_{Pw} \tag{8-5}$$

$$r_F = M_a x_F r_a + M_w(1 - x_F)r_w \tag{8-6}$$

式中：t_B——进料液的泡点温度，℃；

t_F——进料液温度，℃；

r_F——进料液在泡点温度下的汽化潜热，kJ/kmol；

C_{PF}——进料混合液在平均温度 $\dfrac{t_B - t_F}{2}$ 下的比热容，kJ/(kmol·℃)；

x_F——进料浓度，摩尔分数；

M_a——乙醇的相对分子质量,数值为 46;

M_w——水的相对分子质量,数值为 18;

C_{Pa}——乙醇在平均温度 $\dfrac{t_B - t_F}{2}$ 下的比热容,kJ/(kmol·℃);

C_{Pw}——水在平均温度 $\dfrac{t_B - t_F}{2}$ 下的比热容,kJ/(kmol·℃);

r_a——乙醇在泡点温度下的汽化潜热,kJ/kmol;

r_w——水在泡点温度下的汽化潜热,kJ/kmol。

回流比 R 可按下式计算得到:

$$R = \frac{L}{D} \qquad\qquad (8-7)$$

式中:L——回流液量,kmol/s;

D——馏出液量,kmol/s。

在实际操作过程中,为了保证上升气流能够被完全冷凝下来,冷却水的量一般情况下比较大,回流液的温度往往低于泡点温度,所以实际的操作处于冷液回流状态。

部分回流操作时,用图解法求解 N_T 的步骤如下:

(1) 在 $y - x$ 图上绘出物系的相平衡曲线,并且绘出对角线作为辅助线;

(2) 在 x 轴上找出 x_F、x_D、x_w 等 3 个数据点,依次通过这 3 点作垂线,分别与对角线相交于 f、a、b 点;

(3) 在 y 轴上找出 $y_c = \dfrac{x_D}{R+1}$ 的点 c,连接 a、c 两点,绘制精馏段的操作线;

(4) 由进料热状况求出 q 线的斜率 $\dfrac{q}{q-1}$,过点 f 绘制 q 线交精馏段操作线于 d 点;

(5) 连接 d、b 两点,绘制提馏段操作线;

(6) 从 a 点开始在平衡线和精馏段操作线之间绘制阶梯,当梯级跨过 d 点时,就在平衡线和提馏段操作线之间绘制阶梯,直到梯级跨过 b 点时为止;

(7) 所绘制的总阶梯数就是全塔所需要的理论塔板数(包含塔釜),跨过 d 点的那块塔板就是进料板,其上的阶梯数为精馏段的理论塔板数。

8.2.4　实验操作要求

本次实验过程与要求及其操作,对于从事化工以及与化工有一定关联的专业人员来说,是一堂相当实际、内容又十分丰富的实验教学课,它可以使我们了解到在精馏操作过程中既相互影响又相互牵制的许多工程上的实际问题。

本实验流程与 7.5 的实验流程相近,操作也比较接近,但是也提出了更高的要求。在此,提出以下一些问题,请在实验中或实验总结时认真思考:

(1) 精馏塔的产品不合格的原因以及操作时的调节方法。

1) 塔底产品能达到要求,而塔顶产品不能达到要求;

2) 塔顶产品能达到要求,而塔底产品不能达到要求;

3) 塔顶、塔底产品均不能达到要求;

4) 进料量的变化;

5) 进料组分的变化;

6）进料温度的变化；

7）塔釜加热器提供的热量变化。

（2）精馏塔内操作不正常：漏液或液泛时的原因及其调节方法。

1）塔顶回流比过大或过小；

2）进料量的变化情况；

3）塔釜加热器的电流、电压变化情况；

4）塔顶冷凝器中冷却水的变化情况。

（3）精馏塔塔顶产品量的控制。

1）回流比大小的控制；

2）进料量及进料浓度的影响；

3）塔釜加热器的加热量的影响；

4）塔釜中残液的排除量及其液位的高低。

以上仅是精馏操作岗位上一些较常见的问题，在这些问题的处理上，调节方法众多，但这些因素并非是单独影响着某一问题的，而是相互牵制的。因此，作为工程技术人员，应学会在错综复杂的关系中，如何合理、正确地控制和调节这些因素，达到所希望实现的最佳工作状态，这就是工程技术人员的基本技能。

8.2.5　精馏实验原始数据记录表

表 8-7　部分回流连续精馏实验原始数据记录

班级 _____　　　日期 _____　　　设备号 _____

		1	2	3	4
		__时__分	__时__分	__时__分	__时__分
塔顶	$D/\mathrm{L \cdot h^{-1}}$				
	料液比重值				
	料液温度/℃				
塔底	$W/\mathrm{L \cdot h^{-1}}$				
	料液比重值				
	料液温度/℃				
进料段	$F/\mathrm{L \cdot h^{-1}}$				
	料液比重值				
	料液温度/℃				
回流	$L/\mathrm{L \cdot h^{-1}}$				
	回流比 R				

同组实验者：　　　　　　　　　　　　教师签名：

8.2.6　数据处理

（1）一组数据计算示例；

（2）列出数据处理表。

8.2.7 结果分析与讨论

（1）给出部分回流情况下的理论塔板数、全塔效率及单板效率。
（2）分析、讨论实验中观察到的现象。
（3）分析部分回流精馏的工程实际意义。
（4）对实验内容及装置提出改进建议。

8.2.8 思考题

（1）酒精蒸馏为什么采用常压而不采用减压或加压蒸馏？
（2）在酒精精馏的操作中，调节回流比的大小有何现实意义？
（3）精馏塔操作中，塔顶和塔釜的温度为什么是一个重要的参数？
（4）高位槽在精馏岗位中有何作用？它的安装高度又是如何决定的？
（5）比较本实验中所测得的全塔效率和全回流时所得到的全塔效率的变化情况，并说明原因。
（6）由全回流换到部分回流时，塔顶浓度 x_D 有何变化？为什么？

8.3 超滤膜分离实验

8.3.1 实验目的与要求

（1）建立膜分离过程的基本概念，掌握其特征和使用领域；
（2）学习新型单元操作——膜分离的原理、主要设备构成和操作方法，建立膜分离操作的基本概念，了解操作参数（膜面流速、操作压强、料液浓度、温度等）对膜分离性能的影响；
（3）掌握表征膜分离性能参数（渗透通量、截留率、固含量等）的测定方法；
（4）熟悉膜污染及其清洗方法。

8.3.2 实验基本原理

膜分离是一种新型的高效分离、浓缩、提纯及净化技术，近 30 年来发展迅速，已在工业领域得到广泛的应用。膜分离过程的原理是利用膜的选择透过性而使不同的物质得到分离，其分离推动力是膜两侧的压差、浓度差或电位差，适于对双组分或多组分液体或气体进行分离、分级、提纯和富集。它具有无相变、分离效率高、可在常温下进行、无化学变化、节能、设备简单、卫生程度和自动化程度高等优点，日益广泛地应用于食品、医药、环保、科研以及国防的各个领域。超滤膜分离工艺流程如图 8-1 所示。

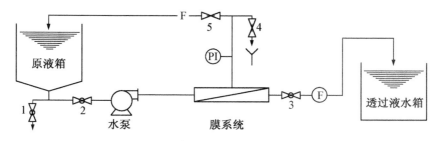

图 8-1 超滤膜分离工艺流程

8.3.3　实验装置

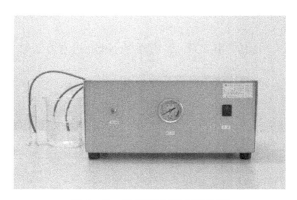

图 8 - 2　平板膜分离实验装置

8.3.4　实验操作步骤

（1）在测试渗透池上安装好膜片；

（2）向料液罐中加入料液；

（3）开启电源，此时控制面板上的黄色指示灯亮；

（4）将料液管、浓缩液管放入料液罐中；

（5）开启循环泵，开始料液渗透，并收集渗透液。

8.3.5　实验数据记录

表 8 - 8　不同截留相对分子质量的超滤膜在不同压强下的纯水通量

截留相对分子质量	5000				10000				30000			
操作压强/MPa	0.2	0.3	0.5	0.7	0.2	0.3	0.5	0.7	0.2	0.3	0.5	0.7
渗透通量/L·m^{-2}·h^{-1}												

表 8 - 9　蛋白质超滤过程渗透通量随时间的变化（取某个操作压强）

时间间隔/min	渗透通量/L·m^{-2}·h^{-1}	截留率/%
10		
20		
30		
40		

表 8 - 10　不同清洗方法对渗透通量恢复的影响

清洗方法	渗透通量/L·m^{-2}·h^{-1}	截留率/%
水洗＋酸洗＋水洗		
水洗＋碱洗＋碱洗		
水洗＋EDTA 溶液＋水洗		
水洗＋EDTA/NaOH 溶液＋水洗		

8.3.6　实验数据处理

8.3.6.1　操作参数

对膜分离过程,一般采用膜的截留率、渗透通量、截留相对分子质量等参数表示。

（1）截留率

截留率 R 是指料液中分离前后被分离物质的截留百分数。

$$R = \frac{c_1 - c_2}{c_1} \times 100\% \tag{8-8}$$

式中, c_1、c_2 分别是料液主体和透过液中被分离物质的浓度。

（2）渗透通量

渗透通量 q 是指单位时间、单位膜面积上的透过量,常用的单位为 $L/(m^2 \cdot h)$。

$$q = \frac{V \times 10^{-3}}{A_e \times 10^{-4}} \times \frac{60}{\theta} \tag{8-9}$$

式中, q——渗透通量,$L/(m^2 \cdot h)$;

　　　V——透过的液体量,mL;

　　　A_e——有效膜面积,cm^2;

　　　θ——所规定的时间,min。

（3）截留相对分子质量

一般取截留率为 90% 的物质的相对分子质量作为膜的截留相对分子质量。截留相对分子质量对渗透通量的影响规律与膜污染的机理有关。膜初始通量的衰减主要是由浓差极化所引起的早期通量下降。在同样条件下,膜的截留相对分子质量愈小,超滤时截留在膜面上的溶质愈多,浓差极化就愈严重,膜阻力愈大,从而水通量衰减率愈大。当膜长期运行时,渗透通量的降低主要是由膜污染等引起的长期通量下降,此时膜的截留相对分子质量愈大,通过的溶质愈多,其较大的膜孔径便愈容易被活性污泥中相近尺度的物质所堵塞;同时由于截留相对分子质量愈大渗透通量愈大,料液向膜面的迁移速度也就愈大,因而污染物质在膜表面吸附沉积的机会也就愈多,通量衰减也就愈严重。

8.3.6.2　数据处理

采用数据处理软件作图,包括截留率随操作压强的变化情况,渗透通量随操作压强的变化情况等。膜的清洗方法对通量恢复的影响及清洗方法的确定。画图表示产水量为最大值时,截留率随时间的变化情况,分析出现此现象的原因,并预测截留率的变化趋势。

8.3.7　结果分析与讨论

（1）结合实验结果,分析膜的截留相对分子质量与渗透通量的关系。

（2）结合实验结果,分析清洗方法对渗透通量恢复的影响。

（3）通过该实验,讨论超滤膜分离技术在化工行业中的应用。

8.3.8　思考题

（1）渗透通量随压强和温度如何变化？ 为什么？

（2）膜的污染是怎样形成的？ 如何减少膜的污染和延长膜的使用寿命？

（3）膜的清洗方法有哪些？对于由硬物和有机物引起的膜污染，应如何进行清洗？

（4）减小膜过程中的浓差极化程度有哪些方法？

（5）简述错流过滤方式与重过滤方式的区别，指出它们的优缺点。

8.4　集成膜分离实验

8.4.1　实验目的与要求

（1）学习化工集成技术的基本原理：几种技术进行有效交叉与组合，达到各取所长、发挥各自优势、完成高效纯化与分离的目标；

（2）熟悉集成膜分离技术的工艺流程；

（3）了解集成膜工艺过程的优点，优化集成膜分离的工艺参数；

（4）建立集成膜分离操作的基本概念，掌握膜组件的结构及基本流程。

8.4.2　实验基本原理

膜分离技术涉及化学工程、材料科学、环境科学和膜科学等多学科交叉的领域，主要有：① 膜科学与工程：膜材料的制备与表征，中空纤维膜/平板膜及其复合膜的制备技术，新膜的开发；② 集成膜分离过程：膜分离与反应等耦合过程，以及生物与中药、超净高纯电子化学品、石油化工等集成膜分离过程；③ 污水治理工程、海水淡化工程：各种膜分离技术在环境工程、海水淡化工程中的应用与开发。

膜分离过程主要分为微滤（MF）、超滤（UF）、纳滤（NF）、反渗透（RO）、电渗析（ED）过程。其分离范围如图 8-3 所示。微滤以压力为推动力，以滤膜截留为基础的高精密过滤筛分机理，孔径约 $0.01\sim10\mu m$。超滤膜为非对称多孔膜，以低压力为推动力，使小于膜孔径的物质透过膜，而使大于膜孔径的物质被截留，从而实现料液的分离和提纯。超滤膜截留相对分子质量范围为 $1000\sim100$ 万。纳滤是处于反渗透和超滤之间的一种膜分离过程，其孔径范围在纳米级，其截留相对分子质量范围为 $150\sim2000$，因有些纳滤膜表面带电荷，对不同电荷和不同价态的离子具有相对不同的 Donann 电位，从而能使不同价态的离子得以分离。反渗透以压力为推动力，利用致密半透膜的选择透过性，使不同组分（主要是水和离子）得以分离。

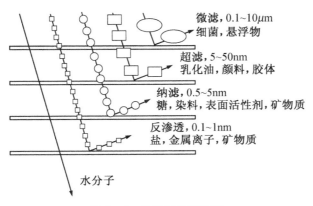

图 8-3　各种膜分离范围

集成膜技术,就是为高效地实现所要求的总目标而选择的合适膜分离工艺过程的优化组合,可充分地发挥各种膜过程的优势。集成膜分离过程工艺流程图如图8-4所示。

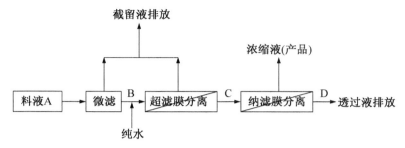

图8-4   集成膜分离过程工艺流程图

A-料液   B-微滤透过液   C-超滤透过液   D-纳滤透过液

8.4.3   实验装置

图8-5   集成膜分离实验装置

8.4.4   实验操作步骤

以料液A进行精制和浓缩,料液比较浑浊,其关键组分的相对分子质量约为500,杂质为蛋白质、胶体、多糖等。可以选用超滤除杂,纳滤浓缩工艺,具体步骤如下:

8.4.4.1   将料液进行预处理

(1)连接A料液储罐和高压泵进口管路。

(2)连接高压泵出口和预过滤器进口管路(注意此段管路中间有三通接到压力表)。

(3)连接预过滤器出口和料液储罐之间的管路。

(4)接通电源,指示灯亮,开启高压泵进行过滤,得到滤液B。

8.4.4.2   将B液进行超滤除杂

(1)连接料液储罐和高压泵进口管路。

(2)连接高压泵出口和超滤膜进料口管路(注意此段管路中间有三通接到压力表)。

（3）连接超滤膜截留液出口和料液储罐之间的管路。

（4）将超滤透过液引到另外的储罐。

（5）接通电源，指示灯亮，全开超滤运行压力调节阀（逆时针旋转），开启高压泵，缓慢关闭调节阀，观察压力表和透过液，一般在 0.5MPa 即可有稳定的透过液流出，收集得到滤液 C。

（6）运行中，B 液处于循环状态，温度会升高，可以接通自来水进入储罐夹层进行冷却。

（7）随着 C 液的增多，B 液逐渐减少，为增加收率，可以在 B 液加入纯净水进行洗脱。

8.4.4.3　对 C 液进行浓缩

（1）排出料液储罐中的 B 液，洗净后倒入 C 液。

（2）连接料液储罐和高压泵进口管路。

（3）连接高压泵出口和纳滤膜进料口管路（注意此段管路中间有三通接到压力表）。

（4）连接纳滤膜截留液出口和料液储罐之间的管路。

（5）将纳滤透过液引到另外的储罐。

（6）接通电源，指示灯亮，全开纳滤运行压力调节阀（逆时针旋转），开启高压泵，缓慢关闭调节阀，观察压力表和透过液，一般在 1.0MPa 即可有稳定的透过液流出，收集得到滤液 D。

（7）运行中，C 液处于循环状态，温度会升高，可以接通自来水进入储罐夹层进行冷却。

（8）随着 D 液的增多，C 液逐渐减少，C 液中有效成分浓度逐渐升高。

（9）D 液也可以直接排掉。

8.4.4.4　膜的清洗和保护

为了延长膜的使用寿命，每次运行结束后，都要对膜进行清洗，以超滤膜为例说明如下：

（1）料液储罐放入去离子水，连接料液储罐和高压泵进口管路。

（2）连接高压泵出口和超滤膜进料口管路（注意此段管路中间有三通接到压力表）。

（3）连接超滤膜截留液出口和料液储罐之间的管路。

（4）将超滤透过液也引到料液储罐。

（5）接通电源，指示灯亮，全开超滤运行压力调节阀（逆时针旋转），开启高压泵。

（6）运行 15min，停 10min，排空料液储罐中的水，加入新鲜的去离子水。

（7）重复 6，直到膜的截留液出口出水干净为止。及时封存，保证膜处于湿润状态。

（8）停运 7 天以上时，要用 1% 亚硫酸氢钠溶液封存，且在下次运行时要先进行冲洗。

冬天停机要注意防冻，可用 20% 的甘油加 1% 的亚硫酸氢钠保护，每月更换一次保护液。

8.4.5　实验数据记录

表 8－11　纳滤过程实验记录

测　　量　　值			
渗透通量/L·m^{-2}·h^{-1}	入口压强/MPa	出口压强/MPa	渗透水压强/MPa

表 8 - 12   超滤过程渗透通量随时间的变化

时间间隔/min	渗透通量/L·m^{-2}·h^{-1}	截留率/%
10		
20		
30		
40		

表 8 - 13   纳滤过程渗透通量随时间的变化

时间间隔/min	渗透通量/L·m^{-2}·h^{-1}	截留率/%
10		
20		
30		
40		

表 8 - 14   不同清洗方法对渗透通量恢复的影响

清洗方法	渗透通量/L·m^{-2}·h^{-1}	截留率/%
1		
2		
3		
4		

8.4.6   数据处理

8.4.6.1   操作参数

对膜分离过程,一般采用膜的截留率、渗透通量、截留相对分子质量等参数表示。

(1)截留率

截留率 R 是指料液中分离前后被分离物质的截留百分数。

$$R=\frac{c_1-c_2}{c_1}\times100\%   \tag{8-10}$$

式中:c_1、c_2 分别是料液主体和透过液中被分离物质的浓度。

(2)渗透通量

渗透通量 q 是指单位时间、单位膜面积上的透过量,常用的单位为 L/(m^2·h)。

$$q=\frac{V\times10^{-3}}{A_e\times10^{-4}}\times\frac{60}{\theta}   \tag{8-11}$$

式中:q——渗透通量,L/(m^2·h);

V——透过的液体量,mL;

A_e——有效膜面积,cm^2;

θ——所规定的时间,min。

（3）截留相对分子质量

一般取截留率为 90% 的物质的相对分子质量作为膜的截留相对分子质量。截留相对分子质量对渗透通量的影响规律与膜污染的机理有关。膜初始通量的衰减主要是由浓差极化所引起的早期通量下降。在同样条件下，膜的截留相对分子质量愈小，超滤时截留在膜面上的溶质愈多，浓差极化就愈严重，膜阻力愈大，从而水通量衰减率愈大。当膜长期运行时，渗透通量的降低主要是由膜污染等引起的长期通量下降，此时膜的截留相对分子质量愈大，通过的溶质愈多，其较大的膜孔径便愈容易被活性污泥中相近尺度的物质所堵塞；同时由于截留相对分子质量愈大渗透通量愈大，料液向膜面的迁移速度也就愈大，因而污染物质在膜表面吸附沉积的机会也就愈多，通量衰减也就愈严重。

8.4.6.2　数据处理

采用数据处理软件作图，包括截留率随操作压强的变化情况，渗透通量随操作压强的变化情况等。膜的清洗方法对通量恢复的影响及清洗方法的确定。画图表示产水量为最大值时，截留率随时间的变化情况，分析出现此现象的原因，并预测截留率的变化趋势。

8.4.7　结果分析与讨论

（1）结合实验结果，分析集成膜分离技术在化工、医药、食品、海洋等行业中的应用特点。
（2）结合实验结果，分析纳滤浓缩生物活性物质溶液的污染过程。
（3）讨论集成膜分离技术在化工、医药、食品、海洋等行业中的应用前景。

8.4.8　思考题

（1）综述现有的膜分离技术的应用领域。如何将膜分离技术应用到新的领域？
（2）为什么随着膜分离时间的延长，渗透通量越来越低？
（3）如何进行集成膜技术和传统化工工艺技术的优化组合？
（4）怎样知道膜是否受到污染？
（5）温度对膜渗透通量有何影响？
（6）什么是膜压密化？发生机理如何？反渗透和纳滤之间有何区别？

8.5　生物大分子层析过程中的传质与流动实验

8.5.1　实验目的与要求

（1）初步了解化工原理在生物领域中的应用与面临的挑战，了解用化工原理知识分析生物领域中相关化学工程问题的方法。
（2）熟悉通过实验来分析、研究、解决新问题的策略和方法。
（3）通过实验，探讨层析柱床内生物大分子物质的吸附传质、液相流动与轴向分散特性。
（4）熟悉层析基本原理、系统组成、UV 检测器操作、蠕动泵原理，以及进行结果分析的方法。

8.5.2　实验基本原理

近几年来，化工与生物领域的交叉十分广泛，而生物技术的迅速发展为化工与生物交叉领域的研究和发展带来了空前的机会。化工原理作为化学工程学科的核心基础，其外延与内涵也不断丰富,向生物领域的渗透也日益活跃。在生物技术与工程领域,有许多问题属于化学工程学科研究解决的范畴。利用化工原理的基本理论和方法,分析、解释和解决生物领域中遇到的化学工程问题,是化工原理的新任务之一。生物大分子物质在层析柱床内的传质及柱床内流体流动行为是生物分离领域十分重要的基础问题,通过实验工作,并结合化工原理的理论知识和方法,可对这些问题进行研究和探索。

本实验所涉及的一些问题目前尚没有形成统一的结论,相关实验现象和本质有待进一步揭示、解释和探索。因此,本实验属于探索性实验,不是常规的验证性实验。

为方便,本实验以蛋白质离子交换层析为例,对生物大分子层析中的流动与传质现象进行一些实验工作,并以化工原理中的相关知识,对其中涉及的问题进行分析探讨。

柱层析是基因工程下游和生物分离领域广泛采用的重要分离方法之一。离子交换层析是柱层析的一种,也是分离纯化含有生物大分子混合物的主要层析方法。生物大分子目标物进入层析床柱后,在层析介质孔隙内或介质颗粒之间的间隙内随液相一起流动,以扩散传质、对流传质等方式到达吸附介质的吸附位点,并发生吸附。在解吸过程中,目标大分子物质又以类似的逆过程进入洗脱液相,随液体流动离开床柱。这些过程与诸多因素密切相关,如液相组成、流态、流速、物性(如黏度、密度),孔隙流道的大小、形状,介质颗粒在床柱内的填充分布,生物大分子的浓度、分子大小、表面电性、扩散系数,微生物细胞、细胞碎片等等。因此,生物大分子在层析床柱内的吸附和分离过程,是一个涉及流动与传质的复杂过程,有待于研究探索。

8.5.2.1　生物层析分离介质

目前,已应用和正在研究开发的生物层析介质主要有两类:其一为粒状介质,如图 8-6(a)所示;其二为连续床介质,如图 8-6(b)所示。目前应用最广泛的商业化层析介质主要是粒状介质。

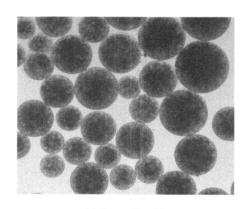
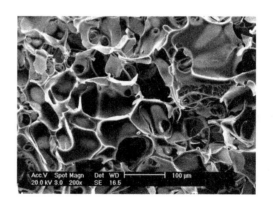

(a) Streamline SP　　　　　　　　　　　　(b) Cryogel

图 8-6　不同层析介质

粒状介质一般为直径数十到数百微米的颗粒,可方便地填充(固定床)或稳定分散(扩张床)在柱床内,相邻介质颗粒之间形成的间隙以及介质颗粒内部的孔隙通道都是流体流动和目标生物大分子传质吸附的通道,介质内孔隙的直径一般在几十到几百纳米范围。典型产品如 GE Healthcare (Pharmacia Biotech.) 的 SP Sepharose FF,DEAE Sepharose FF,CM Sepharose FF,Q Sepharose XL,Streamline DEAE (扩张床介质),Streamline SP (扩张床介质);丹麦 Upfront Chromatography A/S 公司的 Upfront FastLine SP(扩张床介质) 等。

连续床介质为整体,通常经聚合反应等方法制得,流体流动通道是分布在连续床介质内部的互相连通的孔隙网络,孔道尺寸在数十到数百微米。这类介质适于处理相对分子质量更大的目标生物分子(如相对分子质量很大的蛋白质、抗体片段、质粒 DNA、病毒颗粒等),且可直接处理含微生物细胞或细胞碎片的原料液,具有与扩张床介质类似的集成化吸附分离的优点。连续床介质目前处于研究开发阶段,如瑞典隆德大学正在开发这类介质,即将进入商业化应用;本实验室也开发有这类介质。

8.5.2.2　离子交换层析基本原理

离子交换层析分离是基于所分离组分的电荷特性和相对应的离子交换剂间的静电结合,通过改变流动液的相条件可以实现吸附和解吸,从而将各组分分开。离子交换层析过程包括离子交换剂平衡、待分离样品上柱、目标组分的吸附、未吸附组分的冲洗、目标组分的洗脱和离子交换剂再生等步骤。基于样品中各组分所带电荷的不同,对离子交换剂有不同的亲和力,通过改变洗脱液离子强度和 pH 可以调节静电相互作用,使各组分按亲和力从小到大的顺序依次从层析柱中洗脱下来。利用离子交换层析可以分离和提纯基因重组药用蛋白质、酶、质粒 DNA、多肽、抗体片段等众多的生物化学产品或生物医药产品。

蛋白质是一种两性电解质,改变 pH 可以改变蛋白质表面氨基酸残基的酸性或碱性基团的解离程度,从而使蛋白质呈现一定的电荷特性,因此可以利用离子交换层析实现带有不同表面电荷的蛋白质的分离纯化。除 pH 外,离子强度是影响离子交换层析的主要因素,高离子强度一定程度上降低了离子交换剂的解离基团与带相反电荷的目标物之间的静电相互作用。因此,被吸附的蛋白质可通过改变 pH 或离子强度(或两者同时改变)来实现洗脱,按与离子交换剂结合力从小到大的顺序依次从层析柱中洗脱下来,从而实现分离纯化的目的。

8.5.2.3　层析柱内的流动与分散特性

实际上,流体在层析柱床中的流动属于多孔介质内的流动范畴。粒状介质层析床内的流体流动空间主要是介质颗粒间的微细孔隙和介质内部的孔道(一般在数百纳米至几个微米之间),超大孔晶胶连续床内流体的流动空间主要是介质内的超大孔隙(数十至数百微米之间)。与常规化工过程中管内的流动特性相比,流动通道的几何尺寸要小很多,因此,其流动特性具有特殊性。

流体在柱床内的流动可用达西定律来描述:

$$k_w = \frac{Q_w \mu_w L}{\Delta p_w A} \qquad\qquad (8-12)$$

式中:Q_w——流经柱体的流量;

　　　μ_w——水的黏度;

　　　L——柱床长度;

　　　A——柱床截面积;

　　　Δp_w——压降。

对分离过程而言,层析柱内理想的流体流动为平推流,且轴向分散较弱。柱效的高低可用理论塔板数或等板高度(HETP)来定量描述。通常用脉冲示踪方法测定停留时间分布(RTD),进而计算得到理论塔板数。利用进样阀在柱进口处注入一示踪脉冲(3% 的丙酮溶液,脉冲体积一般小于层析介质体积的 2%),通过检测器和色谱工作站记录脉冲响应曲线,计算理论塔板数。图 8-7 是典型的脉冲响应曲线,由 V_e(出峰体积)和 $W_{1/2}$(半峰高宽度)可计算出 N。床层高度 L 除以 N 就是 HETP,其值应该为所装填介质平均直径的 2~3 倍。另外一个评价指标是对称指数 A_s,为 10% 峰高时的后峰宽度和前峰宽度的比值,A_s 越靠近 1 越好。对于离子交换层析短柱,A_s 一般在 0.80~1.80 之间。A_s 过大,表明柱装得过松;A_s 过小,表明柱装得过紧。

对超大孔连续床柱,RTD 峰的好坏是类似的。

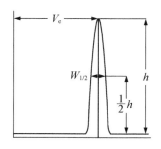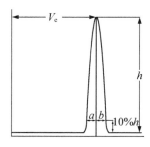

图 8-7　柱效的计算

$$N = 5.54 \times \left(\frac{V_e}{W_f} \right)^2 \qquad\qquad (8-13)$$

$$H = \frac{L}{N} \qquad\qquad (8-14)$$

$$A_s = \frac{b}{a} \qquad\qquad (8-15)$$

除理论塔板数外,还可以用轴向分散系数或 Bodenstein 准数对柱分离效率进行评价。轴向分散系数 D_{ax} 可用下式计算:

$$\frac{\sigma_t^2}{\overline{t}^2} = 2 \left(\frac{D_{ax}}{uL} \right) - 2 \left(\frac{D_{ax}}{uL} \right)^2 \left[1 - \exp\left(-\frac{uL}{D_{ax}} \right) \right] \qquad\qquad (8-16)$$

式中:σ_t^2——方差;

　　　$\overline{t}$——RTD 曲线平均停留时间;

　　　D_{ax}——轴向分散系数;

　　　L——连续床长度;

　　　u——流体在孔隙内的流速($u = \frac{U_L}{\varphi}$,U_L 为表观流速,φ 为床层孔隙率)。

Bodenstein 准数(Bo)可由下式计算得到:

$$Bo = \frac{uL}{D_{ax}} \qquad\qquad (8-17)$$

该准数反映了对流传递与扩散传递的相对强弱。

8.5.2.4　层析柱内的传质

对于粒状介质,床柱内流体中的生物大分子目标物与分离介质之间的传质过程主要包括两个方面:其一是目标物大分子从粒间孔隙液相中到达介质颗粒间表面,主要为对流传质过程;其二是生物大分子进入介质颗粒内部,在介质孔隙内液相中扩散并到达吸附位点,主要为扩散传质过程。另外,在介质吸附位点表面的传质和吸附过程,因其十分迅速,常常可以忽略。

生物大分子由液相主体向介质颗粒的对流传质膜系数 k_L,可以用流化床内的传质关联式或固定床内的传质关联式进行估算,这两个关联式可分别表示为

$$\frac{k_L d_s}{D_{AB}} = 2 + 1.5 \left[Re_s (1 - \varphi) \right]^{1/2} Sc^{1/3} \qquad\qquad (8-18)$$

$$k_{\mathrm{L}}=1.15\frac{U_{\mathrm{L}}}{\varphi}\left(\frac{\mathrm{Re_s}}{\varphi}\right)^{-1/2}\mathrm{Sc}^{-1/3} \tag{8-19}$$

式中：颗粒 Reynolds 数 $\mathrm{Re_s}=\dfrac{U_{\mathrm{L}}\rho_{\mathrm{L}}d_{\mathrm{s}}}{\mu_{\mathrm{L}}}$；

Schmidt 数 $\mathrm{Sc}=\dfrac{\mu_{\mathrm{L}}}{D_{\mathrm{AB}}\rho_{\mathrm{L}}}$；

D_{AB}——分子扩散系数；

ρ_{L}——液相密度；

μ_{L}——液相黏度。

生物大分子进入介质颗粒的孔隙后,介质孔隙内液相中的目标物浓度的变化取决于吸附量的变化及扩散传递。孔内扩散传质系数 D_{p} 可根据分子扩散系数 D_{AB} 和介质颗粒的孔隙率 φ_{p} 进行计算,可用的关系式有以下两个：

$$D_{\mathrm{p}}=\varphi_{\mathrm{p}}^{2}D_{\mathrm{AB}} \tag{8-20}$$

$$D_{\mathrm{p}}=\left(\frac{\varphi_{\mathrm{p}}}{2-\varphi_{\mathrm{p}}}\right)^{2}D_{\mathrm{AB}} \tag{8-21}$$

生物大分子物质在溶液中扩散系数的计算有多个计算式,其中,Young 等的计算式精度通常较好,应用广泛：

$$D_{\mathrm{AB}}=8.34\times10^{-15}\frac{T}{\mu_{\mathrm{L}}M_{\mathrm{B}}^{1/3}} \tag{8-22}$$

式中：M_{B}——生物大分子的相对分子质量；

T——温度。

8.5.3 实验流程

实验流程如图 8-8 所示。

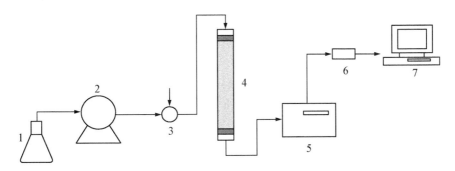

图 8-8 实验流程

1-样品瓶 2-蠕动泵 3-进样阀 4-柱床 5-UV 检测器 6-A/D 转换器
7-带色谱工作站的电脑

8.5.4 试剂、材料与设备

8.5.4.1 试剂

（1）平衡缓冲液：取 0.2mol/L NaH₂PO₄ 溶液 28ml,0.2mol/L Na₂HPO₄ 溶液 72ml,加

蒸馏水定容到 1000ml,配制成 0.02mol/L 磷酸钠缓冲液(PBS,pH7.2)。

(2)洗脱液 Ⅰ:取 0.2mol/L NaH_2PO_4 溶液 2.8ml, 0.2mol/L Na_2HPO_4 溶液 7.2ml,称取 0.58g NaCl 固体,加蒸馏水定容到 100ml,配制成 0.02mol/L PBS+0.1mol/L NaCl 的磷酸盐缓冲液(pH7.2)。

(3)洗脱液 Ⅱ:取 0.2mol/L NaH_2PO_4 溶液 2.8ml, 0.2mol/L Na_2HPO_4 溶液 7.2ml,称取 1.16g NaCl 固体,加蒸馏水定容到 100ml,配制成 0.02mol/L PBS+0.2mol/L NaCl 的磷酸盐缓冲液(pH7.2)。

(4)脉冲示踪溶液:3%(v/v)丙酮。

(5)解吸/再生液:1mol/L NaCl+0.5mol/L NaOH,0.5~1mol/L NaOH,0.5~1mol/L HCl。

8.5.4.2　材料及设备

(1)牛血清蛋白 BSA,溶菌酶,模拟原料液(0.2g BSA 或 0.1g 溶菌酶+ 0.05g 酵母萃取物,溶于 100ml 缓冲液中);

(2)Streamline DEAE 或 SP,Pharmacia Biotech 公司,弱阴离子交换介质,平均粒径 200μm;阳离子或阴离子交换型超大孔连续床晶胶介质,本实验室制备。

(3)层析系统:蠕动泵、层析柱、微量 6 孔 3 通道进样阀、紫外/可见光分光光度计(Ultro-spec 3300 pro)、紫外流动检测器、自动分步收集器、色谱工作站及信号自动检测系统等。

8.5.5　实验内容

通过实验探讨生物大分子在柱床内的传质特性及相关流体流动行为。实验前,观看录像,掌握基本原理和过程,设计自己的实验方案。

8.5.5.1　实验前准备工作

(1)预处理

1)配制缓冲液;

2)选择离子交换介质,量取适量的粒状层析介质,置于布氏漏斗内,用缓冲液洗涤层析介质 3~4 次,直至 pH 值和电导率恒定;配制混悬胶液(20%~50%),真空脱气。

3)选择超大孔连续床晶胶介质。

(2)固定床装柱与平衡

1)粒状介质固定床:粒状介质固定床的装柱是柱层析中最关键的步骤之一,柱床必须装得十分均匀、平整,才能保证良好的层析性能,得到理想的分离效果。将洗净的层析柱竖直固定,关闭下端出口(或连接到蠕动泵),向柱内加入 1/4~1/3 柱容积的缓冲液,打开出口(或打开蠕动泵),调节出口流速为 0.2~0.3cm/min。将柱接头分布器处的气泡赶净,将混悬胶液沿管壁缓缓加入,一次完成,使装完所形成的柱床最均匀平整。静置约 10~30min,使凝胶沉降至高度不变为止,然后加大流速至 1cm/min,保持 10min 左右,使床层充分压实,检查装柱是否均匀,若发现柱床凹凸不平、断层或有气泡,则必须重新进行填装。胶柱装好后加满缓冲液,注意切勿搅动床面,装上柱接头,推至离床层表面 5mm 左右,按流程图连接恒流泵、检测仪、色谱工作站、电脑等。调节流速约为 0.5cm/min,用缓冲液平衡层析柱。

2)超大孔连续床:超大孔连续床介质已聚合于柱内,在柱端连接活动柱塞,并与进样阀、蠕动泵、检测器、自动分步收集器连接,以缓冲液充分平衡。当流出液与起始缓冲液的 pH 及电导值一致时,即表示层析柱已平衡完毕。

8.5.5.2　实验主要内容

（1）柱效测定

1）打开 UV 检测器，调节波长至 254nm；打开色谱工作站及电脑，准备好缓冲液；

2）打开蠕动泵，进行流量标定；

3）用蠕动泵以 1cm/min 的速度平衡床柱，直到基线水平；

4）向六通阀上样环内注入 3% 的丙酮溶液示踪剂，调节蠕动泵流速为 1cm/min，然后向柱内注入示踪剂脉冲，并同时启动色谱工作站，记录床柱出口示踪剂浓度的变化，得到脉冲响应曲线；

5）改变流速，重复上述步骤，得到不同流速下的脉冲响应曲线；

6）根据脉冲曲线，得到相应条件下的理论塔板数、等板高度、轴向分散系数、Bodenstein 准数等，进行柱效和床层分散特性的评价和分析。

（2）床内流体渗透率测定（连续床，选做）

1）将床柱顶端与竖直水柱管连接；

2）用泵向管内加入去离子水，调节流速使水柱保持一定位置；

3）测量水柱高度为 20、40、60、80、100cm 时流经床柱的流速（或流量）；

4）根据达西方程计算渗透率，评价柱床渗透性能；

5）利用流动相关理论，分析柱内流动情况及系统的阻力损失。

（3）蛋白质的吸附、解吸与分离

1）以 1cm/min 速度进样 1.5 倍床层体积；

2）用平衡液以 1cm/min 的速度冲洗至 280nm 吸光值接近零，除去未吸附的杂蛋白；

3）用洗脱液 I 以 1cm/min 的速度洗脱至 280nm 吸光值为零，弃去杂蛋白洗脱液；

4）用洗脱液 II 以 1cm/min 的速度洗脱至 280nm 吸光值为零，分步收集目标蛋白组分；

5）用解吸/再生液以 0.5cm/min 的速度洗脱至 280nm 吸光值为零，弃去杂蛋白。

6）用平衡缓冲液以 1cm/min 的速度冲洗至 pH 和电导值恒定。

7）利用工作站处理软件、其他常用计算软件、绘图软件等，对层析数据进行计算、绘图。

8）对层析过程中蛋白质传质、吸附动态等进行分析，计算柱床内相关传质参数的大小。

8.5.5.3　实验收尾工作

使用过的离子交换剂，经过再生处理，可反复使用。再生方法是：先用高浓度盐溶液（如 1mol/L NaCl 溶液）洗脱，使吸附在交换剂上的杂质被洗脱下来，将离子交换剂倾出，用布氏漏斗抽滤，再用水充分洗涤数次，然后用酸、碱交替处理，对阳离子交换介质，先用 1mol/L HCl 溶液浸泡，再用 1mol/L NaOH 溶液浸泡，各 2h，用水洗至滤液为中性，如此顺序反复处理 2～3 次。对阴离子交换介质的处理，只需把酸和碱的处理次序颠倒即可。阳离子交换剂最后为 Na 型，阴离子交换剂为 Cl 型时，两者均是最稳定型状态。如果前者是 H 型，而后者是 OH 型，则都不稳定，其交换基团容易脱落，交换容量明显降低。由于上述交换剂均是糖链结构，容易被水解而破坏，故须避免强酸、强碱长时间的浸泡和高温处理。离子交换介质不用时，必须洗涤干净，保存在 20% 乙醇溶液中，置冰箱内冷藏。

超大孔连续床介质的再生与粒状介质类似。对阳离子交换剂需先用 0.1～0.5mol/L HCl 溶液再生。

8.5.6　思考与实验报告

通过本次实验，对生物大分子在床柱内的传质与柱内流体流动特性有何新认识？请总结本次实验获得的新见解。

（1）根据实验现象分析层析柱床内流体流动情况。

（2）计算理论塔板数或轴向分散系数，分析柱内轴向分散特性。

（3）通过文献资料，查阅多孔介质内流体流动的达西方程，计算渗透率，结合化工原理相关知识，分析床柱流动阻力的来源及特征。

（4）比较不同条件下床柱内蛋白质穿透行为，从传质角度分析和解释原因。

（5）通过文献资料，计算目标蛋白质分子扩散系数、孔内扩散系数、对流传质系数、缓冲液物性等，比较相同条件下生物大分子与丙酮等小分子物质在传质方面的差异，并利用化工原理中的相关知识，对吸附层析和解吸过程进行分析。

（6）若用数学模型对床柱中的传质与吸附分离过程进行描述，其可能的思路如何？

第 9 章 化工原理计算机仿真实验

9.1 准 备 知 识

9.1.1 仿真实验简介

9.1.1.1 目的及要求

化工原理实验教学仿真（模拟）软件主要用于课堂教学之后、实验教学之前，目的在于激发学生的学习兴趣，引导学生对一些重要原理用基本概念进行深入研究，以便提高实验效果，强化化工原理教学。

使用该系统时，要求学生在选定题目时充分预习实验讲义，首先要清楚实验目的以及为达到该目的应测量哪些参数，而这些参数在该装置中又是如何测量的，然后根据实验装置，自拟实验操作步骤。在仿真软件中设置许多误操作，你必须把这些误操作找到，以便今后实验时防止这些误操作的发生。

9.1.1.2 软件配置

实验室配置三个院校提供的实验软件。本院制作的软件用于课堂教学之后、实验课之前，引进的其他两个院校的软件在实验课之后进行，使学生有机会了解兄弟院校的实验设备及其实验方法，以进一步扩大知识面。

9.1.2 上机操作指南

9.1.2.1 实验中通用的操作键

仿真实验中通用的操作键如表 9-1 所示。

表 9-1 仿真实验中通用的操作键

功能	键			计算机响应
	ZJGXY	HYS1	HYS2	
开/关阀门	F1～F3	V * ←/→	数字键	绿色开
U 型管压差计	F9,F10	V *	↓	液柱变化
开/关泵	F4	V * ←/→	E	模拟声音、动画
开/关风机	F4	V * ←/→	F	模拟声音、动画
秒表计时	T	S	T	清零、启动、停止
增/减	+/-	←↑/→↓	+/-	指示变化
记录数据	F5	R	W	有屏幕显示或声音
查看实验	F6	SSSP - I	S	显示数据或图表

续　表

功能	键			计算机响应
	ZJGXY	HYS1	HYS2	
结　果				
请示帮助	F7	/	H	任何时候按键,均调出主菜单
退　出	F8,ESC	Ctrl－end	Q	退回上一级菜单

9.1.2.2　仿真实验的操作键与功能

仿真实验的操作键与功能如表 9－2 所示。

表 9－2　仿真实验的功能键

＋/－	增/减水流量	F5	记录实验数据
F1	灌水阀(开/关)	F6	查看实验结果
F2	进水阀(开/关)	F7	帮助
F3	出口调节阀(开/关)	F8	退出模拟实验并回答问题
F4	开/关泵		

9.1.2.3　程序结构及实验内容(以本院软件为例说明)

每个实验程序包括三个部分,这三个部分即为实验内容。

(1)操作部分:这是仿真软件的主体。当仿真软件被执行时最初在屏幕上显示一幅静止的流程图,用"HELP"键(F7)查看功能键,然后根据步骤进行操作。

(2)数据处理:根据各仿真实验要求列表,画出函数图形,在仿真实验执行中,按"F6"键(查看实验结果),如果有多于 1 张的图表,按空格键可显示下一张。

(3)思考题:结合各单元操作中的问题进行编制,采用人机对话方式进行,允许学生在答题后更改,回答问题后给出总分。评分标准分三部分:问题解答:50%;操作技能:20%;实验准确性:30%。问题解答采用选择题,对的给分,不对的不给分也不扣分。实验准确度的评分标准,指实验范围是否正确,始点和终点、拐点等是否做了,实验点数是否合适等。

操作评分主要看实验操作过程中的正、误情况而定。在按提示完成操作后应寻找错误操作,即有可能造成实验失败或仪器损坏等情况的操作。每个实验都设置了误操作,能找全所有的误操作,在实验中就能自觉地防止这些操作。能找到的误操作越多,操作技能得分越高。

由于本仿真软件分两个阶段开发,故每个实验具体情况有所不同。离心泵、流体阻力与精馏实验中,为了防止评分后又对答案进行修改,一旦给出总分后程序就自动退出。如果你还要修改答案,需要重做实验。由于思考题在程序中被安排在退出实验以后进行的,所以在操作过程未完成以前,千万不要按"F8"键。而其余实验可在实验进行的任何过程中回答问题,返回后不影响实验的继续进行。

9.1.3　进行计算机模拟实验的注意事项

在进行模拟实验前,应先对所做实验的原理、操作步骤等事先进行预习。

使用仿真软件时,首先应了解实验装置中各操作部件以及各操作步骤所对应的键盘操作方法,然后参考各实验操作步骤说明及下面仿真实验的提示进行操作。

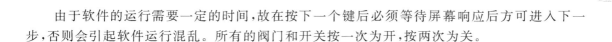

由于软件的运行需要一定的时间,故在按下一个键后必须等待屏幕响应后方可进入下一步,否则会引起软件运行混乱。所有的阀门和开关按一次为开,按两次为关。

9.2　离心泵特性曲线测定的仿真

9.2.1　实验装置

本实验中泵的铭牌流量 $3.6L/s$,涡轮流量积算仪的最大值为 $18m^3/h$。

9.2.2　实验内容

测定离心泵的特性曲线。

9.2.3　仿真实验的操作界面

离心泵特性曲线测定仿真实验的操作界面如图 $9-2$ 所示。

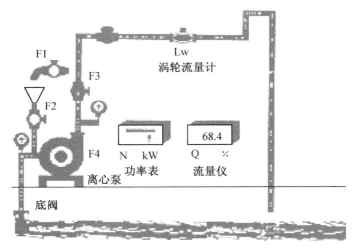

图 9-2　离心泵特性曲线测定仿真实验的操作界面

9.2.4　仿真实验操作说明

离心泵特性曲线测定仿真实验的操作说明如表 $9-3$ 所示。

表 9-3　离心泵特性曲线测定仿真实验的操作说明

顺序号	实　　验	键盘操作及屏幕响应	提示与说明
1	请示帮助	按"F7"键显示 F1～F8 键的功能	参考计算机提示
2	灌水排气后启动离心泵	调节阀门 F1～F3 进行灌水排气,按"F4"键启动离心泵	操作时既应使排气工作顺利完成,又不能使水溢出灌水漏斗
3	调节流量至最大值,确定实验点数,在测量范围内合理分割测量点	不断按"+"键至最大,在 0～Q_{max} 之间确定所需要测量的流量数值	用"+"键增大流量时,机器会有响声响应

续　表

顺序号	实　验	键盘操作及屏幕响应	提示与说明
4	调整流量测定数据	按"＋/－"键改变流量至事先所确定的值附近，然后按"F5"键记录数据。（具体计算由机器完成）	屏幕左上角显示"此组数据已记录"才有效，并改变流量测定下一个数据
5	查看实验数据(表、图)	按"F6"键，按任何键继续即可	
6	退出实验	按"F8"键	此前必须关闭所有设备
7	回答问题	用小写字母"a、b"回答，按"K"键结束，此时屏幕显示得分，若合格报告指导老师，否则重做	回答问题时必须用小写字母。做完后如选"O"或"P"检查所有题目的答案，此时须重新输入

9.3　流体阻力测定的仿真

9.3.1　实验装置

该装置的涡轮流量积算仪最大值(100％)为 $4\text{m}^3/\text{h}$。

9.3.2　实验内容

(1) 测定流体流经圆形直管时的摩擦阻力，确定 λ～Re 关系。
(2) 测定流体流经管件时的局部阻力，求其局部阻力系数 ξ。

9.3.3　仿真实验的操作界面

流体阻力测定仿真实验的操作界面如图9-3所示。

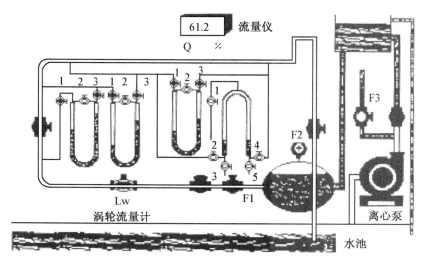

图 9-3　流体阻力测定仿真实验的操作界面

9.3.4　仿真实验操作说明

按"F1"键,显示操作功能键。

实验装置中键盘使用方法如表 9-4 所示。

表 9-4　实验的功能键

+/-	增/减水流量	↑/↓	水流量微调
Del	删除当前一组数据的记录	Shift Del	删除全部记录
F1	流量调节阀(开/关)	F5	实验数据记录
F2	出口阀(开/关)	F6	查看实验结果
F3	水泵灌水阀(开/关)	F7	帮助与提示
F4	水泵开关(开/关)	F8	退出模拟实验并回答问题

F9:按此键一次即进入系统排气操作,排气操作完毕后再按一次即退回上一级操作状态。如排气操作步骤有误,则不能退回,须按正确步骤重新操作后方可退回。

F10:当实验过程中提示更换流量计时用此键,能对各流量计阀门进行操作。更换完毕再按此键,屏幕左上角提示"OK"后可返回上一级操作状态,继续下一数据的测量。

U 型管压差计操作方法:

F1、F2、F3、F4:从左到右依次对应四个 U 型管压差计。

数字键 1~5 从左到右依次分别对应压差计各个阀门。

在"F9"或"F10"状态下,当按下"F1"键时,所对应的 U 型管压差计产生闪动,此时数字键 1、2、3 分别对应此流量计的三个阀门。其他流量计的操作相同。

流体阻力测定仿真实验操作说明如表 9-5 所示。

表 9-5　流体阻力测定仿真实验操作说明

顺序号	实验步骤	键盘操作及屏幕响应	提示与说明
1	启动循环泵	先按"F3"键灌水,后按"F4"键启动泵	泵的出口为单向阀
2	调节系统流量＞80% 后,对实验系统进行排气	按"+/-"键增减流量,按"F9"键进入排气系统,排气结束后,再按"F9"键退回实验系统。排气步骤参见实验正文部分	操作时既应使排气工作顺利完成,又不能使水溢出灌水漏斗
3	确定实验的最大值和最小值,分点后测定数据	按"+/-"键得到 Q_{max} 和 Q_{min},确定测量点数($N=10\sim16$)后按"+/-"和"↑/↓"键调节流量至所需值,按"F5"键记录数据	用计算器按公式 $$\Delta Q=(Q_{max}/Q_{min})^{1/(n-1)}$$ $$Q_1=Q_{min}$$ $$Q_i=Q_{i-1}\cdot\Delta Q(i=2,3\cdots n)$$ 布点
4	查看实验结果	按"F6"键	给出数据处理结果以及图形
5	寻找可能的错误操作及后果	进行能导致实验失败的操作	左上角有字幕和声音响应
6	回答问题	按"F8"键退出实验后,自动进入问题回答,给出最后得分	注意事项参见离心泵仿真提示部分

9.4　板式塔精馏实验仿真

9.4.1　实验简介

本实验体系为酒精水系统,冷却水和残液管道用绿色表示,进料和原料循环管道用黄色表示,红色表示回流管道和加热器电缆线。进入实验时,有标注的阀门均为关闭状态,你可以借助功能键"F1"对流程图中的设备加注名称。在了解流程的基础上按"F10"键进入二级菜单,调整好各阀门开关状态后,按"ESC"键返回一级菜单。在确定好原料液浓度及回流比大小后,按"F9"键对设备进行加热。计算机为响应键盘命令,会中断模拟显示,如果你输入的命令有效,计算机对模拟实验设备重新扫描一次,并显示之。如果你输入的是无效命令,需要按回车键,方能恢复动态显示。

9.4.2　实验目的

了解精馏流程及精馏操作过程;测定板式塔的全塔效率和单板效率。

9.4.3　仿真实验操作界面

板式塔精馏仿真实验操作界面如图9-4所示。

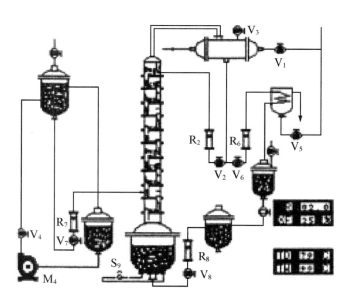

图9-4　板式塔精馏仿真实验操作界面

9.4.4　仿真实验操作说明

按"F7"键,显示F1~F10功能键的内容。键盘的使用方法如表9-6所示。

表 9 - 6　实验的功能键

F1	流程图标注	F2	采样分析
F4	料液泵开关	F5	数据记录
F6	查看实验结果	F7	帮助与提示
F8	退出实验	F9	加热器开关
F10	阀门开关	$+/-$	原料液浓度增减
↑ / ↓	回流比增减	Enter	继续模拟实验

在按"F10"键进入二级菜单之后,键 F1~F8 分别对应阀门 1~8,操作完之后按"ESC"键返回一级菜单状态并打回车后,阀门状态方能在屏幕上显示。

板式塔精馏实验仿真操作说明如表 9 - 7 所示。

表 9 - 7　板式塔精馏实验仿真操作说明

顺序号	实验步骤	键盘操作及屏幕响应	提示与说明
1	熟悉流程	按"F1"键,对各设备加注名称,待对流程熟悉后,按任意键,恢复原来背景画面	
2	开泵配料	按"F4"键,料液泵开始工作,按"+/-"键,调整进料浓度 x_f=15~40	原料槽液面比泵的位置高不需要先灌液。泵出口阀为单向阀
3	设置回流比	按"↑/↓"键调整回流比至所定值。先设置 R 为"∞"做全回流,然后再做部分回流	第一步先做全回流,必须先将回流比 R 调整至"∞",然后方能进入下一步操作
4	调整阀门开关状态	按"F10"键进入二级菜单,根据屏幕右边提示,调整好阀门状态后按"ESC"键,屏幕动态响应。如再按任何键,则返回一级菜单	屏幕响应是在按"ESC"键后进行的
5	对设备进行加热	按"F9"键	如果冷却水和放空阀处在"关"状态,加热器闸刀合不上
6	采样分析,记录数据	先按"F2"键,后按"F5"键,单板效率需要输入第几块板开始取样,按顺序取三块板的样品(如 4、5、6 应输入 4)	按回车键,结束输入。如屏幕显示"数据不稳定不予记录",则可能是前面操作有误,请分析并更正
7	改变回流比和进料浓度	重复前面的步骤	
8	查看实验结果	按"F6"键,画出理论塔板数、最小回流比、全塔效率和单板效率、屏幕左下方负荷性能图,U。-筛板塔气相孔速(m/s),L -液相流量(L/h)	
9	退出实验	关闭电源及冷水阀门后按"F8"键退出实验	水、电"开着"时,不能退出实验
10	回答问题	按"Y"键,回答问题并评分	

附　　录

附录一　饱和水蒸气的物性

（以绝对压强为准）

绝对压强	温度	蒸汽密度	焓 /kg·kg^{-1}		汽化热
kPa	℃	kg·m^{-3}	液体	蒸汽	kJ·kg^{-1}
1.0	6.3	0.00773	26.48	2503.1	2476.8
2.0	17.0	0.01486	71.21	2524.2	2452.9
3.0	23.5	0.02179	98.38	2536.8	2438.4
4.0	28.7	0.02867	120.23	2546.8	2426.6
6.0	35.6	0.04200	149.06	2560.1	2411.0
8.0	41.3	0.05514	172.73	2571.0	2398.2
10.0	45.3	0.06798	189.59	2578.5	2388.9
20.0	60.1	0.13068	251.51	2606.4	2354.9
30.0	66.5	0.19093	288.77	2622.4	2333.7
40.0	75.0	0.24975	315.93	2634.1	2312.2
50.0	81.2	0.30799	339.8	2644.3	2304.5
60.0	85.6	0.36514	358.21	2653.1	2393.9
70.0	89.9	0.42229	376.61	2659.8	2283.2
80.0	93.2	0.47807	390.08	2665.3	2275.3
90.0	96.4	0.53384	403.49	2670.8	2267.4
100.0	99.6	0.58961	416.9	2676.3	2259.5
120.0	104.5	0.69868	437.51	2684.3	2246.8
140.0	109.2	0.80758	457.67	2692.1	2234.4
160.0	113.0	0.82981	473.88	2698.1	2224.2
180.0	116.6	1.0209	489.32	2703.7	2214.3
200.0	120.2	1.1273	493.71	2709.2	2204.6
250.0	127.2	1.3904	534.39	2719.7	2185.4
300.0	133.3	1.6501	560.38	2728.5	2168.1
350.0	138.8	1.9074	583.76	2736.1	2152.3
400.0	143.4	2.1618	603.61	2742.1	2138.5
450.0	147.7	2.4152	622.42	2747.8	2125.4
500.0	151.7	2.6673	639.59	2752.8	2113.2
600.0	158.7	3.1686	670.22	2761.4	2091.1
700.0	164.7	3.6657	696.27	2767.8	2071.5
800.0	170.4	4.1614	720.96	2773.7	2052.7
900.0	175.1	4.6525	741.82	2778.1	2036.2
1000.0	179.9	5.1432	762.86	2782.5	2019.7

附录二　空气的重要物性（$p_0 = 101.325\text{kPa}$）

温度 ℃	密度 kg·m⁻³	比定压热容		导热系数		黏度 10⁻⁵Pa·s	运动黏度 10⁻⁶m²·s⁻¹	普兰特数 Pr
		kJ·kg⁻¹·K⁻¹	kcal·kg⁻¹·℃⁻¹	W·m⁻¹·K⁻¹	kcal·m⁻¹·h⁻¹·℃⁻¹			
−50	1.584	1.013	0.242	0.0204	0.0175	1.46	9.23	0.728
−40	1.515	1.013	0.242	0.0212	0.0182	1.52	10.04	0.728
−30	1.453	1.013	0.242	0.0220	0.0189	1.57	10.80	0.723
−20	1.395	1.009	0.241	0.0228	0.0196	1.62	11.60	0.716
−10	1.342	1.009	0.241	0.0236	0.0203	1.67	12.43	0.712
0	1.293	1.005	0.240	0.0244	0.0210	1.72	13.28	0.707
10	1.247	1.005	0.240	0.0251	0.0216	1.77	14.16	0.705
20	1.205	1.005	0.240	0.0259	0.0223	1.81	15.06	0.703
30	1.165	1.005	0.240	0.0267	0.0230	1.86	16.00	0.701
40	1.128	1.005	0.240	0.0276	0.0237	1.91	16.96	0.699
50	1.093	1.005	0.240	0.0283	0.0243	1.96	17.95	0.698
60	1.060	1.005	0.240	0.0290	0.0249	2.01	18.97	0.696
70	1.029	1.009	0.241	0.0297	0.0255	2.06	20.02	0.694
80	1.000	1.009	0.241	0.0305	0.0262	2.11	21.09	0.692
90	0.972	1.009	0.241	0.0313	0.0269	2.15	22.10	0.693
100	0.946	1.009	0.241	0.0321	0.0276	2.19	23.13	0.688
120	0.898	1.009	0.241	0.0334	0.0287	2.29	25.45	0.686
140	0.854	1.013	0.242	0.0349	0.0300	2.37	27.80	0.674
160	0.815	1.017	0.243	0.0364	0.0313	2.45	30.09	0.682
180	0.779	1.022	0.244	0.0378	0.0325	2.53	32.49	0.681
200	0.746	1.026	0.245	0.0393	0.0338	2.60	34.85	0.680
250	0.746	1.038	0.248	0.0429	0.0367	2.74	40.61	0.677
300	0.615	1.048	0.250	0.0461	0.0396	2.97	48.33	0.674
350	0.566	1.059	0.253	0.0491	0.0422	3.14	55.46	0.676
400	0.524	1.068	0.255	0.0521	0.0448	3.31	63.09	0.678
500	0.456	1.093	0.261	0.0575	0.0494	3.62	79.38	0.687
600	0.404	1.114	0.266	0.0622	0.0535	3.91	96.89	0.699
700	0.362	1.135	0.271	0.0671	0.0577	4.18	115.4	0.706
800	0.329	1.156	0.276	0.0718	0.0617	4.43	134.8	0.713
900	0.301	1.172	0.280	0.0763	0.0656	4.67	155.1	0.717
1000	0.277	1.185	0.283	0.0804	0.0694	4.90	177.1	0.719
1100	0.257	1.197	0.286	0.0850	0.0731	5.12	199.3	0.722
1200	0.239	1.206	0.288	0.0915	0.0787	5.35	233.7	0.724

附录三 水的重要物性

温度	压强	密度	焓	比热容	导热系数	导温系数	黏度	运动黏度	体积膨胀系数	表面张力	普兰特数
℃	10^5 Pa	kg·m^{-3}	kg·kJ^{-1}	kg·kJ^{-1}·K^{-1}	W·m^{-1}·K^{-1}	10^{-7} m^2·s^{-1}	10^{-3} Pa·s	10^{-6} m^2·s^{-1}	10^{-3} ℃$^{-1}$	10^{-3} N·m^{-1}	Pr
0	1.013	999.9	0	4.212	0.551	1.31	1.789	1.789	−0.063	75.61	13.67
10	1.013	999.7	42.04	4.191	0.575	1.37	1.305	1.306	0.070	74.14	9.52
20	1.013	998.2	83.90	4.183	0.599	1.43	1.005	1.006	0.182	72.67	7.02
30	1.013	995.7	125.69	4.174	0.618	1.49	0.801	0.805	0.321	71.20	5.42
40	1.013	992.2	167.51	4.174	0.634	1.53	0.653	0.659	0.387	69.63	4.31
50	1.013	988.1	209.30	4.174	0.648	1.57	0.549	0.556	0.449	67.67	3.54
60	1.013	983.2	251.12	4.178	0.659	1.61	0.470	0.478	0.511	66.20	2.98
70	1.013	977.8	292.99	4.187	0.668	1.63	0.406	0.415	0.570	64.33	2.55
80	1.013	971.8	334.94	4.195	0.675	1.66	0.335	0.365	0.632	62.57	2.21
90	1.013	965.3	376.98	4.208	0.680	1.68	0.315	0.326	0.695	60.71	1.95
100	1.013	958.4	419.19	4.220	0.683	1.69	0.283	0.295	0.752	58.84	1.75
110	1.433	951.0	461.34	4.233	0.685	1.70	0.259	0.272	0.808	56.88	1.60
120	1.986	943.1	503.67	4.250	0.686	1.71	0.237	0.252	0.864	54.82	1.47
130	2.702	934.8	546.38	4.266	0.686	1.72	0.218	0.233	0.919	52.86	1.36
140	3.6024	926.1	589.08	4.287	0.685	1.73	0.201	0.217	0.972	50.70	1.26
150	4.761	917.0	632.20	4.312	0.684	1.73	0.186	0.203	1.03	48.64	1.17
160	6.181	907.4	675.33	4.346	0.683	1.73	0.173	0.191	1.07	46.58	1.10
170	7.924	897.3	719.29	4.379	0.679	1.73	0.163	0.181	1.13	44.33	1.05
180	10.03	886.9	763.25	4.417	0.675	1.72	0.153	0.173	1.19	42.27	1.00
190	12.55	876.0	807.63	4.460	0.671	1.71	0.144	0.165	1.26	40.01	0.96
200	15.55	863.0	582.43	4.505	0.663	1.70	0.136	0.158	1.33	37.66	0.93
210	19.08	852.8	897.65	4.555	0.655	1.69	0.130	0.153	1.41	35.40	0.91
220	23.20	840.3	943.71	4.614	0.645	1.66	0.125	0.148	1.48	33.15	0.89
230	27.98	827.3	990.18	4.681	0.637	1.64	0.120	0.145	1.59	30.99	0.88
240	33.48	813.6	1037.49	4.756	0.628	1.62	0.115	0.141	1.68	28.55	0.87
250	39.78	799.0	1085.64	4.844	0.618	1.59	0.110	0.137	1.81	26.19	0.86
260	46.95	784.0	1135.04	4.949	0.604	1.56	0.106	0.135	1.97	23.73	0.87
270	55.06	767.9	1185.28	5.070	0.590	1.51	0.102	0.133	2.16	21.48	0.88
280	64.20	750.7	1236.28	5.229	0.575	1.46	0.0981	0.131	2.37	19.12	0.88
290	74.46	732.3	1289.95	5.485	0.558	1.39	0.0942	0.129	2.62	16.87	0.90
300	85.92	712.5	1344.80	5.736	0.540	1.32	0.0912	0.128	2.92	14.42	0.93
310	98.70	691.1	1402.16	6.071	0.523	1.25	0.0883	0.128	3.29	12.06	0.97
320	112.90	667.1	1462.03	6.573	0.506	1.15	0.0853	0.128	3.82	9.81	1.03
330	128.65	640.2	1526.19	7.243	0.484	1.04	0.0814	0.127	4.33	7.67	1.11
340	146.09	610.1	1594.75	8.164	0.457	0.92	0.0775	0.127	5.34	5.67	1.22

附录四　不同温度时氧在水中的浓度

温度/℃	浓度/mg·L^{-1}	温度/℃	浓度/mg·L^{-1}	温度/℃	浓度/mg·L^{-1}
0.00	14.6400	12.00	10.9305	24.00	8.6583
1.00	14.2453	13.00	10.7027	25.00	8.5109
2.00	13.8687	14.00	10.4838	26.00	8.3693
3.00	13.5094	15.00	10.2713	27.00	8.2335
4.00	13.1668	16.00	10.0699	28.00	8.1034
5.00	12.8399	17.00	9.8733	29.00	7.9790
6.00	12.5280	18.00	9.6827	30.00	7.8602
7.00	12.2305	19.00	9.4917	31.00	7.7470
8.00	11.9465	20.00	9.3160	32.00	7.6394
9.00	11.6752	21.00	9.1357	33.00	7.5373
10.00	11.4160	22.00	8.9707	34.00	7.4406
11.00	11.1680	23.00	8.8116	35.00	7.3495

附录五　乙醇-水溶液平衡数据(p_0＝101.325kPa)

液相组成		气相组成		沸点 /℃	液相组成		气相组成		沸点 /℃
质量分数	摩尔分数	质量分数	摩尔分数		质量分数	摩尔分数	质量分数	摩尔分数	
0.01	0.004	0.13	0.053	99.90	44.00	23.51	75.60	54.80	82.50
0.10	0.04	1.30	0.51	99.80	46.00	25.00	76.10	55.48	82.35
0.20	0.08	2.60	1.03	99.60	48.00	26.53	76.50	56.03	82.15
0.40	0.16	4.90	1.98	99.40	50.00	28.12	77.00	56.71	81.90
0.60	0.23	7.10	2.90	99.20	52.00	29.80	77.50	57.41	81.70
0.80	0.31	9.00	3.72	99.00	54.00	31.47	78.00	58.11	81.50
1.00	0.39	10.10	4.20	98.75	56.00	33.24	78.50	58.78	81.30
2.00	0.73	19.70	8.76	97.65	58.00	35.09	79.00	59.55	81.20
4.00	1.61	33.30	16.34	95.80	60.00	36.96	79.50	60.29	81.00
6.00	2.43	41.00	21.45	94.15	62.00	38.95	80.00	61.02	80.85
8.00	3.29	47.60	26.21	92.60	64.00	41.02	80.50	61.60	80.60
10.00	4.16	52.20	29.92	91.30	66.00	43.17	81.00	62.52	80.50
12.00	5.07	55.80	33.06	90.50	68.00	45.41	81.60	63.43	80.40
14.00	5.98	58.80	36.85	89.20	70.00	47.74	82.10	64.21	80.20
16.00	6.83	61.10	38.06	88.30	72.00	50.16	82.80	65.34	80.00
18.00	7.95	63.20	40.18	87.70	74.00	52.68	83.40	66.28	79.85
20.00	8.92	65.00	42.00	87.00	76.00	55.34	84.10	67.42	79.70
22.00	9.93	66.60	43.82	86.40	78.00	58.11	84.90	68.76	79.65
24.00	11.00	68.00	45.41	85.95	80.00	61.02	85.80	70.29	79.50
26.00	12.08	69.30	46.90	85.40	82.00	64.05	86.70	71.85	79.30
28.00	13.19	70.30	48.08	85.00	84.00	67.27	87.70	73.61	79.10
30.00	14.35	71.30	49.30	84.70	86.00	70.63	88.90	75.82	78.85
32.00	15.55	72.10	50.27	84.30	88.00	74.15	90.10	78.00	78.65
34.00	16.77	72.90	51.27	83.85	90.00	77.88	91.30	80.42	78.50
36.00	18.03	73.50	52.04	83.70	92.00	81.83	92.70	83.26	78.30
38.00	19.37	74.00	52.68	83.40	94.00	85.97	94.20	86.40	78.20
40.00	20.68	74.60	53.46	83.10	95.00	88.13	95.05	88.13	78.17
42.00	22.07	75.10	54.12	82.80	95.57	89.41	95.60	89.41	78.15

附录六　溶氧仪使用说明

一、初次使用

1. 装入电池。
2. 将氧探头与温度探头插在仪表上。
3. 准备一杯清水,在空气中静止数小时,使其成为饱和氧水溶液。
4. 将氧探头与温度探头同时插入饱和水溶液中约 10min,使其极化。
5. 若探头一直保持连接状态,就不再需要极化操作,关闭仪表不受影响。

二、测量

1. 按"ON"键打开仪表。
2. 将两探头同时插入饱和氧水溶液中,并使溶液保持流动,若不流动,需要搅拌。
3. 按"MODE"键,使屏幕右下脚显示"%"。调节"Slope"旋扭,使屏中数据达到 100%。
4. 按"MODE"键,使左下脚显示"zero",调节"zero"键,使屏中数据为"0"。
5. 重复以上 3、4 步,使"zero"指示为"0"时,满度保持在 100%。
6. 将探头放入被测溶液中,同时需要搅拌。
7. 按"MODE"键,使右上角显示"mg/L",此时屏幕中的数据即为此溶液的含氧量(mg/L)。

三、其他注意事项

1. 测量完毕,按"OFF"键关闭仪表,不要卸掉电池与探头。
2. 将氧探头插入装有足量水的保护套内。
3. 搬动探头与仪表时,要轻拿轻放,特别要注意,不要使氧探头的膜与硬物相碰,以免将膜碰破。
4. 仪表测量范围:含氧 0~19.9mg/L 的水溶液,测量温度在 -30~150℃ 之间。

附录七　液体比重天平使用说明

精馏实验塔顶、塔底液体样品的比重是利用 PZ-A-5 液体比重天平分别测量得到的,再查附录八"乙醇-水溶液比重表",由测得的样品比重值查得相应的乙醇溶液样品的质量分数。下面简单介绍液体比重天平的原理和使用方法。

比重天平有一个标准体积($5cm^3$)与重量的测锤,浸没于液体之中获得浮力而使横梁失去平衡。然后在横梁的"V"型槽里放置相应重量的骑码,使横梁恢复平衡,从而能迅速测得液体比重,如附图-1 所示。

先将测锤 11 和玻璃量筒用纯水或酒精洗净,并晾干或擦干,再将支柱紧固螺钉 2 旋松,把托架 3 升到适当高度位置后再将支柱紧固螺钉 2 旋紧,把横梁 6 置于托架的玛瑙刀座 4 上。

1. 液体比重天平的校正

（1）用水校正液体比重天平的零点：先在量筒内盛水，然后将测锤浸没于水中央，另一端悬挂于横梁右端的小钩上。用温度计测量量筒内的水温。由水的密度表查出相应水的密度，再根据水的密度值，在横梁"V"型刻度槽内放置相应重量的骑码，然后调整水平调节螺钉1，使横梁与支架指针尖成水平以示平衡。如果仍无法调节平衡，可略微转动平衡调节器5，直到平衡为止。液体比重天平零点校正好后不能乱动，把量筒内的水倒掉，测锤、量筒擦干待用。

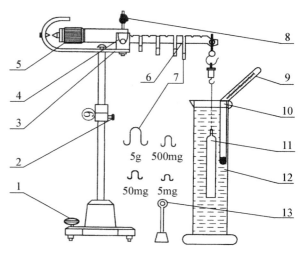

附图-1　液体比重天平

1-水平调节螺钉　2-支柱紧固螺钉　3-托架　4-玛瑙刀座　5-平衡调节器　6-横梁　7-骑码(4只)　8-重心调节器　9-温度计　10-温度计夹　11-测锤　12-玻璃量筒　13-等重砝码

（2）用等重砝码校正液体比重天平的零点：用等重砝码13挂于横梁右端的小钩上，调节水平调节螺钉1使横梁与支架指针尖成水平以示平衡。如果仍无法调节平衡，可略微转动平衡调节器5，直到平衡为止，这时液体比重天平零点已校正好。

2. 液体比重的测量

将待测液体倒入玻璃量筒内，把测锤浸没于待测液体中央，由于液体浮力而使横梁失去平衡，在横梁的"V"型槽里放置相应重量的骑码，使横梁恢复平衡（横梁与支架指针尖成水平），读出横梁上骑码的总和即为所测液体之比重数值。读数方法可参照附表。

附表　液体比重天平的读数方法

放在小钩上与"V"型槽砝码重	5g	500mg	50mg	5mg
"V"型槽上第9位代表数	0.9	0.09	0.009	0.0009
"V"型槽上第8位代表数	0.8	0.08	0.008	0.0008
"V"型槽上第7位代表数	0.7	0.07	0.007	0.0007
……	……	……	……	……

读数举例：

如果所加骑码5g，500mg，50mg，5mg，在横梁上的"V"型槽位置分别为第9位，第6位，第2位，第4位，即可读出所测液体的比重为0.9624。读数的方法是按骑码从大到小的顺序读出"V"型槽刻度即为比重值。

附录八　乙醇-水溶液比重表

乙醇质量分数/%	10℃	15℃	20℃	25℃	30℃	35℃	40℃
0	0.99973	0.99913	0.99823	0.99708	0.99568	0.99406	0.99225
1	0.99785	0.99725	0.99636	0.99520	0.99379	0.99217	0.99034
2	0.99602	0.99542	0.99453	0.99336	0.99194	0.99031	0.98846
3	0.99426	0.99365	0.99275	0.99157	0.99014	0.98819	0.98663
4	0.99258	0.99195	0.99103	0.98984	0.98839	0.98672	0.98485
5	0.99098	0.99032	0.98938	0.98817	0.98670	0.98501	0.98311
6	0.98946	0.98877	0.98780	0.98656	0.98507	0.98335	0.98142
7	0.98801	0.98729	0.98627	0.98500	0.98347	0.98172	0.97975
8	0.98650	0.98584	0.98478	0.98346	0.98189	0.98009	0.97808
9	0.98524	0.98442	0.98331	0.98193	0.98031	0.97846	0.97641
10	0.98394	0.98304	0.98187	0.98043	0.97875	0.97685	0.97475
11	0.98267	0.98171	0.98047	0.97897	0.97723	0.97527	0.97312
12	0.98145	0.98041	0.97910	0.97753	0.97573	0.97271	0.97150
13	0.98026	0.97914	0.97775	0.97611	0.97424	0.97215	0.96989
14	0.97911	0.97790	0.97643	0.97472	0.97278	0.97063	0.96820
15	0.97800	0.97669	0.97514	0.97334	0.97133	0.96911	0.96670
16	0.97692	0.97552	0.97387	0.97199	0.96990	0.96769	0.96512
17	0.97583	0.97433	0.97259	0.97062	0.96844	0.96607	0.96352
18	0.97473	0.97313	0.97129	0.96923	0.96697	0.96452	0.96189
19	0.97363	0.97191	0.96997	0.96782	0.96547	0.96294	0.96023
20	0.97252	0.97068	0.96864	0.96639	0.96395	0.96134	0.95856
21	0.97139	0.96944	0.96729	0.96495	0.96242	0.95973	0.95687
22	0.97024	0.96818	0.96592	0.96348	0.96087	0.95809	0.95516
23	0.96907	0.96689	0.96453	0.96198	0.95929	0.95643	0.95343
24	0.96787	0.96558	0.96312	0.96048	0.95769	0.95476	0.95168
25	0.96665	0.96424	0.96168	0.95895	0.95607	0.95306	0.94991
26	0.96539	0.96287	0.96020	0.95738	0.95442	0.95133	0.94810
27	0.96406	0.96144	0.95867	0.95570	0.95272	0.94955	0.94625
28	0.96268	0.95996	0.95710	0.95410	0.95098	0.95774	0.95438
29	0.96125	0.95844	0.95548	0.95241	0.94922	0.94590	0.94248
30	0.95977	0.95686	0.95382	0.95067	0.94741	0.94403	0.94055
31	0.95823	0.95524	0.95212	0.94890	0.94557	0.94214	0.93860

续　表

乙醇质量分数/%	10℃	15℃	20℃	25℃	30℃	35℃	40℃
32	0.95665	0.95357	0.95038	0.94709	0.94370	0.94021	0.94662
33	0.95502	0.95186	0.94860	0.94525	0.94180	0.93825	0.93461
34	0.95334	0.95011	0.94679	0.94337	0.93986	0.93626	0.93257
35	0.95162	0.94832	0.94494	0.94146	0.93790	0.93425	0.93051
36	0.94986	0.94650	0.94306	0.93952	0.93591	0.93221	0.92843
37	0.94805	0.94464	0.94114	0.93756	0.93390	0.93016	0.92634
38	0.95620	0.94273	0.93919	0.93556	0.93186	0.92808	0.92422
39	0.95431	0.94097	0.93720	0.93353	0.92979	0.92597	0.92208
40	0.94238	0.93882	0.93518	0.93148	0.92770	0.92385	0.91992
41	0.94042	0.93682	0.93314	0.92940	0.92558	0.92170	0.91774
42	0.93842	0.93478	0.93107	0.92729	0.92314	0.91952	0.91554
43	0.93639	0.93271	0.92897	0.92516	0.92128	0.91733	0.91332
44	0.93433	0.93062	0.92685	0.92301	0.91910	0.91513	0.91108
45	0.93226	0.92852	0.92472	0.92085	0.91692	0.91291	0.90884
46	0.93017	0.92640	0.92257	0.91868	0.91472	0.91069	0.90660
47	0.92806	0.92426	0.92041	0.91649	0.91250	0.90845	0.90434
48	0.92593	0.92211	0.91823	0.91429	0.91628	0.90621	0.90207
49	0.92379	0.91995	0.91604	0.91258	0.90805	0.90396	0.89979
50	0.92162	0.91776	0.91384	0.90985	0.90580	0.90168	0.89750
51	0.91943	0.91555	0.91160	0.90760	0.90353	0.89940	0.89519
52	0.91723	0.91333	0.90926	0.90534	0.90125	0.89710	0.89288
53	0.91502	0.91110	0.90711	0.90307	0.89806	0.89479	0.89056
54	0.91279	0.90885	0.90485	0.90079	0.89667	0.89248	0.88823
55	0.91055	0.90659	0.90258	0.89850	0.89437	0.89016	0.88589
56	0.90831	0.90433	0.90031	0.89621	0.89206	0.88784	0.88356
57	0.90607	0.90207	0.89803	0.89392	0.88975	0.88552	0.88122
58	0.90381	0.89980	0.89574	0.89162	0.88744	0.88319	0.87888
59	0.90154	0.89752	0.89344	0.88931	0.89512	0.88085	0.87653
60	0.89927	0.89523	0.89113	0.88699	0.88278	0.87854	0.87417
61	0.89698	0.89293	0.88882	0.88466	0.88044	0.87615	0.87180
62	0.89468	0.89062	0.88650	0.88233	0.87809	0.87379	0.86943
63	0.89237	0.88836	0.88417	0.87998	0.87574	0.87142	0.86705
64	0.89006	0.88597	0.88183	0.87763	0.87337	0.86905	0.86466
65	0.88784	0.88364	0.87948	0.87527	0.87100	0.86667	0.86227

续　表

乙醇质量分数/%	10℃	15℃	20℃	25℃	30℃	35℃	40℃
66	0.88541	0.88130	0.87703	0.87291	0.86863	0.86429	0.85987
67	0.88308	0.87895	0.87477	0.87054	0.86625	0.86190	0.85747
68	0.88074	0.87669	0.87241	0.86817	0.86387	0.85950	0.85507
69	0.87839	0.87424	0.87004	0.86579	0.86148	0.85710	0.85266
70	0.87602	0.87187	0.86766	0.86340	0.85908	0.85470	0.85025
71	0.87365	0.86940	0.86527	0.86100	0.85667	0.85228	0.84783
72	0.87127	0.86710	0.86287	0.85859	0.85426	0.84986	0.84540
73	0.86888	0.86470	0.86047	0.85618	0.85146	0.84743	0.84397
74	0.86648	0.86229	0.85806	0.85376	0.84941	0.84500	0.84053
75	0.86408	0.85988	0.85564	0.85134	0.84698	0.84257	0.83809
76	0.86168	0.85747	0.85622	0.84891	0.84455	0.84013	0.83564
77	0.85927	0.85505	0.85079	0.84467	0.84211	0.83768	0.83302
78	0.85685	0.85262	0.84835	0.84403	0.83966	0.83523	0.83074
79	0.85442	0.85018	0.84590	0.84158	0.83720	0.83277	0.82827
80	0.85197	0.84772	0.84344	0.83911	0.93473	0.83029	0.82578
81	0.84950	0.84525	0.84096	0.83664	0.83224	0.82780	0.82329
82	0.84702	0.84277	0.83848	0.83415	0.82974	0.82530	0.82079
83	0.84453	0.84028	0.83599	0.83164	0.82724	0.82279	0.81828
84	0.84203	0.83777	0.83348	0.82913	0.82473	0.82027	0.81576
85	0.83951	0.83525	0.83095	0.82660	0.82220	0.81774	0.81322
86	0.83697	0.83271	0.82840	0.82405	0.81965	0.51900	0.06700
87	0.83441	0.83014	0.82583	0.82148	0.81708	0.81262	0.80811
88	0.83181	0.82754	0.82323	0.81888	0.81448	0.81003	0.80552
89	0.82919	0.82492	0.82052	0.81626	0.81186	0.80742	0.80291
90	0.82654	0.82227	0.81797	0.81362	0.80922	0.80478	0.80028
91	0.82386	0.81959	0.81529	0.81094	0.80655	0.80211	0.79761
92	0.82114	0.81688	0.81257	0.80823	0.80384	0.79941	0.79491
93	0.81839	0.81413	0.80983	0.80549	0.80111	0.79669	0.79220
94	0.81561	0.81134	0.80705	0.80272	0.79835	0.79393	0.78947
95	0.81278	0.80852	0.80424	0.79991	0.79555	0.79114	0.78670
96	0.80991	0.80566	0.80138	0.79706	0.79271	0.78831	0.78398
97	0.80698	0.80274	0.79846	0.79415	0.78981	0.78542	0.78100
98	0.80399	0.79975	0.79547	0.79117	0.78684	0.78247	0.77806
99	0.80094	0.79670	0.79243	0.78814	0.78382	0.77916	0.77507
100	0.79784	0.79360	0.78934	0.78506	0.78075	0.77641	0.77203

参 考 文 献

［1］胡亮,杨大锦.Excel 与化学化工实验数据处理.北京:化学工业出版社,2004

［2］朱强.化工单元过程及操作例题与习题.北京:化学工业出版社,2005

［3］郑明东,刘练杰,余亮,姚伯元.化工数据建模与实验优化设计.合肥:中国科学技术大学出版社,2001

［4］冷士良.化工单元过程及操作.北京:化学工业出版社,2002

［5］张秋禹.化学工程与工艺实验技术.北京:化学工业出版社,2006

［6］张新战.化工单元过程及操作.北京:化学工业出版社,2005

［7］史贤林,田恒水,张平.化工原理实验.上海:华东理工大学出版社,2005

［8］李思政.简明化工原理实验.兰州:兰州大学出版社,2007

［9］梁玉祥,刘钟海,付兵.化工原理实验导论.成都:四川大学出版社,2004

［10］郑秋霞.化工原理实验.北京:中国石化出版社,2007

［11］吕维忠,刘波,罗仲宽,于厚春.化工原理实验技术.北京:化学工业出版社,2007

［12］王雅琼,许文林.化工原理实验.北京:化学工业出版社,2004

［13］陈寅生.化工原理实验及仿真.上海:华东理工大学出版社,2005

［14］王建成,卢燕,陈振.化工原理实验.上海:华东理工大学出版社,2007

［15］王有,杨国臣.化学工程基础实验.哈尔滨:哈尔滨工业大学出版社,2004

［16］王沫然.MATLAB 与科学计算.2 版.北京:电子工业出版社,2003

［17］王正林,刘明编.精通 MATLAB 7.北京:电子工业出版社,2006

［18］(美)埃特(Etter D M).MATLAB 7 及工程问题解决方案.邱李华译.北京:机械工业出版社,2006

［19］郭庆丰,彭勇.化工基础实验.北京:清华大学出版社,2004

［20］陈群.化工仿真操作实验.北京:化学工业出版社,2005

［21］马江权,杨德明,龚方红.计算机在化学化工中的应用.北京:高等教育出版社,2005

［22］方利国,陈砺.计算机在化学化工中的应用.2 版.北京:化学工业出版社,2006

［23］张金利,郭翠梨.化工基础实验.2 版.北京:化学工业出版社,2006

［24］武汉大学化学与分子科学学院实验中心.化工基础实验.武汉:武汉大学出版社,2003

［25］武汉大学,兰州大学,复旦大学.化工基础实验.北京:高等教育出版社,2005

［26］王保国.化工过程综合实验.北京:清华大学出版社,2004

［27］杨涛,卢琴芳.化工原理实验.北京:化学工业出版社,2007

［28］杨祖荣.化工原理实验.北京:化学工业出版社,2004

［29］赵刚.化工仿真实训指导.北京:化学工业出版社,1999

［30］张金利，张建伟，郭翠梨，胡瑞杰. 化工原理实验. 天津：天津大学出版社，2005

［31］马文锦. 化工基础实验. 北京：冶金工业出版社，2006

［32］浙江工业大学化工原理实验室. 化工原理实验. 浙江工业大学内部资料，2007

［33］林东强. 离子交换层析—蛋白质的分离纯化. 浙江大学生物化工实验指导书，内部资料

［34］Yao KJ，Shen SC，Yun JX，Wang LH，He XJ，Yu XM. Preparation of polyacrylamide-based supermacroporous monolithic cryogel beds under freezing-temperature variation conditions. *Chemical Engineering Science*，2006，61：6701

［35］Yun JX，Lin DQ，Yao SJ. Predictive modeling of protein adsorption along the bed height by taking into account the axial nonuniform liquid dispersion and particle classification in expanded beds. *Journal of Chromatography A*，2005，1095：16

［36］Plieva FM，Andersson J，Galaev IY，Mattiasson B. Characterization of polyacrylamide based monolithic columns. *Journal of Separation Science*，2004，27：828

［37］Plieva FM，Savina IN，Deraz S，Andersson J，Galaev IY，Mattiasson B. Characterization of supermacroporous monolithic polyacrylamide based matrices designed for chromatography of bioparticles. *Journal of Chromatography B*，2004，807：129

［38］Bruce LJ，Chase HA. Hydrodynamics and adsorption behaviour within an expanded bed adsorption column studied using in-bed sampling. *Chemical Engineering Science*，2001，56：3149

［39］Wright PR，Glasser BJ. Modeling mass transfer and hydrodynamics in fluidized-bed adsorption of proteins. *AIChE Journal*，2001，47：474

［40］Miyabe K，Guiochon G. Kinetic study of the mass transfer of bovine serum albumin in anion-exchange chromatography. *Journal of Chromatography A*，2000，866：147

［41］Chang YK，Chase HA. Development of operating conditions for protein purification using expanded bed techniques：the effect of the degree of bed expansion on adsorption performance. *Biotechnology and Bioengineering*，1996，49：512

［42］Young ME，Carroad PA，Bell RL. Estimation of diffusion coefficients of proteins. *Biotechnology and Bioengineering*，1980，22：947

［43］Fan LT，Yang YC，Wen CY. Mass transfer in semifluidized beds for solid-liquid system. *AIChE Journal*，1960，6：482

［44］Carberry JJ. A boundary-layer model of fluid-particle mass transfer in fixed beds. *AIChE Journal*，1960，6：460

图书在版编目（CIP）数据

化工原理实验立体教材 / 姚克俭主编. —杭州：浙江
大学出版社，2009.11(2025.3 重印)
 普通高等教育"十一五"国家级规划教材.浙江工业大
学重点教材建设项目资助
 ISBN 978-7-308-07041-6

 Ⅰ.化… Ⅱ.姚… Ⅲ.化工原理－实验－高等学校－
教材 Ⅳ.TQ02-33

中国版本图书馆 CIP 数据核字（2009）第 165022 号

化工原理实验立体教材

姚克俭 主编

策 划 编 辑	阮海潮（ruanhc@zju.edu.cn)	
责 任 编 辑	阮海潮	
封 面 设 计	刘依群	
出 版 发 行	浙江大学出版社	
	（杭州市天目山路 148 号 邮政编码 310007）	
	（网址：http://www.zjupress.com)	
排 版	杭州大漠照排印刷有限公司	
印 刷	广东虎彩云印刷有限公司绍兴分公司	
开 本	787mm×1092mm 1/16	
印 张	14.75	
字 数	378 千	
版 印 次	2009 年 11 月第 1 版 2025 年 3 月第 10 次印刷	
书 号	ISBN 978-7-308-07041-6	
定 价	39.50 元	